Python

机器学习实践

张建伟　陈　锐　马军霞　王　鹏　著

清華大學出版社

北　京

内 容 简 介

本书介绍机器学习经典算法的原理、实现及应用，并通过综合案例讲解如何将实际问题转换为机器学习能处理的问题进行求解。本书配套源码、PPT 课件、习题答案、开发环境与作者 QQ 群答疑。

本书共分 14 章。主要内容包括 k 近邻算法、朴素贝叶斯、聚类、EM 算法、支持向量机、决策树、线性回归、逻辑回归、BP 神经网络经典算法，以及垃圾邮件分类、手写数字识别、零售商品销售额分析与预测、个性化推荐等综合案例。本书算法首先给出了数学原理及公式推导过程，然后给出算法实现，最后所有算法及案例均以 Python 实现，方便读者在动手编程中理解机器学习的经典算法。

本书适合 Python 机器学习初学者、机器学习开发人员和研究人员使用，也可作为高等院校计算机、软件工程、大数据、人工智能等相关专业的本科生、研究生学习人工智能、机器学习的教材。

图书在版编目（CIP）数据

Python 机器学习实践 / 张建伟等著. —北京：清华大学出版社，2022.7（2025.2 重印）
ISBN 978-7-302-61260-5

Ⅰ. ①P… Ⅱ. ①张… Ⅲ. ①软件工具—程序设计②机器学习 Ⅳ. ①TP311.561②TP181

中国版本图书馆 CIP 数据核字（2022）第 119016 号

责任编辑：夏毓彦
封面设计：王 翔
责任校对：闫秀华
责任印制：杨 艳
出版发行：清华大学出版社
网 址：https://www.tup.com.cn，https://www.wqxuetang.com
地 址：北京清华大学学研大厦 A 座 邮 编：100084
社 总 机：010-83470000 邮 购：010-62786544
投稿与读者服务：010-62776969，c-service@tup.tsinghua.edu.cn
质 量 反 馈：010-62772015，zhiliang@tup.tsinghua.edu.cn

印 装 者：三河市铭诚印务有限公司
经 销：全国新华书店
开 本：190mm×260mm **印 张：**17.5 **字 数：**472 千字
版 次：2022 年 9 月第 1 版 **印 次：**2025 年 2 月第 4 次印刷
定 价：69.00 元

产品编号：088167-04

前言

从机器学习的产生到现在，短短的几十年时间，机器学习技术得到了飞速发展，尤其是近年来，以机器学习为代表的人工智能技术日新月异，取得了举世瞩目的成就。它的应用已经遍及到图像处理、语音识别、机器翻译、个性化推荐、人机交互等诸多领域，极大地改变了我们的生活和工作方式。在计算机教育领域，随着大数据技术和计算机技术的发展，机器学习作为人工智能的一个非常重要的分支，逐渐受到各高校师生的重视，并作为一门专业选修课在国内众多高校开设，受到越来越多学生的青睐。目前，机器学习已成为计算机、软件工程等相关专业非常重要的专业课程，是今后研究生学习的必修课和从事软件开发的主要方向。

机器学习与普通算法的不同之处在于它是以数据为驱动的智能算法。机器学习是一门建立在数学理论基础上的应用学科，算法的实现固然重要，它正是建立在强大的数学基础之上，因此，严密的数学推导对于机器学习者来说也是必不可少的。作为一名算法爱好者，从事算法研究已经许多年了，但笔者深知机器学习、人工智能领域不乏建树颇丰的理论与实践皆通的大师，也有众多技艺精湛的有识之士，正是这些无数学者的贡献，才有今天日新月异的机器学习技术和美好生活。对于机器学习的学习与研究，需要常怀着敬畏之心，不断虚心向学，提高理论与实践能力，才能跟上机器学习发展的脚步。作为一名计算机专业人员，算法的实现又要求具备深厚的 Python 语言基础、数据结构与算法设计能力。这就要求读者在学习机器学习的过程中，以理论深厚、技艺精湛的大师为榜样，既要仰望星空，又要脚踏实地，内外兼修，方得始终。

本书比较系统地介绍了机器学习常见的经典算法，从算法的原理、算法实现、案例应用三个角度进行由浅入深地讲解。本书理论与技术并重，结合作者个人学习、工作中的实践经验，参考众多著作、案例，试图从原理上让读者清楚每个算法的由来，并能实现该算法，最后能利用算法解决目前实际生活中有关数据处理的问题，比如西瓜分类、垃圾邮件分类、手写数字识别、个性化推荐等。通过这些典型的案例，读者不仅能学会机器学习算法的应用，而且还能掌握将需要处理的问题抽象出来，转换为机器学习中的分类、回归问题并加以解决的思维方法。

全书案例都给出整体思路讲解，并给出完整的 Python 实现，所有代码均上机调试通过，并给出程序的运行结果，方便读者理解，并提高综合解决实际问题的能力。

本书内容

本书共分为 14 章，内容分别为机器学习基础、k 近邻算法、贝叶斯分类器、聚类、EM 算法、支持向量机、决策树、线性回归、逻辑回归、人工神经网络、垃圾邮件分类、手写数字识别、零售商品销售额分析与预测、基于协同过滤的推荐系统。

第 1 章，机器学习基础，如果你是一名机器学习初学者，本章将告诉你机器学习是什么，机器学习的发展历史、基本概念、工作流程及 Python 语言基础。

第 2 章主要介绍 kNN 算法。首先讲解 kNN 算法原理、非参数估计方法，然后通过实例介绍三文鱼和鲈鱼的分类。

第 3 章主要介绍朴素贝叶斯算法。首先讲解朴素贝叶斯定理，然后利用朴素贝叶斯以西瓜数据集为例进行分类实践。

第 4 章主要介绍聚类算法。介绍 k 均值、基于密度的聚类、基于层次的聚类算法思想及实现。

第 5 章主要介绍 EM 算法。首先介绍 EM 算法思想，然后利用 EM 算法对西瓜数据集进行聚类，还以抛掷硬币为例估计其概率。

第 6 章主要介绍支持向量机。首先介绍感知机模型，然后讲解支持向量机原理，以及支持向量的线性分类和非线性分类、支持向量机回归，最后利用支持向量机对鸢尾花进行分类。

第 7 章主要介绍决策树。首先介绍决策树算法原理，然后以相亲为例构造决策树，并对其进行分类。

第 8 章主要介绍线性回归。首先介绍回归的概念，然后分别介绍单变量回归、多变量回归和多项式回归算法及实现。

第 9 章主要介绍逻辑回归。首先介绍 sigmoid 函数和逻辑回归推导过程、算法实现，然后使用逻辑回归对良性肿瘤和恶性肿瘤进行预测。

第 10 章主要介绍人工神经网络。首先介绍 BP 神经网络原理，然后以具体实例介绍 BP 神经网络训练过程中参数的学习，最后对鸢尾花数据进行分类。

第 11 章主要介绍垃圾邮件分类。首先介绍中文分词、去除停用词、文本向量化等文本预处理和特征提取，然后使用贝叶斯算法、SVM 算法等对垃圾邮件进行分类。

第 12 章主要介绍手写数字识别。首先介绍图像的存储表示、图像预处理，然后分别使用 kNN 和 BP 神经网络对手写数字进行识别。

第 13 章主要介绍零售商品的分析与预测。以零售商品的分析与预测为例，讲解属性特征数值化、缺失值处理、特征选择等，然后使用线性回归、岭回归、Lasso 回归、多项式回归等对商品销售额预测。

第 14 章主要介绍基于协同过滤的推荐系统。首先介绍协同过滤推荐原理、推荐系统的评估方法，然后介绍基于近邻用户和近邻项目的协同过滤推荐算法及实现，最后介绍隐语义分析的推荐系统算法思想及实现。

配套教学资源下载

本书配套的教学资源，包括示例源代码、PPT 课件、课后习题答案、开发环境等。读者需要用微信扫描右侧的二维码，可按页面提示填写你的邮箱，把链接转发到邮箱中下载。如果阅读过程中发现问题，请联系 booksaga@163.com，邮件主题写“Python 机器学习实践”。

本书作者与鸣谢

参与本书编写的有张建伟、陈锐、马军霞、王鹏、梁树军、张亚洲、谷培培。其中，张建伟编写第 1 章，陈锐编写第 3 章、第 4 章和第 14 章，马军霞编写第 5 章和第 6 章，王鹏编写第 12 章，梁树军编写第 2 章、第 7 章和第 8 章，张亚洲编写第 9 章和第 10 章，谷培培编写第 11 章和第 13 章。

本书为郑州市大数据人才培养校企合作专业教材。在本书的写作过程中，得到了郑州轻工业大学和清华大学出版社的大力支持，在此表示衷心感谢。

在本书编写的过程中，参阅了大量相关论文、教材、著作，个别案例也参考了网络资源，在此向各位原著者致敬！

由于作者水平有限，加上时间仓促，书中难免存在一些不足之处，恳请读者批评指正。

作　者

2022 年 5 月

目　录

第1章

机器学习基础

机器学习（Machine Learning，ML）是一门多领域交叉学科，跨越计算机科学、模式识别和统计学等多个学科，是人工智能的核心理论。它专门研究计算机怎样模拟或实现人类的学习行为，以获取新的知识或技能，重新组织已有的知识结构使之不断改善自身的性能。通俗来说，机器学习就是让计算机具有像人一样的学习能力，能从堆积如山的数据中寻找出有用的知识的数据挖掘技术。

1.1 机器学习概述

什么是机器学习？它能做什么？它又与人工智能、深度学习有什么样的关系？下面我们通过一些类比回答这些疑问。

1.1.1 什么是机器学习

机器学习是人工智能的一个分支，是现阶段解决很多人工智能问题的主流方法，被广泛应用于图像识别、语音识别、自然语言处理、信息推荐、天气预测等领域。自计算机诞生以来，人们从来没有停止过探寻机器智能的脚步。机器能否像人类一样拥有学习能力呢？1948 年，计算机科学家阿兰·图灵（Alan Turing）在 Mind 上发表论文 *Computing Machinery and Intelligence*，提出著名的“图灵测试”，由此开始了人工智能的先河。1956 年，塞缪尔（Arthur Samuel）设计了一个具有自学习能力的跳棋程序，可以在不断人机对弈的过程中提升自己的棋艺，1959 年，他提出了“机器学习”的概念，并将其定义为：the field of study that gives computers the ability to learn without being explicitly programmed，即此研究领域是计算机在不被明确编程的情况下，赋予它学习能力。此后，计算机科学家为机器战胜人类这个目标不断尝试，终于在

2016 年 3 月谷歌的 AlphaGo 年度围棋挑战赛，AlphaGo 以 4:1 的绝对优势战胜围棋世界冠军李世石九段。由此引发全球机器智能能否超越人类的热议，机器学习算法再次成为人们追逐的热点。

机器学习的研究方向主要分为两类：第一类是传统机器学习方法的研究，主要研究学习机制，注重探索模拟人的学习机制；第二类是针对大数据，研究如何有效利用信息，注重从海量数据中获取隐藏的、有效的、可理解的知识。前者侧重于算法理论的研究，后者侧重于数据的处理。

机器学习的任务就是探索研究机器模拟人类智能的高效算法，使其能代替人类解决实际问题。例如，利用机器学习可以帮助人类自动识别出手写数字、识别哪些是好瓜哪些是坏瓜、哪些是垃圾邮件哪些是正常邮件、预测房价的走势等。手写数字识别如图 1-1 所示，正常邮件和垃圾邮件的词云如图 1-2 所示，识别好瓜和坏瓜如图 1-3 所示。

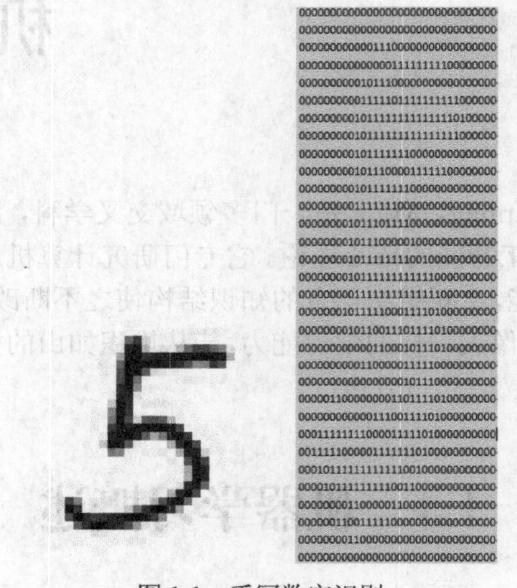

图 1-1　手写数字识别

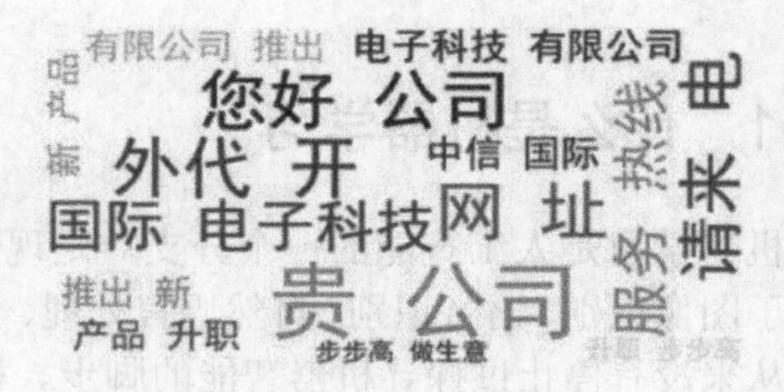

图 1-2　正常邮件和垃圾邮件词云

如果要从一堆西瓜中将好瓜挑选出来，有经验的瓜农总结出的经验是敲声浊响、纹理清晰、根蒂蜷缩的瓜为好瓜，机器学习就是模拟人类经验来识别好瓜和坏瓜的，那具体如何做呢？我们把一些好瓜的经验总结成机器学习中的“特征”列举出来，如图 1-4 所示。

图 1-3　识别好瓜和坏瓜

序号	色泽	根蒂	敲声	纹路	脐部	触感	好瓜/坏瓜
1	青绿	蜷缩	浊响	清晰	凹陷	硬滑	好瓜
2	乌黑	蜷缩	沉闷	清晰	凹陷	硬滑	好瓜
3	乌黑	蜷缩	浊响	清晰	凹陷	硬滑	好瓜
4	青绿	蜷缩	沉闷	清晰	凹陷	硬滑	好瓜
5	浅白	蜷缩	浊响	清晰	凹陷	硬滑	好瓜
6	青绿	稍蜷	浊响	清晰	稍凹	软粘	好瓜
7	乌黑	稍蜷	浊响	稍糊	稍凹	软粘	好瓜
8	乌黑	稍蜷	浊响	清晰	稍凹	硬滑	好瓜
9	乌黑	稍蜷	沉闷	稍糊	稍凹	硬滑	坏瓜
10	青绿	硬挺	清脆	清晰	平坦	软粘	坏瓜

图 1-4　西瓜的特征

接下来，我们分别统计好瓜中色泽为“青绿”“乌黑”“浅白”所占的比例，根蒂为“蜷缩”“稍蜷”“硬挺”所占的比例，敲声为“浊响”“沉闷”“清脆”所占的比例，等等，然后依据这些统计数据建立一个数学模型，可以理解为是一个数学函数，根据这个数学模型去判断具有这些特征的瓜是好瓜还是坏瓜。根据这些特征建立模型的过程就是机器学习的过程，根据模型去识别好瓜和坏瓜的过程就是机器学习中的分类问题。

机器学习是一门交叉学科，涉及计算机科学、模式识别、概率论、统计学等多个学科，是人工智能学科中最具智能特征，最前沿的研究领域之一。

1.1.2　机器学习发展史

机器学习作为实现人工智能的主流方法，不断吸引学术界和工业界投入了大量时间和精力去提高机器学习算法的性能，由此产生出很多实用的经典算法，这些算法被成功应用在各个领域。最早的机器学习算法可以追溯到 20 世纪初，经过几十年的发展，机器学习算法的发展大致可划分为以下几个阶段。

1. 萌芽期

1943 年，心理学家 W. Mcculloch 和数理逻辑学家 W. Pitts 在发表的论文中提出了 MP 模型。MP 模型模仿神经元的结构和工作原理，是一种模拟人类大脑的神经元模型。MP 模型作为人工神经网络的起源，开创了人工神经网络的新时代，也奠定了神经网络模型的基础。1949 年，加拿大著名心理学家 Donald Olding Hebb 提出了神经心理学理论，随后，又提出了一种基础的无监督学习规则——Hebb Rule，为神经网络学习算法的发展奠定了重要基础。

1958 年，美国科学家 P. Rosenblatt 提出了由两层神经元组成的神经网络——Perceptron，即感知机，可解决输入的数据线性二分类问题，从而激发科学家对人工神经网络研究的兴趣，对神经网络的发展起到了里程碑的意义。

但由于感知机算法无法解决线性不可分问题，导致人工神经网络的发展陷入停滞。这个时期，基于知识推理的智能理论与技术仍在不断发展，各种各样的知识库+推理机的专家系统被提出，并在特定领域取得了许多成果。

2. 发展期

1963 年，层次聚类算法被提出，这是一种非常符合人的直观思维的算法。1967 年，J. B. MacQueen 提出了 k 均值聚类算法。1968 年，Cover 和 Hart 提出了 k 近邻算法，计算机可以简单的模式识别，但它没有显式的机器学习过程。

1983 年，著名物理学家 J. J. Hopfield 提出了神经网络模型，它可以模拟人类的记忆，并利用该算法求解“流动推销员问题”这个 NP 难题。但由于该算法存在容易陷入局部最小值的缺陷，因此并未在当时引起很大的轰动。

1983 年，Terrence Sejnowski 和 Hinton 等人发明了玻尔兹曼机（Boltzmann Machines），它本质是一种无监督模型，首次提出的多层网络的学习算法，用于对输入数据进行重构以提取数据特征来做预测分析。

1986 年，人工智能专家 J. Ross Quinlan 提出了著名的 ID3 算法，通过减少树的深度加快算法的运行速度。同年，D. E. Rumelhart 等人提出了 BP 算法，BP 算法一直是被应用得最广泛的机器学习算法之一。

这期间，决策树的 3 种典型算法 ID3、CART、C4.5 也陆续被提出。

20 世纪 90 年代是机器学习百花齐放的年代。1995 年，支持向量机（SVM 算法）和 AdaBoost 算法被提出。SVM 算法以统计学为基础，解决了非线性问题的分类问题，与之相应地，神经网络则黯然失色，SVM 算法的提出再次阻碍了深度学习的发展。AdaBoost 算法通过将一些简单的弱分类器集成起来使用，构建强分类器，使精度获得很大提升，代表了集成学习算法的胜利。

2001 年，Breiman 把决策树组合成随机森林，通过汇总分类树的结果，提高了预测精度。

3. 蓬勃期

21 世纪初，机器学习在各个领域都取得了突飞猛进的发展，特别是以连接主义学派为代表的深度学习技术更是所向披靡，在各个领域取得了非凡的成就，由此掀起了以“深度学习”为名的热潮。云计算和 GPU 并行计算为深度学习的发展提供了基础保障。

2006 年，Geoffrey Hinton 团队在《科学》杂志上发表了一篇关于“梯度消失”问题解决方案的论文，提出了深度学习概念，产生了巨大影响，并激发学术界和工业界进行深度学习领域的相关研究。Geoffrey Hinton 也因此被称为深度学习之父。

2012 年，在著名的 ImageNet 图像识别大赛中，Geoffrey Hinton 和他的学生 Alex Krizhevsky 设计的 CNN 网络 AlexNet 在 ImageNet 竞赛上大获全胜，力压第二名 SVM 方法的分类性能，这次出色的表现引爆了神经网络的研究热情。

2013 年，Google 的 Tomas Mikolov 提出了经典的 Word2Vec 模型，用来学习单词分布式表示，因其简单高效引起了工业界和学术界极大的关注。

2014 年，Facebook 基于深度学习技术的 DeepFace 在人脸识别方面的准确率已经能达到97%以上，跟人类识别的准确率几乎没有差别。

2016 年，由 Google 基于深度学习开发的 AlphaGo 以 4:1 击败世界围棋冠军李世石，随后，该程序与中日韩数十位围棋高手进行快棋对决，连胜 60 局无败绩。

2017 年，基于强化学习算法的 AlphaGo 升级版 AlphaGo Zero 横空出世，无一败绩地轻松击败了之前的 AlphaGo。除了围棋，它还精通国际象棋等其他棋类游戏。此外，深度学习的相关算法在医学、机器翻译、新闻推荐、无人驾驶等多个领域均取得了骄人的成就。

机器学习在各个发展阶段具有代表性的算法如图 1-5 所示。

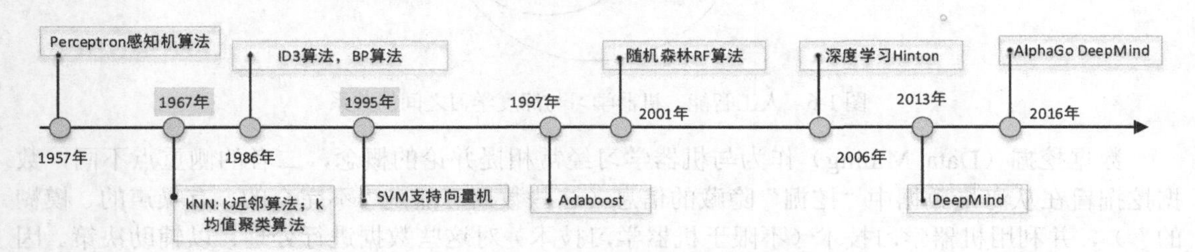

图 1-5 机器学习在各个发展阶段具有代表性的算法

1.1.3 机器学习、人工智能、深度学习的关系

人工智能（Artificial Intelligence，AI）范围很广，它是一门新的科学与工程，是研究、开发用于模拟、延伸和扩展人的智能的理论、方法、技术及应用系统的技术科学，研究内容涵盖语音识别、图像识别、自然语言处理、智能搜索和专家系统等。人工智能可以对人的意识、思维的信息过程进行模拟，像人类那样思考、也有可能超过人的智能。人工智能起源于著名的图灵测试，从那时起，引发无数科学家为实现人工智能进行种种探索，从而不断地推动计算机技术进步，创造出一个又一个奇迹。

机器学习是人工智能的一个分支，是实现人工智能的方法之一。机器学习是对人类生活中学习过程的一个模拟，而在这整个学习过程中，最关键的是数据。计算机科学家和机器学习先驱 Tom M.Mitchell 给机器学习下了这样一个定义：“机器学习是对计算机算法的研究，允许计算机程序通过经验自动改进。”任何通过数据训练进行学习算法的相关研究都属于机器学习。kNN、K-Means、Decision Trees、SVM、朴素贝叶斯、感知机、EM 算法、逻辑回归及 ANN（Artificial Neural Networks，人工神经网络），都是常见的机器学习算法。

深度学习（Deep Learning，DL）是一种机器学习方法，发展于人工智能的联结主义学派，其概念源于人工神经网络，它通过组合低层特征形成更加抽象的高层特征，其动机在于建立、模拟人脑进行分析学习。与传统的机器学习方法一样，深度学习也是根据输入的数据进行分类或者回归。传统的机器学习方法在面对数据量激增的情况下，其性能表现得差强人意，与此形成鲜明对比的是，深度学习反而表现出卓越的性能，特别是在 2010 年之后，各种深度学习框架的发布及其在各领域的突出表现，更进一步促进了深度学习算法的发展。

今天，人工智能已经成为一门庞大的综合学科，各领域无不存在人工智能的身影，机器学习作为实现人工智能最重要的方法之一，通过对数据进行分析处理，帮助计算机做出各种判断和决策。深度学习是机器学习的一个细分领域——人工神经网络的一个分支，在图像处理、语音识别、自然语言处理等领域取得了非常好的效果。机器学习、人工智能、深度学习三者之间的关系如图 1-6 所示。

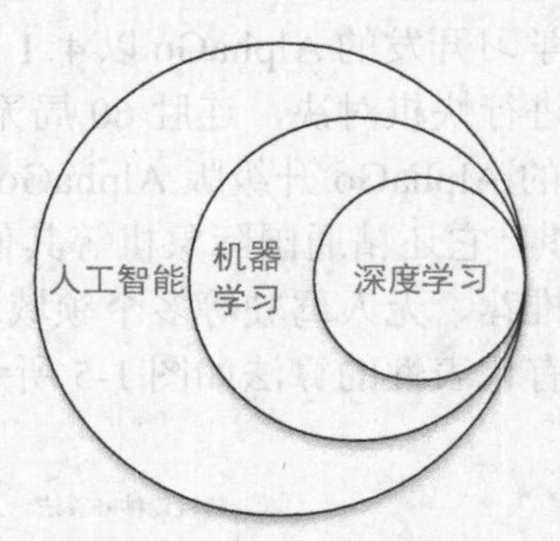

图 1-6　人工智能、机器学习与深度学习之间的关系

数据挖掘（Data Mining）作为与机器学习经常相提并论的概念，二者的侧重点不同，数据挖掘旨在从海量数据中"挖掘"隐藏的信息（这些数据可能是"不完全的、有噪声的、模糊的"），并利用机器学习技术（不限于机器学习技术）对这些数据进行处理，以辅助决策。因此，数据挖掘是将机器学习作为工具，研究的是如何利用好这个工具，侧重于算法的应用。机器学习侧重于研究算法本身，如何分析并改进算法。

1.2　机器学习相关概念

数据集（Data Set）即数据的集合，每一条单独的数据被称为样本（Sample）。对于每个样本，它通常具有一些属性（Attribute）或者特征（Feature），特征所具体取得值被称为特征值（Feature Value）。

例如，表 1-1 所示的西瓜数据集中，色泽、根蒂、纹理就是西瓜的特征，乌黑、青绿、浅白为特征"色泽"的特征值。

表 1-1　西瓜数据集

编　号	色　泽	根　蒂	纹　理	好　瓜
1	乌黑	蜷缩	清晰	是
2	青绿	稍蜷	模糊	否
3	浅白	蜷缩	清晰	是

训练集（Training Set）和测试集（Testing Set）：在建立机器学习模型过程中，通常将数据集分为训练集和测试集。其中，训练集用于对模型参数进行训练，测试集用于对训练好的模型进行测试，验证模型的性能好坏，包括准确率、泛化能力。

验证集（Validation Set）：用于在训练过程中检验模型的性能，以调整参数和超参数。

提 示

验证集是为了使最终模型在测试集上测试之前对模型有一个初步的评价，根据评价结果以调整参数，当模型在验证集上表现不错时，最后在测试集上验证模型的最终性能。如果没有验证集，我们只能在最终的测试集上查看测试结果，而此时我们是不能再修改模型参数的，在测试集上验证只是查看模型的最终效果。而模型在训练出来后，根据训练集去调整参数，即使得到效果再好，模型也不一定会在测试集上表现最优。这种情况下，才需要划分出验证集。

评估（Assessment）：在训练出算法模型后，为了验证算法模型的好坏，需要对该算法在数据集上根据评价指标进行测试，这个测试过程就是算法的评估。在不同领域，有不一样的评估指标。例如，在信息检索和推荐系统领域，通常使用准确率、召回率作为衡量算法好坏的指标。

模型（Model）：模型是一种算法的表达，模型用于在海量数据中查找模式或进行预测。从数据中使用算法得到模型的过程称为学习（Learning）或训练（Training）。

过拟合（Overfitting）：过拟合和欠拟合是模型在训练过程中的两种不同状态。过拟合是指模型在训练集上表现很好，但在测试集上却表现很差。模型对训练集“死记硬背”，没有理解数据背后的规律，泛化能力差。过拟合的原因主要是数据噪声太大、特征太多、模型太复杂等造成的，可通过清洗数据、减少模型参数，降低模型复杂度、增加惩罚因子（正则化）等方法加以解决。

欠拟合（Underfitting）：模型在训练集上就表现很差，不能获得足够低的误差，无法学到数据背后的规律。欠拟合的原因主要是由于训练样本数量少、模型复杂度过低、参数还未收敛就停止循环等造成的，可通过增加样本数量、增加模型参数、提高模型复杂度、增加循环次数或改变学习率等方法加以解决。

正则化（Regularization）：正则化就是在原始模型中引入正则项或惩罚项，以防止过拟合和提高模型泛化性能的一类方法的统称。

交叉验证（Cross Validation）：就是通过各种组合切分方式，将数据集划分为不同的训练集和测试集，用训练集对模型进行训练，用测试集测试模型的好坏，由此得到的多个不同的训练集和测试集组合以验证模型的方式称为交叉验证。一般交叉验证用于数据不是很充分的情况下，或为了说明模型效果的稳定。有时，交叉验证也可用于模型选择。

欠拟合、过拟合、拟合示意图如图 1-7 所示。

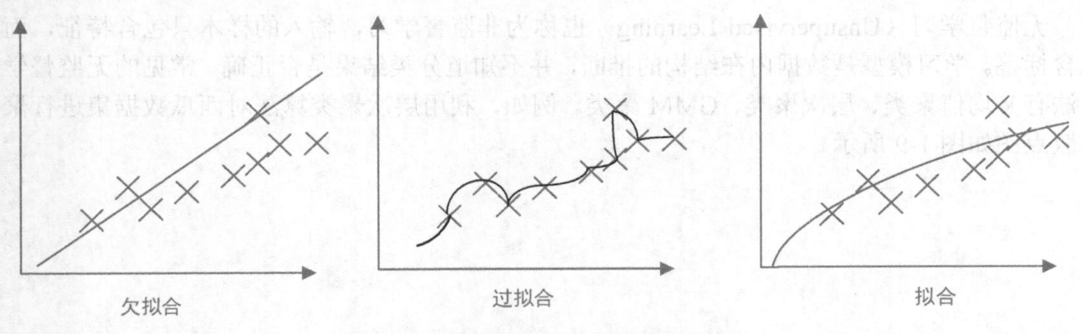

图 1-7 欠拟合、过拟合和拟合示意图

1.3 机器学习的任务

根据学习任务的不同，机器学习算法大致可分为 3 类：监督学习、无监督学习和半监督学习。

1.3.1 监督学习

监督学习（Supervised Learning）是从给定的训练数据集中学习出一个模型参数，然后根据这个模型对未知样本进行预测。在监督学习中，样本同时包含特征（输入）和标签（输出）。本质上，监督学习的目标是构建一个从输入到输出的映射，该映射用模型来表示。常见的监督学习算法有 k 近邻、朴素贝叶斯、决策树、随机森林、SVM 等。根据预测结果输出的类别，可分为分类和回归。若预测值是连续的，则属于回归问题；若预测值是离散的，则属于分类问题。分类和回归如图 1-8 所示。

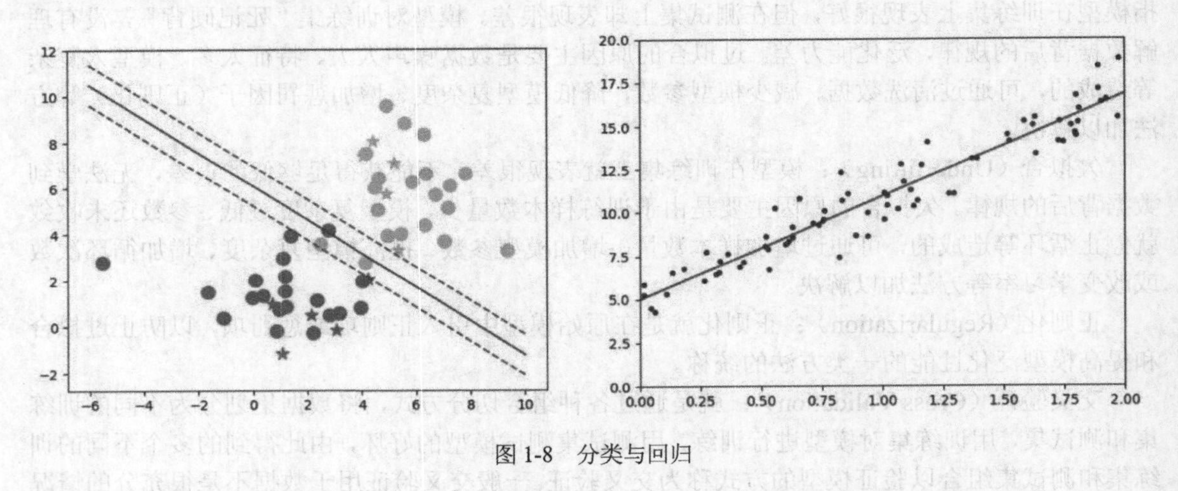

图 1-8 分类与回归

1.3.2 无监督学习

无监督学习（Unsupervised Learning）也称为非监督学习，输入的样本只包含特征，而不包含标签。学习模型是数据内在结构的推断，并不知道分类结果是否正确。常见的无监督学习算法有 k 均值聚类、层次聚类、GMM 聚类。例如，利用层次聚类算法对西瓜数据集进行聚类的散点图如图 1-9 所示。

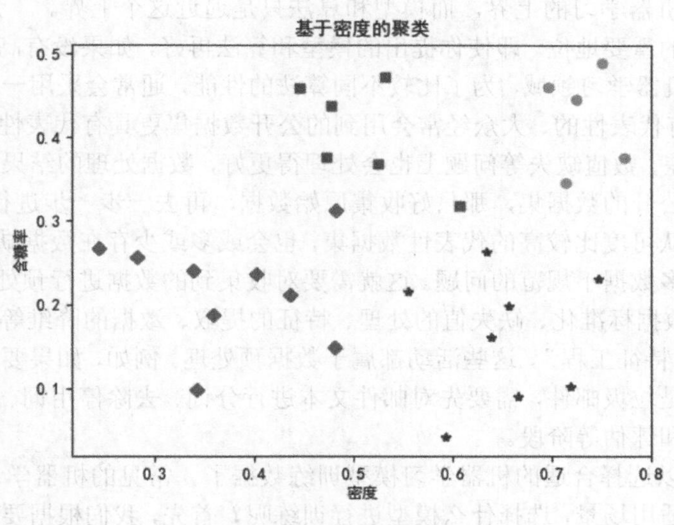

图 1-9　基于密度的聚类

1.3.3　半监督学习

半监督学习（Semi-supervised Learning）是一种介于监督和无监督学习之间的学习方式，通过使用带标签数据及大量不带标签的数据进行模型学习。在监督学习中，样本的类别标签是已知的，对于无监督学习，样本是无标签的。实际上，有标签的样本是极少量的，绝大部分数据都是没有标签的，这是因为人工标记样本的成本很高，导致有标签的数据十分稀少。与此相应，不带标签的样本更容易获得。使用半监督学习，只需要少量带标签的数据，同时又能够带来较高的准确性，因此，在今天的大数据时代，半监督学习逐渐受到更多的关注。

1.4　机器学习的一般步骤

机器学习专注于让机器从大量的数据中模拟人类思考和归纳总结的过程，获得计算模型并自动判断和推测相应的输出结果。机器学习的处理流程如图 1-10 所示。

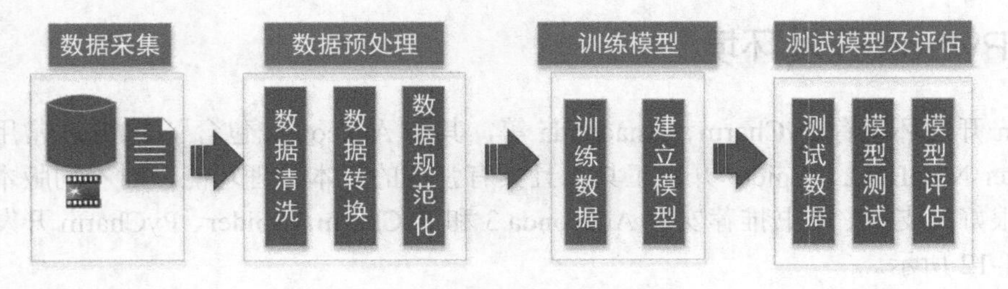

图 1-10　机器学习的一般流程

“数据决定了机器学习的上界，而模型和算法只是逼近这个上界。”这句话表明，数据在机器学习过程中的重要地位。即使你提出的模型和算法再好，如果没有高质量的数据，其效果也会非常差。在机器学习领域，为了比较不同算法的性能，通常会采用一些公开数据集去验证。通常，一些具有代表性的、大众经常会用到的公开数据集更具有代表性，这些数据集在数据过拟合、数据偏差、数值缺失等问题上也会处理得更好，数据处理的结果也更容易得到大家的认可。如果没有公开的数据集，那只好收集原始数据，再去一步一步进行加工、整理。

即使对于大众认可度比较高的代表性数据集，也会或多或少存在数据缺失、分布不均衡、存在异常数据等诸多数据不规范的问题。这就需要对收集到的数据进行预处理，包括数据的清洗、数据的转换、数据标准化、缺失值的处理、特征的提取、数据的降维等。这一系列的工程化活动，也被称为“特征工程”，这些活动都属于数据预处理。例如，如果要对邮件进行分类，即区分正常邮件还是垃圾邮件，需要先对邮件文本进行分词、去除停用词、特征权值计算、模型训练、模型测试和评估等阶段。

接下来，就可以选择合适的机器学习模型训练数据了。常见的机器学习模型有很多，每个模型都有自己的适用场景，选择什么模型进行训练呢？首先，我们根据要处理的数据有没有标签来确定选择监督学习模型还是非监督学习模型；其次，根据预测值是离散的还是连续的，确定采用分类问题算法还是回归问题算法。在选择模型时，通常会比较不同模型训练的结果，优先考虑性能最佳的。

在完成模型训练后，就需要利用该模型在测试集上进行测试，验证该模型的效果。为了评价模型的好坏，不同领域针对不同问题有相应的评估方法和指标。例如，在信息检索领域，通常采用查准率、召回率等指标来评价模型的好坏；在推荐系统领域，有推荐的准确率、多样性和覆盖率等评价指标。此外，针对小数据集，还可以采用交叉验证来保证模型结果的可靠性。针对欠拟合和过拟合问题，可通过对模型进行正则化等策略进行缓解。

1.5　机器学习 Python 基础

Python 作为当下最热门的编程语言，具有简单易学、功能强大、丰富的类库，是数据挖掘、科学计算、图像处理、人工智能的首选开发语言。本节主要讲解 Python 开发环境、基本语法、列表、元组等常见的对象。

1.5.1　Python 开发环境

Python 开发环境有 PyCharm、Anaconda 等，其中 Anaconda 包含了 Python 常用的库，自带有 Jupyter NoteBook、Spider 开发工具，且具有强大的版本管理功能，对不同版本的工具包的安装有很好的支持。本书推荐安装 Anaconda 3 和 PyCharm。Spider、PyCharm 开发环境如图 1-11、图 1-12 所示。

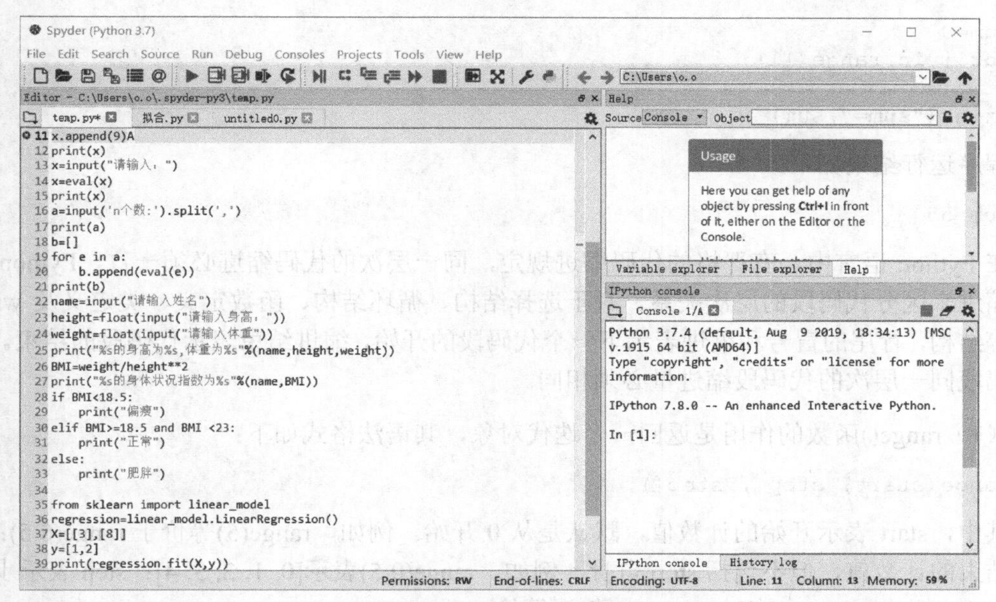

图 1-11　Spider 开发环境

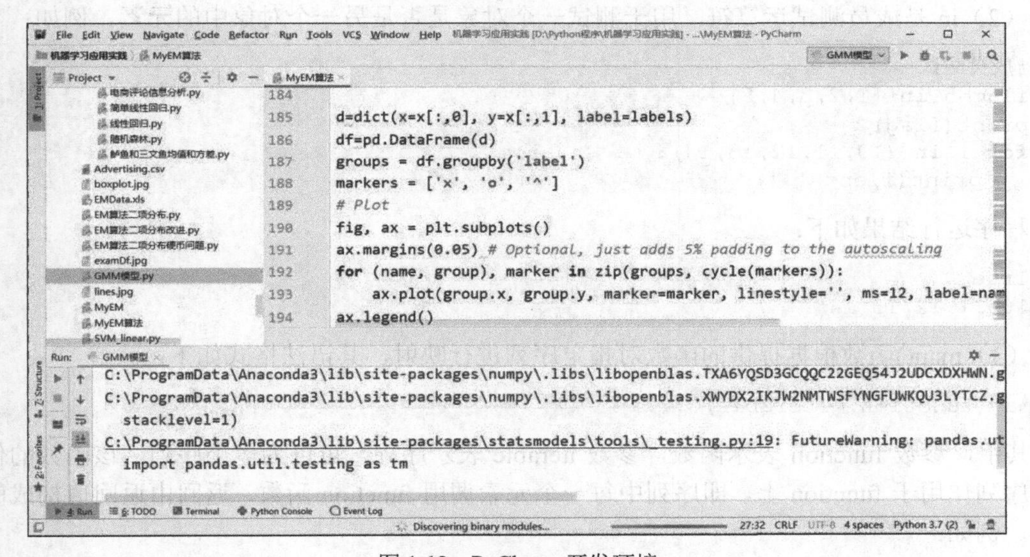

图 1-12　PyCharm 开发环境

1.5.2　Python 基本语法

与 C++、Java 一样，Python 是一种面向对象的程序设计语言，拥有 int、float、byte、bool 等基本数据类型，以及 list（列表）、tuple（元组）、dict（字典）等功能强大、使用灵活的序列类型。Python 的语法规则有很多与 Java、C++相似的地方，也有语法格式上的细小差别。

在 Python 语言中，不需要像 Java、C++、C 语言那样，在使用变量前必须定义该变量名，而是可以直接使用。Python 根据赋值确定该变量的类型。

```
#计算前 n 个数的和
```

```
sum=0
for i in range(11):
    sum+=i
print("sum=",sum)
```

程序运行结果如下：

```
sum=55
```

在 Python 语言中，有严格的代码缩进规定，同一层次的代码缩进必须一致，Python 通过代码缩进来区分代码段的层次关系。对于选择结构、循环结构、函数定义、类定义及 with 语句块等结构，行尾的冒号和缩进表示下一个代码段的开始，缩进结束表示代码段的结束。同一个代码段同一层次的代码段缩进量必须相同。

（1）range()函数的作用是返回一个迭代对象，其语法格式如下：

```
range(start, stop[, step])
```

其中，start 表示开始的计数值，默认是从 0 开始。例如，range(5)等价于 range(0,5)；stop 表示结束的计数值，但不包括 stop 自身。例如，range(0,5)表示[0, 1, 2, 3, 4]；step 表示步长，默认为 1。例如，range(0,5)与 range(0, 5, 1)等价。

（2）in 是成员测试运算符，用于测试一个对象是否是另一个对象中的元素。例如：

```
#成员测试
flag=5 in [1,2,3,4,5]
print(flag)
for i in (10,11,12,13,14):
    print(i,end=' ')
```

程序运行结果如下：

```
True
10 11 12 13 14
```

（3）map()函数根据提供的函数对指定序列进行映射，其语法格式如下：

```
map(function, iterable, ...)
```

其中，参数 function 表示函数，参数 iterable 表示序列，可以为多个序列。该函数的作用是将序列作用于 function 上，即序列中每一个元素调用 function 函数，返回由返回值构成的新列表。例如：

```
#计算每个数的平方
x=[1,2,3,4,5]
res=map(lambda i:i**2,x)
print(list(res))
```

程序运行结果如下：

```
[1, 4, 9, 16, 25]
```

其中，lambda i:i**2 为匿名函数。Python 使用 Lambda 来创建匿名函数。

```
def div2(x):     #函数定义，将 x 除以 2
    return x/2
def sum(x,y) :   #函数定义，求两个数的和
```

```
    return x+y
print(list(map(div2, [10,20,30,40,50])))              #将列表中各元素除以2
print(list(map(sum, [1,2,3,4,5],[6,7,8,9,10])))   #计算两个列表中对应元素之和
```

程序运行结果如下：

```
[5.0, 10.0, 15.0, 20.0, 25.0]
[7, 9, 11, 13, 15]
```

1.5.3 Python 列表、元组、字典、集合

为了数据处理方便，Python 提供了列表、元组、字典、字符串、集合等类型，这些数据类型统称为序列。序列可以存放多个值，还提供了灵活的操作，例如，列表推导式、切片操作等。

1. 列表

列表是一种可变序列，用于存储若干元素，其地址空间是连续的，类似于 Java、C++中的数组。在 Python 中，在同一列表中的元素类型可以不相同，可同时包含整数、浮点数、布尔值、字符串等基本类型，也可以是列表、元组、字典、集合及自定义数据类型。例如：

```
x=[1,2,'a',"b","abc",23.56,(10,20,30),[60,70,80]]
for i in x:print(i)
```

程序运行结果如下：

```
2
a
b
abc
23.56
(10, 20, 30)
[60, 70, 80]
```

通过下标可直接对列表中的元素进行访问，列表中第一个元素的下标为 0。例如：

```
x=[1,2,'a',"b","abc",23.56]
for i in range(len(x)):
    print(x[i],end=' ')
```

程序运行结果如下：

```
1 2 a b abc 23.56
```

len()函数的作用是求列表的长度，在这里的返回值为 6。

也可以动态往列表中添加、删除元素。添加的方法有：+、append()、extend()、insert()等，删除的方法有 remove()、del、pop()等。例如：

```
x=[1,2,3]
x=x+[5]
print(x)
x.append(10)
print(x)
x.extend([10,20,30])
print(x)
x.insert(5,100)
```

```
print(x)
x.remove(20)
print(x)
print(x.pop())
print(x)
```

程序运行结果如下：

```
[1, 2, 3, 5]
[1, 2, 3, 5, 10]
[1, 2, 3, 5, 10, 10, 20, 30]
[1, 2, 3, 5, 10, 100, 10, 20, 30]
[1, 2, 3, 5, 10, 100, 10, 30]
30
[1, 2, 3, 5, 10, 100, 10]
```

代码中，x.insert(5,100)表示在列表 x 的第 5 个位置插入元素 100，x.pop()表示将列表 x 中的最后一个元素删除。

Python 与 Java、C++语言最大的区别就是序列的切片操作，列表、元组、字符串、range 对象都支持切片操作。切片由两个冒号分隔的 3 个数字组成，其语法格式为：

```
[start:stop:step]
```

start 表示切片的开始位置，stop 表示切片的结束位置，但不包含该结束位置，step 表示步长（默认为 1），当步长省略时，最后一个冒号也可以省略。例如：

```
m=[10,20,30,40,50,60]
print(m[2:len(m)])
print(m[::])
print(m[::-1])
```

程序运行结果如下：

```
[30, 40, 50, 60]
[10, 20, 30, 40, 50, 60]
[60, 50, 40, 30, 20, 10]
```

当步长为负数时，表示从右往左切片。

在数据处理过程中，经常会遇到嵌套列表，如果要取嵌套列表中的某一行元素或某一列元素，则需要列表推导式。例如：

```
a=[[1,2,3],[4,5,6]]
print(a[0])    #取一行
#print(a[:,0]) #这样写会产生错误 TypeError: list indices must be integers or slices, not tuple
b=[x[0] for x in a] #取嵌套列表中的第 1 列元素
print(b)
```

程序运行结果如下：

```
[1, 2, 3]
[1, 4]
```

列表推导式的语法格式为：

```
[express for variable in iterable if condition]
```

2. 元组

元组与列表类似，其区别在于元组是不可变的序列。列表支持元素引用，但不支持修改、增加与删除操作。

```
a=(1,2,3,4,5)    #创建元组a
print(a)
for i in a:
    print(i,end=' ')
```

程序运行结果如下：

```
(1, 2, 3, 4, 5)
1 2 3 4 5
```

zip()函数可将多个可迭代对象按照相应位置上的元素组合为元组，然后返回由这些元组组成的zip对象。如果各个迭代器的元素个数不一致，则返回列表长度与最短的对象相同。与列表类似，若对多个元素操作，可采用生成器表达式。例如：

```
a=('name','age','grade','tel')
b=('张三',25,'大三',13125328970)
for i,j in zip(a,b):
    print(i,j,end=';')
c=(i*2 for i in range(10))
print(tuple(c))
```

程序运行结果如下：

```
name 张三;age 25;grade 大三;tel 13125328970;
(0, 2, 4, 6, 8, 10, 12, 14, 16, 18)
```

3. 字典

字典是由若干“键-值”对构成的无序序列，字典中每个元素由两部分组成：键和值。其中，键的取值可以是任意不变的数据类型，如整数、浮点数、字符串、元组等，但不能是列表、字典、集合等可变的数据类型。并且，键中的元素不能相同，值可以相同。

```
key=['101','102','103','104','105']
value=[10,9,8,7,6]
dic=dict(zip(key,value))
print(dic)
print(dic['102'])
dic['106']=10
dic['101']=5
for i,j in dic.items():
    print(i,j,sep=':')
```

程序运行结果如下：

```
{'101': 10, '102': 9, '103': 8, '104': 7, '105': 6}
9
101:5
102:9
103:8
104:7
105:6
```

```
106:10
```

字典的引用、添加和修改可通过“键”进行。如果字典中不存在相应的键，当为该键赋值时，就会将该键和值添加到字典中；如果字典中存在该键，则将用新的值替换原来的值。字典中的 items()方法可返回字典中的“键-值”对，keys()方法返回的是字典中元素的“键”，values()方法返回的是字典中元素的“值”。

4. 集合

集合也是一个无序的可变序列，同一个集合中的对象不能重复出现，这与数学中的集合具有同样的性质。集合运算包括并集、交集、差集和子集等。例如：

```
x=set(range(10))
y={-1,-2,-3,5,6}
z=x|y #并集
print("x=",x)
print("y=",y)
print("并集操作：",z)
z=x&y #交集
print("交集操作：",z)
z=x-y #差集
print("差集操作：",z)
z.pop()
print(z)
z.remove(3)
print(z)
```

程序运行结果如下：

```
x= {0, 1, 2, 3, 4, 5, 6, 7, 8, 9}
y= {5, 6, -2, -3, -1}
并集操作： {0, 1, 2, 3, 4, 5, 6, 7, 8, 9, -1, -3, -2}
交集操作： {5, 6}
差集操作： {0, 1, 2, 3, 4, 7, 8, 9}
{1, 2, 3, 4, 7, 8, 9}
{1, 2, 4, 7, 8, 9}
```

5. NumPy 中的 array

NumPy 是一个功能强大、非常高效的数值运算包，在数据分析和机器学习领域被广泛使用。其中，使用最多的是 array 数组。Array 中提供了很多常用的操作，可大幅提高程序开发效率，同时，使用 array 编写的程序运行效率要比使用 list 写出的程序高出很多。

list 与和 NumPy 中的数组 array 形式上很类似，但本质上有很多不同。同一个列表可存放不同类型的数据，而同一个 array 数组中存放的数据类型必须全部相同。对于使用列表和 array 数组存储的矩阵，如果想要取出同一列的元素，对于列表，需要使用列表推导式才能完成；对于 array，直接使用切片即可。例如：

```
import numpy as np
a=np.array([[5,6,7],[8,9,10]])
print(a[:,0])
```

如果要获取二维数组中某一行的均值或某一列的均值，可使用 means()函数实现，其语法格式如下：

```
numpy.mean(a, axis=None, dtype=None, out=None, keepdims=<no value>)
```

其中，a 为数组名，axis 为计算均值方向上的轴，假设 a 为 m×n 的矩阵，当 axis=0 时，求各列的平均值，返回 1×n 的矩阵；当 axis=1 时，求各行的平均值，返回 m×1 的矩阵；当 axis 没有赋值时，对 m×n 个数求平均值，返回一个浮点数。

```
a = np.array([[1, 2, 3], [4, 5, 6]])
print(a)
m=np.mean(a)
print(m)
m=np.mean(a, axis=0) #axis=0，计算每一列的平均值
print(m)
m=np.mean(a, axis=1) #axis=1，计算每一行的平均值
print(m)
```

程序运行结果如下：

```
[[1 2 3]
 [4 5 6]]
3.5
[2.5 3.5 4.5]
[2. 5.]
```

还可以使用 mat()函数表示矩阵，求均值方法如下：

```
a = np.array([[1,2,3],[4,5,6],[7,8,9]])
b = np.mat(a)
print(b)
print(np.mean(b))                    #对所有元素求平均值
print(np.mean(b,0))                  #对各列求平均值
print(np.mean(b,1))                  #对各行求平均值
```

程序运行结果如下：

```
 [[1 2 3]
 [4 5 6]
 [7 8 9]]
5.0
[[4. 5. 6.]]
[[2.]
 [5.]
 [8.]]
```

有时，需要将矩阵转换为数组，可通过以下方法转换：

```
#矩阵转换为数组
mat = np.mat([[1, 2,3,4]])
print(mat, type(mat))
mat_arr = mat.A
print(mat_arr, type(mat_arr))
```

程序运行结果如下：

```
[[1 2 3 4]] <class 'numpy.matrix'>
[[1 2 3 4]] <class 'numpy.ndarray'>
```

求矩阵中非零元素的行号和列号：

```
data = np.array([[2, 0, 0], [0, 0, 5], [0, 2, 0]])
print(data)
print(data.nonzero())
```

程序运行结果如下：

```
[[2 0 0]
 [0 0 5]
 [0 2 0]]
(array([0, 1, 2], dtype=int64), array([0, 2, 1], dtype=int64))
```

1.6 本章小结

本章主要介绍了机器学习的基本知识，涵盖相关概念、发展历史、机器学习的任务、机器学习的一般步骤以及 Python 基础知识。机器学习作为人工智能的一个重要实现工具和分支，已被成功应用于各个领域，并且机器学习的技术仍然在快速发展，在很多方面取得了很大成就。

思政元素

实践是检验真理的唯一标准，这个亘古不变的道理在今天的人工智能、机器学习领域非常适用。机器学习的核心是数据，数据是决定模型好坏的关键因素。在学习机器学习的过程中，理论的推导和证明固然重要，但理论的正确与否、是否适用，仍需要实验验证。“科学的精神不是猜测、盲从、迷信、揣摩，而是通过真真实实的实践，去研究和验证，从而得到相应的客观结果模型的好坏，协同产业界去实践相关的理念和模型。”

吴文俊（1919—2017 年），出生于上海，数学家，中国科学院院士，中国科学院数学与系统科学研究院研究员，系统科学研究所名誉所长。吴文俊毕业于交通大学数学系，获法国斯特拉斯堡大学博士学位。2001 年 2 月，获 2000 年度国家最高科学技术奖。

吴文俊的研究工作涉及数学的诸多领域，其主要成就表现在拓扑学和数学机械化两个领域。吴文俊几何定理自动证明的“吴方法”被称为自动推理领域的先驱性工作，他也因此于 1997 年获得“Herbrand 自动推理杰出成就奖”。

1.7 习　题

简答题

1. 人工智能、机器学习、深度学习之间的关系？
2. 机器学习的主要任务有哪些？
3. 监督学习和非监督学习有什么区别？监督学习又可分为哪两类任务？
4. 机器学习的一般步骤有哪些？
5. 产生过拟合的原因是什么？如何解决过拟合问题？

第 2 章

k 近邻算法

k 近邻（k-Nearest Neighbor，kNN）是一种基本的分类与回归方法，属于非参数模型算法。其算法思想是在训练数据量为 N 的样本中，对新的输入样本，在训练数据集中找到与该实例最邻近的 k 个样本，这 k 个样本的多数属于某个类，就把该输入样本分类到这个类中。

2.1 k 近邻算法原理

k 近邻算法主要思想是对未标记样本的类别，由距离其最近的 k 个邻居投票来决定属于哪个类别。假设有一个已标记好的数据集，此时有一个未标记的数据样本，我们的任务是预测出这个数据样本所属的类别。kNN 的原理是：计算待标记样本和数据集中每个样本的距离，取距离最近的 k 个样本。待标记的样本所属类别就由这 k 个距离最近的样本投票产生。

假设 X_test 为待标记的样本，X_train 为已标记的数据集，算法原理描述如下：

（1）遍历 X_train 中的所有样本，计算每个样本与 X_test 的距离，并把距离保存在数组 D[]中。

（2）对数组 D[]进行排序，取距离最近的 k 个点，记为 X_knn。

（3）在 X_knn 中统计每个类别的个数，即 class0 在 X_knn 中有几个样本；class1 在 X_knn 中有几个样本等。

待标记样本的类别，就是在 X_knn 中样本个数最多的那个类别。

例如，在图 2-1 中，有两类不同的样本数据，分别用三角形和正方形表示，而中间的圆形表示的是待分类的数据，还不知道属于哪一类，我们用“？”标记。下面我们根据 k 近邻的思想为该圆形表示的样本进行分类。

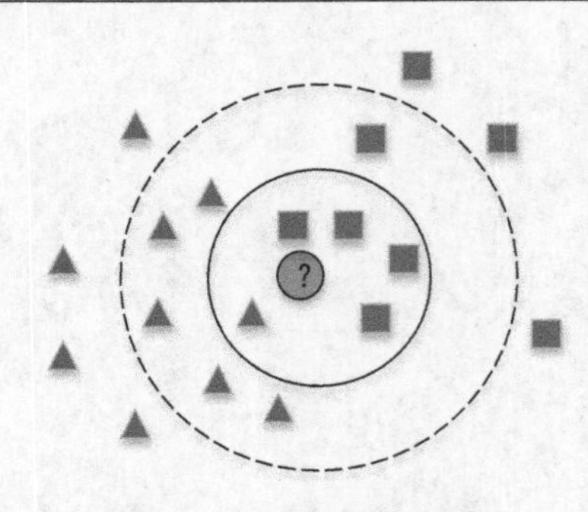

图 2-1 k 近邻算法示例

如果 k=5，在圆形最近的样本点中，有 4 个正方形和 1 个三角形，根据少数从属于多数的原则，判定圆形这个待分类样本属于正方形表示的样本一类。

如果 k=11，在离圆形最近的样本中，有 6 个三角形和 5 个正方形，还是少数从属于多数的原则，判定圆形这个待分类样本属于三角形一类。

2.1.1 非参数估计与参数估计

在机器学习算法中，当模型确定后，所有算法都将转化为对一个既定模型的参数学习，即参数估计。例如朴素贝叶斯就是一种参数估计方法，它是在概率密度函数形式已知的情况下，对部分未知参数进行求解。

非参数估计与参数估计不同，它是未对函数形式作出假设，直接从训练样本中估计出概率密度，然后对样本进行分类。最简单的非参数估计有直方图估计法、Parzen 矩形窗估计及 Parzen 正态核估计方法。

1. 直方图估计法

对于随机变量 X 的一组抽样，即使 X 的值是连续的，我们也可以划分出若干宽度相同的区间，统计这组样本在各个区间的频率，并画出直方图。图 2-2 所示是均值为 0、方差为 4 的正态分布直方图，其中，x 为直方图个数，$f(x)$为概率密度函数。我们将样本 X 分成 k 个等间隔区间，假设样本总数为 N，每个区间内样本数为 q_i，则每个区间的概率密度为 $\dfrac{q_i}{NV}$。因此，x 处的概率密度估计可表示为：

$$P_H(x)=\frac{1}{N}\frac{\text{窗口bin中样本}x^k\text{的个数}}{\text{窗口bin的采用宽度}} \quad \text{（式 2-1）}$$

在 x 处发生的概率为区间内样本数/（总的样本数/收集器的宽度）。直方图非参数密度估计的一般形式为：

$$P(x)=\frac{k_N}{NV} \quad \text{（式 2-2）}$$

其中，V 是包含 x 的容器（窗口）的宽度，N 是样本总数，k_N 是 V 中的样本数。

当 x 为 d 维向量时，可以将每个维度的量都分成 m 个等间隔的区间，可以将整个空间分成m^{d}个小空间，每个空间大小为$V=\prod_{i=1}^{\mathrm{d}} volumn_i$，其中$volumn_i$为第$i$维分量每个区间大小。

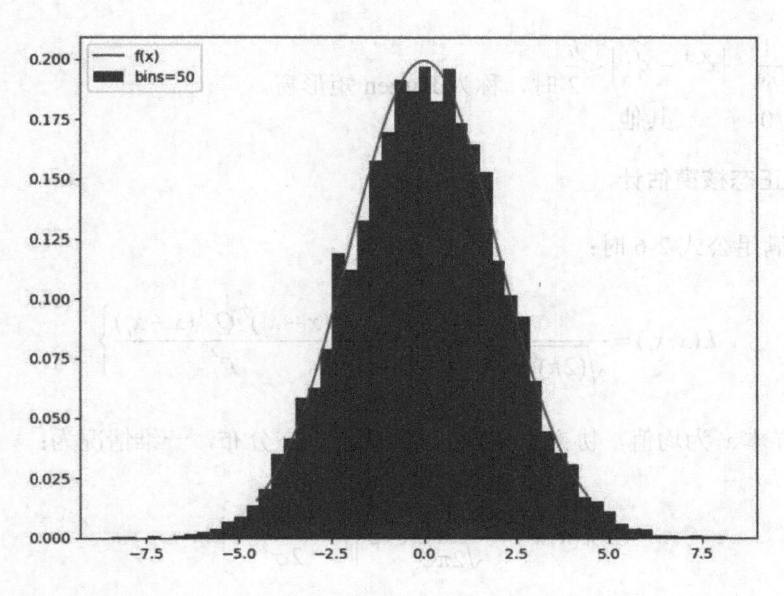

图2-2 均值为0、方差为4的正态分布直方图

2. Parzen矩形窗估计

Parzen矩形窗是以目标样本x作为中心点，根据窗口大小h，判断样本落入以x为中心的窗口内的样本数，从而得到x的概率。Parzen矩形窗估计与直方图估计的区别是：Parzen矩形窗是根据目标样本点x确定矩形窗，直方图估计是先确定矩形窗，然后根据样本点找相应的矩形窗。假设$x\in R^{\mathrm{d}}$是d维的向量，每个区间是一个超立方体，它在每一维上的棱长都是h，则每个区域的体积为$V=h^{\mathrm{d}}$，若定义d维单位方窗函数，公式如下：

$$\phi((u_1,u_2,\dots,u_{\mathrm{d}})^{\mathrm{T}})=\begin{cases}1 & |u_j|<\dfrac{1}{2}\\ 0 & 其他\end{cases}$$（式2-3）

若x落入窗口内，函数$\phi((u_1,u_2,\dots,u_{\mathrm{d}})^{\mathrm{T}})$的取值为1，否则取值为0。若确定一个样本$x_i$是否落在以$x$为中心、$h$为棱长的超立方体内，可通过$\phi(\frac{x-x_i}{h})$的取值进行判断。样本$X$落在$x$为中心的超立方体的样本数可写成：

$$k_N=\sum_{i=1}^{N}\phi\left(\frac{x-x_i}{h}\right)$$（式2-4）

将其代入公式2-2，可得到任一点x的概率密度估计：

$$P_{kde}(x)=\frac{1}{NV}\sum_{i=1}^{N}\phi\left(\frac{x-x_i}{h}\right)=\frac{1}{N}\sum_{i=1}^{N}\frac{1}{V}\phi\left(\frac{x-x_i}{h}\right)$$（式2-5）

其中，$K(x,x_i)=\sum_{i=1}^{N}\frac{1}{V}\phi\left(\frac{x-x_i}{h}\right)$称为核函数，且满足：$K(x,x_i)\geqslant 0$ 且 $\int K(x,x_i)\mathrm{d}x=0$。当满足：$k(x,x_i)=\begin{cases}\frac{1}{h^{\mathrm{d}}} & \left|x^{(j)}-x_i^{(j)}\right|\leqslant\frac{h}{2}\\ 0 & 其他\end{cases}$ 时，称为 Parzen 矩形窗。

3. Parzen 正态核窗估计

当 $k(x,x_i)$ 满足公式 2-6 时：

$$k(x,x_i)=\frac{1}{\sqrt{(2\pi)^{\mathrm{d}}\rho^{2\mathrm{d}}\,|Q|}}\exp\left\{-\frac{1}{2}\frac{(x-x_i)^{T}Q^{-1}(x-x_i)}{\rho^{2}}\right\} \quad （式 2-6）$$

也就是以样本 x_i 为均值，协方差矩阵 $\Sigma=\rho^2Q$ 的正态分布，一维情况为：

$$k(x,x_i)=\frac{1}{\sqrt{2\pi\sigma}}\exp\left\{-\frac{(x-x_i)^2}{2\sigma^2}\right\} \quad （式 2-7）$$

对于多维数据，为了简便运算，可以假设各维数据相互独立。若随机变量 X 与 Y 独立，则 X 与 Y 不相关，即相关系数 $\rho=0$。

2.1.2 非参数估计的一般推导

假设 $p(x')$ 是 x' 的密度函数，向量 x 落在区域 R 的概率为：

$$P=\int_R p(x')\mathrm{d}x' \quad （式 2-8）$$

N 个向量中 k 个向量落在 R 内的概率为：

$$P(k)=\binom{N}{k}P^k(1-P)^{N-k} \quad （式 2-9）$$

k/N 的均值和方差分别为：

$$E(\frac{k}{N})=P \quad （式 2-10）$$

$$Var(\frac{k}{N})=E\left[\left(\frac{k}{N}-P\right)^2\right]=\frac{P(1-P)}{N} \quad （式 2-11）$$

当 $N\to\infty$ 时，频率与概率的取值趋于相等，公式为：

$$P\cong\frac{k}{N} \quad （式 2-12）$$

当 N 足够小时，$p(x)$ 在 R 上是不变的，公式为：

$$P = \int_R p(x')\mathrm{d}x' \cong p(x)V \qquad \text{（式 2-13）}$$

公式 2-12 与公式 2-13 结合，结果为：

$$p(x) = \frac{k}{NV}$$

如何通过 data-driven 的方式估计参数呢？策略叫作 trial-and-error，即不断试错，通过不断的迭代，根据误差反复调整参数使误差尽可能地降低，最终得到最优参数。

2.2　基于 k 近邻算法的实现

kNN 属于非参数估计算法，为了将数据进行分类，需要先得到类条件概率密度，然后根据概率密度大小对样本进行分类。下面我们对给出的鱼类数据，分别利用直方图估计、Parzen 矩形窗估计和 Parzen 正态核估计实现 kNN 分类。

给出的鱼类数据存储在文件 fish.xls 中，包含一维数据和二维数据两种类型，各 2000 条，一维数据的前 6 条数据如表 2-1 所示。

表 2-1　一维数据的前 6 条数据

long（数据）	label（类别）
20.6	0
11.4	0
23	0
19.4	0
18.2	0
24.8	0

二维数据的前 6 条数据如表 2-2 所示。

表 2-2　二维数据的前 6 条数据

long（数据）	light（属性）	label（类别）
4.5	1	0
3.1	2.6	0
1.1	4.1	0
3.9	2	0
2.6	3.2	0
2.9	2.9	0

2.2.1　利用直方图估计概率密度、分类

读取文件中的数据，将数据分成训练集和测试集之后，利用直方图估计法对数据进行分类的算法实现可分为以下步骤：

步骤01 根据数据的最小值和最大值及窗口大小确定将数据划分为多少区间。

步骤02 根据测试集样本 newData 确定该样本所在的窗口。

步骤03 统计测试样本所在窗口中不同类别的训练样本数量 k0 和 k1。

步骤04 求出每类样本的概率密度并进行比较，将该测试样本 newData 划为概率密度较大的一类。

步骤05 重复执行步骤 步骤01~步骤04，直到所有测试样本都完成分类。

步骤06 统计预测的分类与真实的类别，求出分类的准确率。

1. 数据预处理

从 fish.xls 中读取数据，分别取出类别 0 和类别 1 的 500 条数据作为训练集，第 500~1000 之间的 500 条和 1500 条以后的 500 条数据作为测试集。

```
import xlrd
from operator import itemgetter
import matplotlib.pyplot as plt
import numpy as np
readbook = xlrd.open_workbook(r'Fish.xls')
sheet = readbook.sheet_by_index(1)           #索引的方式，从 0 开始
sheet = readbook.sheet_by_name('long')  #读取工作表
nrows = sheet.nrows  #行
ncols = sheet.ncols   #列
fish=[]
for i in range(1,nrows):
    v1 = sheet.cell(i,0).value
    v2 = sheet.cell(i, 1).value
fish.append([v1,v2,0,0,0])
train0=fish[0:500]
train1=fish[1000:1500]
train=train0+train1
test0=fish[500:1000]
test1=fish[1500:]
test=test0+test1
```

2. 直方图概率密度估计

设置窗口大小 v，求出训练集中样本的最大值 max0 和最小值 min0，计算训练集被划分为多少个区间 bin。对每一条测试数据 newData，先以 newData 为中心确定其所处的区间 bin0，然后统计训练集中各个类别有多少样本点落在 bin0 中，估计概率密度值。

```
v = 0.5
n = 500
max0=max(train,key=itemgetter(0))[0]
min0=min(train,key=itemgetter(0))[0]
bin=(int)((max0-min0)/v)
print(max0,min0)
print("bin",bin)
bin0=-1
for i in range(1000):
    k0 = 0
    k1 = 0
    #newData 新来的测试数据
    newData = test[i][0]
    for binx in range(bin):
```

```
        if (newData>=min0+(binx-1)*v) and (newData<=min0+binx*v):
            bin0 = binx

    iRange=min0+(bin0-1)*v
    lRange=min0+bin0*v
    #统计训练集中的数据有多少个落在窗口内
    for j in range(500):
        trainData0 = train0[j][0]  #第 0 类数据
        trainData1 = train1[j][0]  #第 1 类数据
        if ((trainData0 >= iRange) and (trainData0 <= lRange)):
            k0 = k0 + 1
        if ((trainData1 >= iRange) and (trainData1 <= lRange)):
            k1 = k1 + 1
    #根据公式估计类条件概率密度
    classPro0 = k0 / (n * v)
    classPro1 = k1 / (n * v)
```

3. 对测试样本分类

比较窗口内分别属于类别 0 和类别 1 的概率大小，将测试样本 newData 划分为概率值较大的一类，并计算分类的准确率。

```
    #第 3 列存放属于第 0 类的类条件概率，第 4 列存放属于第 1 类的类条件概率
    test[i][2] = classPro0
    test[i][3] = classPro1
    #贝叶斯分类器进行分类，直接用类条件概率大小进行比较分类
    #第 5 列存放测试数据的分类结果
    if (classPro0 > classPro1):
        test[i][4] = 0
    if (classPro0 < classPro1):
        test[i][4] = 1
    #统计分类正确次数
    if ((i <= 500) and  (test[i][4] == test[i][1])):
        count0 = count0 + 1
    #统计分类正确次数
    if ((i > 500) and  (test[i][4] == test[i][1])):
        count1 = count1 + 1
#计算分类 0 和分类 1 的正确性
accurate0 = count0 / 500
accurate1 = count1 / 500
print("类别 0: ",accurate0,", 类别 1: ",accurate1)
```

对每一个测试样本分类完成后，在窗口大小为 0.5 时，统计分类正确性为：0.972 和 0.970，可作为 kNN 算法的准确率。

4. 数据可视化

在实现分类之前，可以通过将数据可视化观察两类数据的分布情况。

```
#数据分布直方图
ret_x0 = [x for [x,y,z,a,b] in test if b==0]
ret_x1=[x for [x,y,z,a,b] in test if b==1]
n,bins,patches=plt.hist(ret_x0,bin,color='r',label='class 0')
n,bins,patches=plt.hist(ret_x1,bin,color='b',label='class 1')
plt.legend(loc='upper right')
```

```
title = "一维数据分布直方图(width=%.1f)"%(v)
plt.title(title)
plt.rcParams['font.sans-serif']=['SimHei']
plt.rcParams['axes.unicode_minus']=False
plt.show()
```

这两类数据的分布情况如图 2-3 所示。

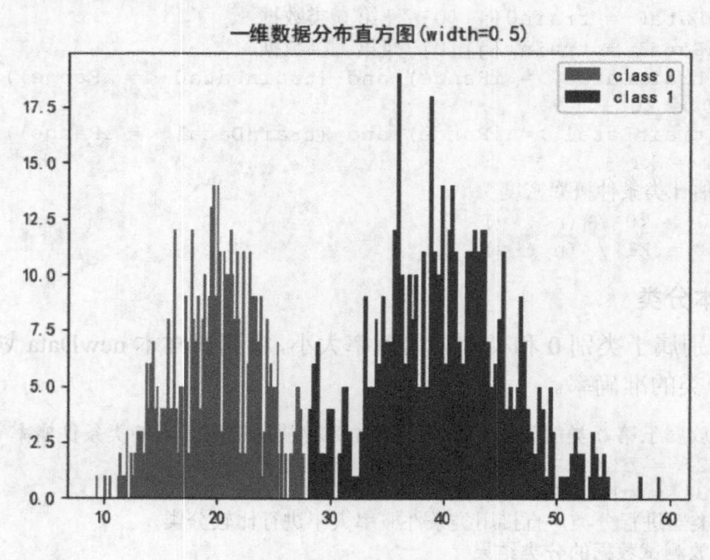

图 2-3　数据分布直方图

提　示

为了能在绘图时正确显示中文，需要添加以下语句：

```
plt.rcParams['font.sans-serif']=['SimHei']
plt.rcParams['axes.unicode_minus']=False
```

为了将直方图概率密度可视化，就是将每个区域间的数据概率以直方图形式显示出来，因此，需要首先统计出训练集中每个区域内的样本数，并计算出概率值。我们分别设置窗口为 v=0.3 和 v=1.0，以对比不同窗口大小情况下的概率密度显示效果和分类准确率。

```
#画出不同窗口大小情况下直方图的概率密度
plt.subplot(2,1,1)
train=np.array(train)
length=(int)((max0-min0)/v)+1
res= np.zeros(bin)
for d in train[1:1000,0]:
   for binx in range(bin):
      if (d >= min0 + (binx - 1) * v) and (d <= min0 + binx * v):
         bin0 = binx
   res[bin0]+=1
Y1=res/1000
print(len(np.linspace(min0, max0+v,bin)),len(Y1))
plt.bar(np.linspace(min0, max0+v,bin),Y1,width=v+0.01,align='center' )
title = "一维数据直方图估计(width=%.1f), precision1=%.3f,precision2=%.3f" %
        (v,accurate0 ,accurate1)
```

```
plt.title(title)
plt.xlabel("Data")
plt.ylabel("Density")
plt.subplot(2,1,2)
v=1
bin=(int)((max0-min0)/v)
res= np.zeros(bin)
print(bin)
for d in train[1:1000,0]:
    for binx in range(bin):
        if (d >= min0 + (binx - 1) * v) and (d <= min0 + binx * v):
            bin0 = binx
    res[bin0]+=1
Y1=res/1000
plt.bar(np.linspace(min0, max0+v,bin),Y1,width=v+0.01,align='center' )
title = "一维数据直方图估计(width=%.1f), precision1=%.3f,precision2=%.3f" %
        (v,accurate0 ,accurate1)
plt.rcParams['font.sans-serif']=['SimHei']
plt.rcParams['axes.unicode_minus']=False
plt.title(title)
plt.xlabel("Data")
plt.ylabel("Density")
plt.show()
```

窗口大小为 0.3 和 1.0 时，直方图概率密度如图 2-4 所示。

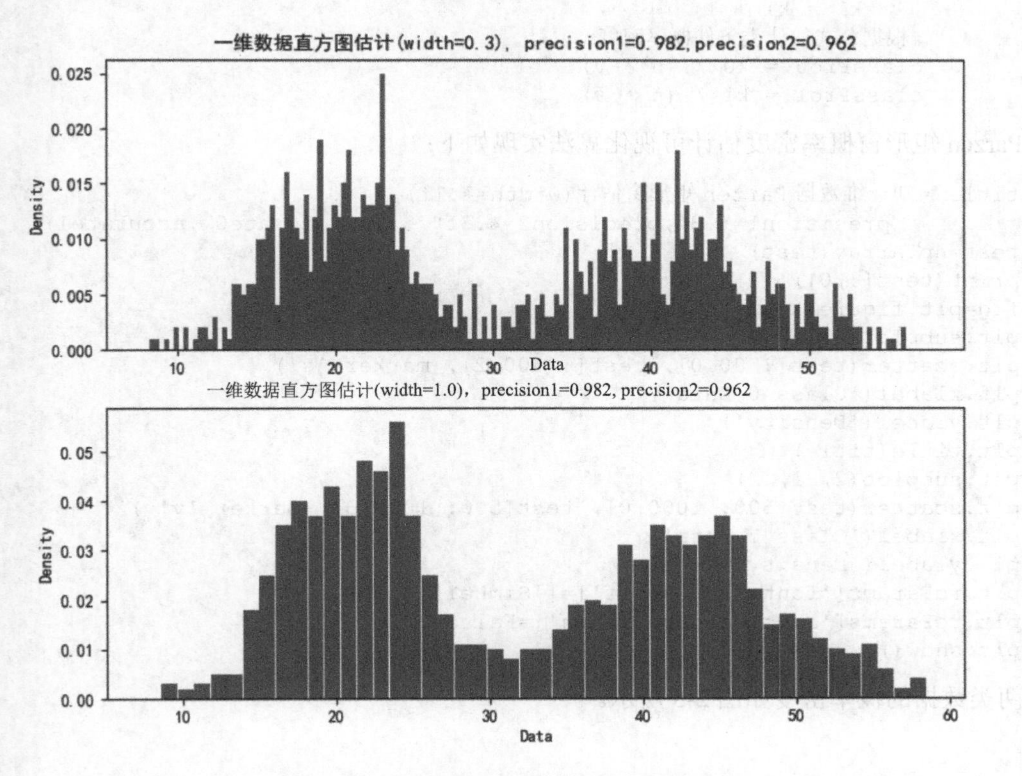

图 2-4　窗口为 0.3 和 1.0 时的直方图概率密度

2.2.2 利用 Parzen 矩形窗估计概率密度、分类

与直方图密度估计类似，利用 Parzen 矩形窗公式可以实现对概率密度的估计及分类，以下是核心代码：

```
v = 3
n = 500
count0 = 0
count1 = 0
for i in range(1000):
    k0 = 0
    k1 = 0
    #newData 新来的测试数据
    newData = test[i][0]
    #根据窗口大小确定值域大小
    iRange = newData - v / 2
    lRange = newData + v / 2
    for j in range(500):
    #统计测试集中的数据，有多少个落在窗口内
        trainData0 = train0[j][0]
        trainData1 = train1[j][0]
        if ((trainData0 >= iRange) and (trainData0 <= lRange)):
            k0 = k0 + 1
        if ((trainData1 >= iRange) and (trainData1 <= lRange)):
            k1 = k1 + 1
        #根据公式估计类条件概率密度
        classPro0 = k0 / (n * v)
        classPro1 = k1 / (n * v)
```

Parzen 矩形窗概率密度估计可视化算法实现如下：

```
title = "一维数据 Parzen 矩形窗估计(width=%.1f),
        precision1=%.3f,precision2=%.3f" % (v,accurate0 ,accurate1)
test=np.array(test)
print(test[:,0])
fig=plt.figure()
plt.subplot(211)
plt.scatter(test[:500,0], test[: 500,2], marker='s')
plt.xlabel('Class 0 Data')
plt.ylabel('Density')
plt.title(title)
plt.subplot(2, 1, 2)
plt.scatter(test[500: 1000,0], test[500: 1000,3], marker='v' )
plt.xlabel('Class 1 Data')
plt.ylabel('Density')
plt.rcParams['font.sans-serif']=['SimHei']
plt.rcParams['axes.unicode_minus']=False
plt.show()
```

两类数据的概率密度如图 2-5 所示。

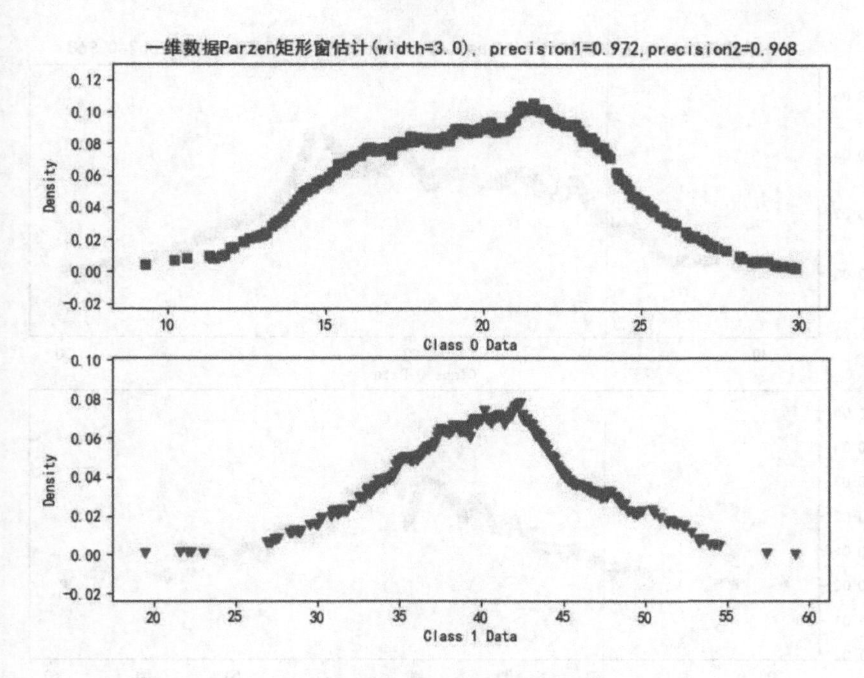

图 2-5　Parzen 矩形窗概率密度

当窗口大小为 3.0 时，两类数据分类的正确率分别是 0.972 和 0.968。

2.2.3　利用 Parzen 正态核估计概率密度、分类

如前所述，将核函数 $K(x,x_i)$ 设为标准正态分布，即：

$$K(x,x_i)=\frac{1}{\sqrt{2\pi}}\exp(-\frac{(x-x_i)^2}{2}) \qquad (\text{式 } 2\text{-}14)$$

修改 2.2.2 节代码，可分别得到测试样本属于两类数据的概率，其核心代码如下：

```
    for j in range(500):
        #统计测试集中的数据，有多少个落在窗口内
        trainData0 = train0[j][0]
        trainData1 = train1[j][0]
        if ((trainData0 >= iRange) and (trainData0 <= lRange)):
            kx0 = kx0 + (1 / np.sqrt(2 * np.pi)) * (np.exp(-1.0 * (test[i][0] -
trainData0) ** 2))
        if ((trainData1 >= iRange) and (trainData1 <= lRange)):
            kx1 = kx1 + (1 / np.sqrt(2 * np.pi)) * (np.exp(-1.0 * (test[i][0] -
trainData1) **2))
    #根据公式估计类条件概率密度
    classPro0 = kx0 / (n * v)
    classPro1 = kx1 / (n * v)
```

当窗口大小为 1.0 时，Parzen 正态核估计概率密度如图 2-6 所示。

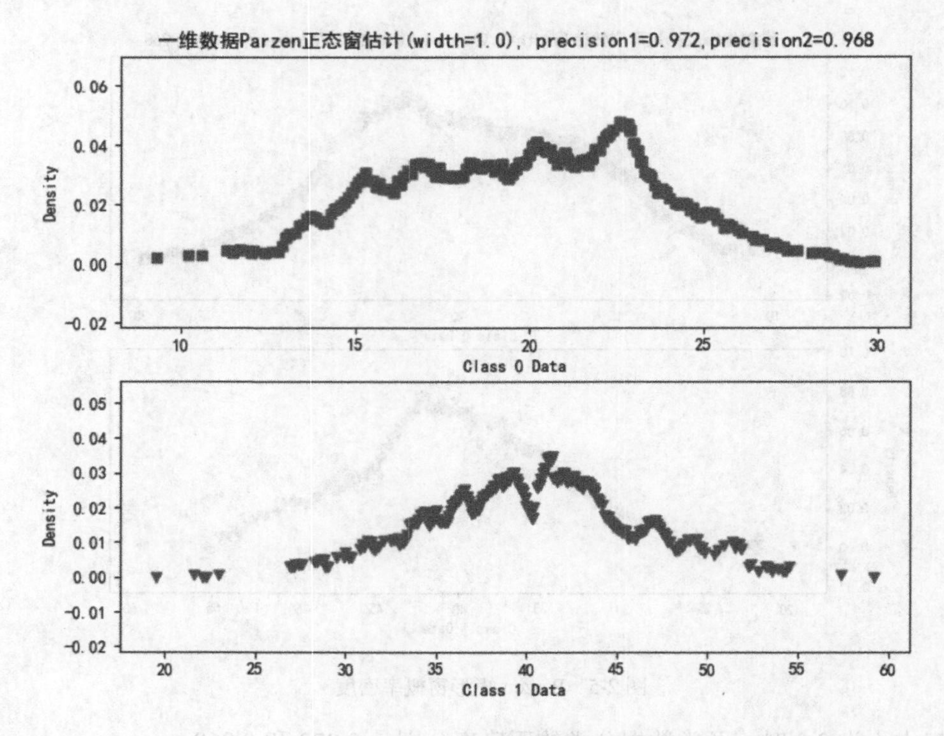

图 2-6 Parzen 正态核估计概率密度

窗口大小为 1.0 时，两类数据分类正确率分别为 0.972 和 0.968。

提 示

对于嵌套的列表 list 和数组 NumPy，读取一列的方法是不一样的。一个列表中可以存放不同类型的数据，包括 int、float 和 str，甚至布尔型；而一个数组中存放的数据类型必须全部相同，int 或 float。例如：

```
a=[[1,2,3],[4,5,6]]
>>> a[0]     #取一行
[1, 2, 3]
>>> a[:,0]  #尝试用数组的方法读取一列失败
TypeError: list indices must be integers or slices, not tuple
```

需要用列表推导式读取一列：

```
>>> b=[x[0] for x in a]
>>> print(b)
[1, 4]
```

而对于数组，可通过切片直接读取。例如：

```
>>> import numpy as np
>>> a=np.array([[1,2,3],[4,5,6]])
>>> a[:,0]
array([1, 4])
```

2.3 k 近邻算法应用——鸢尾花的分类

Iris 鸢尾花数据集（iris_training.csv）是经常用于机器学习和数据分析的一个经典数据集。该数据集中的数据可分为 3 类（iris-setosa，iris-versicolor，iris-virginica），共 150 条记录，每类各 50 个数据，每条记录有 4 个属性：花萼长度（Sepal Length）、花萼宽度（Sepal Width）、花瓣长度（Petal Length）、花瓣宽度（Petal Width），可以通过这 4 个特征预测鸢尾花属于哪一类。标签 0、1、2 分别表示山鸢尾（Setosa）、变色鸢尾（Versicolor）、维吉尼亚鸢尾（Virginica）。

通过以下代码可查看鸢尾花前 5 条数据：

```
column_names = ['SepalLength', 'SepalWidth', 'PetalLength', 'PetalWidth',
'Species']
iris_data = pd.read_csv("iris_training.csv", header=0, names=column_names)
print(df_iris.head())
```

输出前 5 条数据如下：

```
     SepalLength  SepalWidth  PetalLength  PetalWidth  Species
0      6.4          2.8          5.6         2.2         2
1      5.0          2.3          3.3         1.0         1
2      4.9          2.5          4.5         1.7         2
3      4.9          3.1          1.5         0.1         0
4      5.7          3.8          1.7         0.3         0
```

我们可将鸢尾花数据集分为两部分：iris_training.csv 和 iris_test.csv，其中 iris_training.csv 为训练数据集，共 120 条样本数据；iris_test.csv 为测试数据集，共 30 条数据。

```
import pandas as pd
import numpy as np
import matplotlib.pyplot as plt

col_names = ['SepalLength', 'SepalWidth', 'PetalLength', 'PetalWidth',
'Species']
iris_data = pd.read_csv("iris_training.csv", header=0, names=column_names)
print(iris_data.head())
iris = np.array(iris_data)
fig = plt.figure('Iris Data')
plt.suptitle("鸢尾花数据集\n(紫色: Setosa，绿色: Versicolor，红色: Virginica)")
for x in range(3):
    for y in range(3):
        plt.subplot(3, 3, 3 * x + (y + 1))
        if (x== y):
            plt.text(0.2, 0.3, col_names[x], fontsize=15)
        else:
            plt.scatter(iris[:, y], iris[:, x], c=iris[:, 4], cmap='rainbow')
        if (x == 0):
            plt.title(col_names[y])
        if (y == 0):
            plt.ylabel(col_names[x])
plt.rcParams['font.sans-serif']=['SimHei']
```

```
plt.rcParams['axes.unicode_minus']=False
plt.show()
```

任意选择其中两维数据，得到鸢尾花数据散点图如图 2-7 所示。

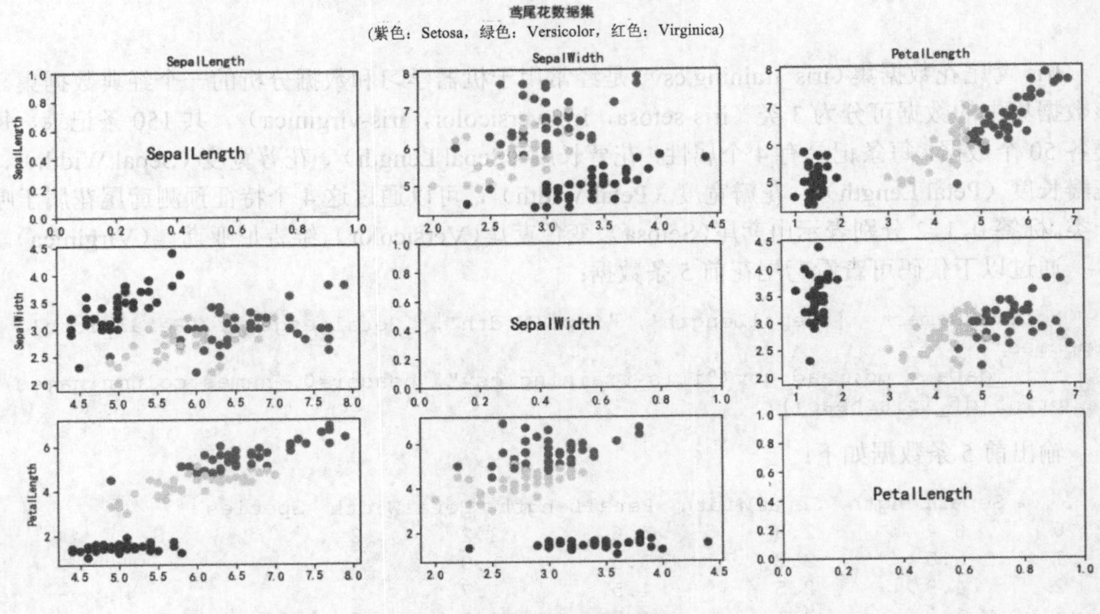

图 2-7 鸢尾花数据散点图

```
import math
import numpy as np
import pandas as pd
import operator

#计算样本点之间的距离
def get_euc_dist(ins1, ins2, dim):
    dist = 0
    for i in range(dim):
        dist += pow((ins1[i]-ins2[i]), 2)
    return math.sqrt(dist)

#获取 k 个邻居
def get_neighbors(test_sample, train_set, train_set_y, k=3):
    dist_list = []
    dim = len(test_sample)
    for i in range(len(train_set)):
        dist = get_euc_dist(test_sample, train_set[i], dim)
        dist_list.append((train_set_y[i], dist))  #获取测试样本到其他样本的距离
    dist_list.sort(key=operator.itemgetter(1))    #对所有距离进行排序
    test_sample_neighbors = []
    for i in range(k):  #获取到距离最近的 k 个样本
        test_sample_neighbors.append(dist_list[i][0])
    return test_sample_neighbors

#预测样本所属分类
```

```
    def predict_class_label(neighbors):
        class_labels = {}
        #统计得票数
        for i in range(len(neighbors)):
            neighbor_index = neighbors[i]
            if neighbor_index in class_labels:
                class_labels[neighbor_index] += 1
            else:
                class_labels[neighbor_index] = 1
        label_sorted = sorted(class_labels.items(), key=operator.itemgetter(1),
reverse=True)
        return label_sorted[0][0]

    #计算预测准确率
    def getAccuracy(test_labels, pre_labels):
        correct = 0
        for x in range(len(test_labels)):
            if test_labels[x] == pre_labels[x]:
                correct += 1
        return (correct/float(len(test_labels)))*100.0

    if __name__ == '__main__':
        column_names = ['SepalLength', 'SepalWidth', 'PetalLength', 'PetalWidth',
'Species']
        iris_data = pd.read_csv("iris_training.csv", header=0,
names=column_names)
        print(iris_data.head())
        iris_data = np.array(iris_data)
        iris_train,iris_train_y=iris_data[:,0:4],iris_data[:,4]
        iris_test = pd.read_csv("iris_test.csv", header=0, names=column_names)
        iris_test = np.array(iris_test)
        iris_test, iris_test_y = iris_test[:, 0:4], iris_test[:, 4]
        print(iris_test_y)

        pre_labels = []
        k = 3
        for x in range(len(iris_test)):
            neighbors = get_neighbors(iris_test[x],iris_train, iris_train_y, k)
            result = predict_class_label(neighbors)
            pre_labels.append(result)
        print ('预测类别: ' + repr(result) + ', 真实的类别=' + repr(iris_test_y[x]))
        print('预测类别: ' + repr(pre_labels))
        accuracy = getAccuracy(iris_test_y, pre_labels)
        print('Accuracy: ' + repr(accuracy) + '%')
```

程序运行结果如下：

```
    预测类别: [1.0, 2.0, 0.0, 1.0, 1.0, 1.0, 0.0, 2.0, 1.0, 2.0, 2.0, 0.0, 2.0, 1.0,
1.0, 0.0, 1.0, 0.0, 0.0, 2.0, 0.0, 1.0, 2.0, 2.0, 1.0, 1.0, 0.0, 1.0, 2.0, 1.0]
    Accuracy: 96.66666666666667%
```

此外，我们还可以直接调用系统提供的 KNeighborsClassifier 实现分类，sklearn 库提供 k 近邻类 KNeighborsClassifier 原型如下：

```
    sklearn.neighbors.KNeighborsClassifier(n_neighbors=5, *, weights='uniform',
```

```
algorithm='auto', leaf_size=30, p=2, metric='minkowski', metric_params=None,
n_jobs=None, **kwargs)
```

主要参数说明如下：

```
n_neighbors：邻居数，即 k 值，默认值为 5
```

- weights：权重函数。可能的取值为：uniform、distance、callable。其中，uniform 表示每个邻域中的所有点的权值一样；distance 表示权重为该样本点与其距离的倒数，距离越近，权值越大；callable 为用户定义的函数，该函数为距离数组。默认值为 uniform。
- algorithm：计算最近邻居的算法，可选参数为：ball_tree、kd_tree、brute、auto。其中，brute 表示使用暴力搜索；auto 表示根据传递给 fit 方法的值来选择最合适的算法。默认参数为 auto。
- leaf_size：叶子结点的数量，当 algorithm 取值为 ball_tree 或 kd_tree 时有效。默认取值为 30。
- p：闵可夫斯基空间距离的超参数取值。当 p=1 时，表示使用曼哈顿距离；当 p=2 时，表示使用欧氏距离。默认取值为 2。

常用属性：

```
classes_：样本类别
```

常用方法：

- fit(X, y)：训练模型函数，使用 X 作为训练数据，y 作为标签训练模型参数。
- kneighbors([X, n_neighbors, return_distance])：查找样本点的 K 个邻居。返回值为每个样本点的邻居索引及距离。
- predict(X)：预测样本 X 的类别（标签）。
- predict_proba(X)：返回测试数据 X 的概率值。
- score(X, y[, sample_weight])：给定测试数据 X 和标签 y，返回预测的平均准确率。

```
#使用 KneighborsClassifier 分类器示例
from sklearn.neighbors import KNeighborsClassifier
from sklearn.model_selection import train_test_split
iris = load_iris()
X_train, X_test, y_train, y_test = train_test_split(iris ['data'],
iris['target'], random_state=5)
knn = KNeighborsClassifier(n_neighbors=3 ,algorithm='kd_tree')
knn.fit(X_train, y_train)
print("测试集平均准确率: {:.2f}".format(knn.score(X_test, y_test)))
```

程序运行结果如下：

```
测试集平均准确率: 0.97
```

k 近邻算法除了可用于解决分类问题，还可用于回归分析。k 近邻是最早被用于回归分析的算法，其原理与 k 近邻解决分类问题类似，它是通过一种距离度量寻找与待预测点相近的 k 个点，根据这 k 个点进行回归预测，待预测点的标签是由这 k 个点标签的平均值决定。sklearn 库同样也提供了用于回归分析的 KNeighborsRegressor 类。

提　示

在使用kNN算法时，需要不断对近邻样本进行搜索，最直接的方法就是暴力搜索，这需要计算输入样本与每个训练样本之间的距离，当训练数据集很大时，计算工作量也是非常大的，采用KD树算法可提高kNN算法的搜索效率，在最好的情况下，KD树发现最近邻的时间复杂度为$O(\log_2 n)$。

2.4　本章小结

kNN 是一种有监督的分类算法，其算法思想简单，易于实现，无须估计参数，分类准确率高，不足之处在于预测结果依赖于k值的选择，易受到噪声数据影响，特别是当样本不平衡时，分类会偏向于训练样本数量较多的类别，具有较高的计算复杂度。本章介绍了kNN算法原理，通过直方图估计法、Parzen矩形窗估计概率密度、分类，最后利用kNN对鸢尾花数据进行分类预测。kNN算法没有训练的过程，通过投票的方式预测新样本的类别，但kNN算法仍有很多值得关注的地方，如k值的选择、距离的度量方法及快速检索k近邻的算法（KD树等）。

2.5　习　　题

一、选择题

1. 以下（　　）不属于kNN算法的优点。

A. 算法思想简单，易于实现　　B. 无须参数估计

C. 分类准确率高　　D. 不受k值影响

2. 以下关于k近邻的说法中，不正确的是（　　）。

A. k近邻的训练时间较长

B. k近邻是一种投票法

C. k近邻算法分类结果会依赖于距离度量方法的选择

D. k近邻是一种无监督的学习方法

3. 关于k近邻算法的描述，以下（　　）说法是正确的。

A. k的取值越大，k近邻算法分类效果越好

B. k的取值越小，k近邻算法分类效果越好

C. k近邻算法分类效果与k的取值无关

D. k近邻算法分类结果依赖于k值的选择，k的选择需要根据分类结果进行调整再确定

4. 在数据量非常大的时候，利用k近邻计算近邻距离是非常耗费时间的，为了提高搜索效率，就出现了KD树。KD树是一种对k维空间中样本点进行存储，以便对其进行快速检索的树形结构。关于KD树的说法，不正确的是（　　）。

A. 当数据集维度 d 和 k 值都比较小时，kNN 的时间复杂度和空间复杂度都为 $O(n)$，而 KD 树可以将复杂度降低到 $O(\log_2 n)$

B. 搜索 KD 树的过程就是根据目标样本点，首先找到包含目标样本点的叶结点，然后从该结点出发，依次回退到父结点，不断查找与目标点最近邻的结点，当确定不可能存在更近的结点时终止。搜索过程被限制在局部区域，从而提高搜索效率

C. 最好情况下，KD 树发现最近邻的时间复杂度为 $O(\log_2 n)$；最坏情况下，KD 树发现最近邻的时间复杂度为 $O(n)$

D. 当数据的维度增加时，KD 树的时间复杂度并不会增加

5. 以下说法中，不正确的是（　）。

A. kNN 只能用于分类任务，不能进行回归分析

B. kNN 根据投票法进行分类

C. 在对样本分类时，可利用直方图或 Parzen 正态窗估计概率密度

D. 当样本数量非常大时，kNN 的时间复杂度非常高

二、算法分析题

利用 sklearn 库中的 KneighborsClassifier 对鲈鱼和三文鱼进行分类，并计算分类准确率。

第3章

贝叶斯分类器

贝叶斯分类器是以著名的贝叶斯定理（Bayes Theorem）为基础的分类算法，其原理是通过样本的先验概率，利用误判损失来选择最优的类别进行分类。根据样本特征的分布情况，贝叶斯分类器可分为朴素贝叶斯分类器和正态贝叶斯分类器。朴素贝叶斯分类器（Naive Bayes Classifier）为假设样本的特征向量各个分量相互独立；正态贝叶斯分类器为假设样本特征向量服从正态分布。其中，朴素贝叶斯分类器实现简单，模型预测准确率高，是一种常用的分类算法。

3.1 贝叶斯定理相关概念

贝叶斯定理提供了一种计算概率的方法，可预测样本数据属于某一类的概率。要想理解贝叶斯算法的要点，我们需要先了解贝叶斯定理的相关概念。

3.1.1 先验概率、条件概率、后验概率与类条件概率

（1）先验概率（Prior Probability）：在没有训练样本数据前，根据以往经验和分析得到的概率，假设样本 h 的初始概率用 $P(h)$表示。换句话说，先验概率是我们在未知条件下对事件发生可能性猜测的数学表示。如果没有先验经验，可假定 $P(h)$为 50%。例如，如果我们对西瓜的触感、敲声、根蒂和纹路等特征一无所知，按理来说，西瓜是好瓜的概率为 65%。那么这个概率 P(好瓜)就被称为先验概率。

（2）条件概率（Conditional Probability）：在原因 B 发生的条件下，结果 A 发生的概率，记作 $P(A|B)$。例如，假设上课迟到的原因可能有：（1）早上没有起来；（2）感冒发烧，需要去看病。当感冒发烧时，上课迟到的概率表示为 P(上课迟到|感冒发烧)。

（3）后验概率（Posterior Probability）：后验概率也是一种条件概率，它是根据事件结果

求事件发生原因的概率。已经观测到事情已经发生了，发生的原因有很多，判断结果的发生是由哪个原因引起的概率，也就是说，后验概率是求导致该事件发生的原因是由某个因素引起的可能性的大小。它限定了条件为观测结果，事件为隐变量取值。例如，上课又迟到了，这是事件的结果，而造成这个结果的原因可能是早上起床晚了，或感冒发烧需要先去看病，P(起床晚了|上课迟到)和 P(感冒发烧|上课迟到)就是后验概率。

（4）类条件概率（Class Conditional Probability）：类条件概率是指把造成事件结果的原因依次列举，分别讨论，即分析并计算某类别情况下，造成此结果的原因。把一个完整的样本集合 S 通过特征进行了划分，划分成 m 类 c_1、c_2、c_3、…、c_m。假定样本的特征值 x 是一个连续随机变量，其分布取决于类别状态 c，类条件概率函数 $P(x|c_i)$是指在类别 c_i 样品中，特征值 x 的分布情况。x 相对于类标签 c 的概率，也称为似然（likelihood），记作 $P(x|c)$。例如，若西瓜的类别有好瓜和坏瓜两种类别，知道一个西瓜是好瓜的情况下，估计每个属性的概率 P(纹路清晰|好瓜)、P(敲声沉闷|好瓜)就是类条件概率。

3.1.2 贝叶斯决策理论

贝叶斯公式的精髓是描述了两个相关随机事件之间的概率关系，贝叶斯分类器正是在这样的思想指导下，通过计算样本属于某一类的概率值来判定样本分类的。

假设有若干样本 x，类别标签有 M 种，即 $y=\{c_1,c_2,\ldots,c_M\}$，其后验概率为 $P(c_i \mid x)$，若将标签为 c_j 的样本误分为 c_i 类产生的损失为 λ_{ij}，则将样本 x 分类为 c_i 所产生的期望损失为：

$$R(c_i \mid x)=\sum_{i=1}^{M}\lambda_{ij}P(c_j \mid x) \quad \text{（式 3-1）}$$

其中，误判损失 λ_{ij} 为：

$$\lambda_{ij}=\begin{cases}0 & i==j\\ 1 & \text{其他}\end{cases} \quad \text{（式 3-2）}$$

为了最小化期望损失，只需要在每个样本上选择那个能使期望损失最小的类别标签，即：

$$h(x)=\underset{c\in y}{\arg\min}\,R(c_i \mid x) \quad \text{（式 3-3）}$$

使分类错误率最小，也就是使分类的正确率最高，因 $R(c_i \mid x)=1-P(c_i \mid x)$，于是，最小化分类错误率的贝叶斯最优分类器变为：

$$h(x)=\underset{c\in y}{\arg\max}\,P(c_i \mid x) \quad \text{（式 3-4）}$$

一般情况下，在实际分类任务中难以直接获得后验概率 $P(c_i \mid x)$。为了利用有限的数据集准确估计后验概率 $P(c_i \mid x)$，可通过贝叶斯定理对联合概率分布 $P(x,c_i)$ 建模，再得到 $P(x \mid c_i)$。根据贝叶斯定理，有：

$$P(c_i \mid x)=\frac{P(x,c_i)}{P(x)}=\frac{P(c_i)P(x \mid c_i)}{P(x)} \quad \text{（式 3-5）}$$

其中，$P(c_i)$ 就是前面所述的类的先验概率；$P(x|c_i)$ 是在类标签 c_i 下 x 的类条件概率；$P(x)$ 是样本 x 的概率分布，它对所有类标签都是相同的。对于分类问题，只需要比较样本属于每一类的概率大小，找出概率最大的那一类即可，故分母 $P(x)$ 是可以省略的。因此，简化后的贝叶斯最优分类器为：

$$h(x)=\underset{c\in y}{\arg\max}\,P(c_i)P(x|c_i) \tag{式 3-6}$$

如果求出了先验概率 $P(c_i)$ 和类条件概率 $P(x|c_i)$，那么我们就能根据贝叶斯最优分类器对样本进行分类了。其中，类的先验概率 $P(c_i)$ 可根据大数定律对各类样本出现的频率进行估计。对于类条件概率 $P(x|c_i)$，直接根据样本出现的频率估计是十分困难的。

3.1.3　极大似然估计

虽然不能直接估计出类条件概率，但我们还是有获得类条件概率的策略的。为了估计类条件概率，可以先假设其服从某种确定的概率分布，再利用训练样本对概率分布的参数进行估计。这就是极大似然估计（Maximum Likelihood Estimation，MLE）的算法思想。极大似然估计提供了一种给定观察数据来评估模型参数的方法，即：模型已定，参数未知。通过若干次实验，观察其结果，利用实验结果得到某个参数值能够使样本出现的概率为最大，则称为极大似然估计。

假设 T_c 表示训练集 T 中第 c 类样本集合，且这些样本是独立同分布的，则参数 θ_c 对于数据集 T_c 的似然为：

$$l(\theta)=P(T_c|\theta_c)=P(x_1,x_2,\ldots,x_N|\theta)=\prod_{x\in T_c}P(x|\theta_c) \tag{式 3-7}$$

找出参数空间 θ_c 中能使 $l(\theta)$ 取最大参数值的 $\hat{\theta}_c$，其实就是求解：

$$\hat{\theta}_c=\underset{\theta}{\arg\max}\,l(\theta)=\underset{\theta}{\arg\max}\prod_{x\in T_c}P(x|\theta_c) \tag{式 3-8}$$

公式 3-8 容易造成下溢，通常求其对数似然：

$$\hat{\theta}_c=\underset{\theta}{\arg\max}\ln\prod_{x\in T_c}P(x|\theta_c)=\underset{\theta}{\arg\max}\sum_{x\in T_c}\ln P(x|\theta_c) \tag{式 3-9}$$

这样似乎有些抽象，一旦确定样本服从某种分布，我们就可以利用梯度下降法得到参数的值。假设样本服从均值为 μ、方差为 σ^2 的正态分布 $N(\mu,\sigma^2)$，则似然函数为：

$$l(\mu,\sigma^2)=\prod_{i=1}^{N}\frac{1}{\sqrt{2\pi}\sigma}\mathrm{e}^{-\frac{(x_i-\mu)^2}{2\sigma^2}} \tag{式 3-10}$$

对其求对数：

$$\ln l(\mu,\sigma^2)=-\frac{N}{2}\ln(2\pi)-\frac{N}{2}\ln\sigma^2-\frac{1}{2\sigma^2}\sum_{i=1}^{N}(x_i-\mu)^2 \tag{式 3-11}$$

对其分别求 μ 和 σ^2 的偏导，公式为：

$$\hat{\mu} = \frac{1}{N}\sum_{i=1}^{N} x_i \quad \text{（式 3-12）}$$

$$\hat{\sigma}^2 = \frac{1}{N}\sum_{i=1}^{N} (x_i - \hat{\mu})^2 \quad \text{（式 3-13）}$$

也就是说，通过最大似然估计得到的正态分布均值就是样本的均值，那么方差就是$(x_i - \hat{\mu})^2$的均值。

对于样本服从其他分布的情况，也是利用类似的方法求解，求最大似然估计量的一般步骤如下：

步骤 01 写出似然函数$l(x;\theta)$。

步骤 02 对似然函数$l(x;\theta)$取对数，并整理。

步骤 03 对$\ln l(x;\theta)$的相应参数θ求偏导。

步骤 04 解似然方程，得到参数θ的值。

提　示
极大似然估计，也称最大似然估计，是求估计的常用方法，由德国数学家高斯（C. F. Gauss）提出，它是建立在极大似然原理上的统计方法，是概率论在统计学上的应用，具有算法思想简单、收敛性好的优势，但是实验结果会依赖于事先假设的类条件概率模型。

由于直接估计类条件概率密度函数很困难，参数估计问题只是实际问题求解过程中的一种简化方法。因此，能够使用极大似然估计方法的样本必须满足一些前提假设：训练样本的分布能代表样本的真实分布。每个样本集中的样本都是所谓独立同分布的随机变量，且有充分的训练样本。

下面简单介绍一下正态分布函数数学表示及其几何意义。

一个单变量正态分布密度函数为：

$$P(x) = \frac{1}{\sqrt{2\pi}\sigma}\exp\left(-\frac{1}{2}\left(\frac{x-\mu}{\sigma}\right)^2\right) \quad \text{（式 3-14）}$$

其正态分布的概率密度函数如图 3-1 所示。

正态分布以$x=\mu$为对称轴左右对称。μ是正态分布的位置参数，描述正态分布的集中趋势位置。正态分布的期望、均数、中位数、众数相同，均等于μ。与μ越近的值，其概率越大；反之，其概率值越小。σ描述数据分布的离散程度，σ越大，数据分布越分散，曲线越扁平；σ越小，数据分布越集中，曲线越瘦高。分别服从正态分布 $N(0,1)$、$N(0,1.5)$、$N(1,1)$、$N(1,1.5)$的概率密度函数如图 3-2 所示。

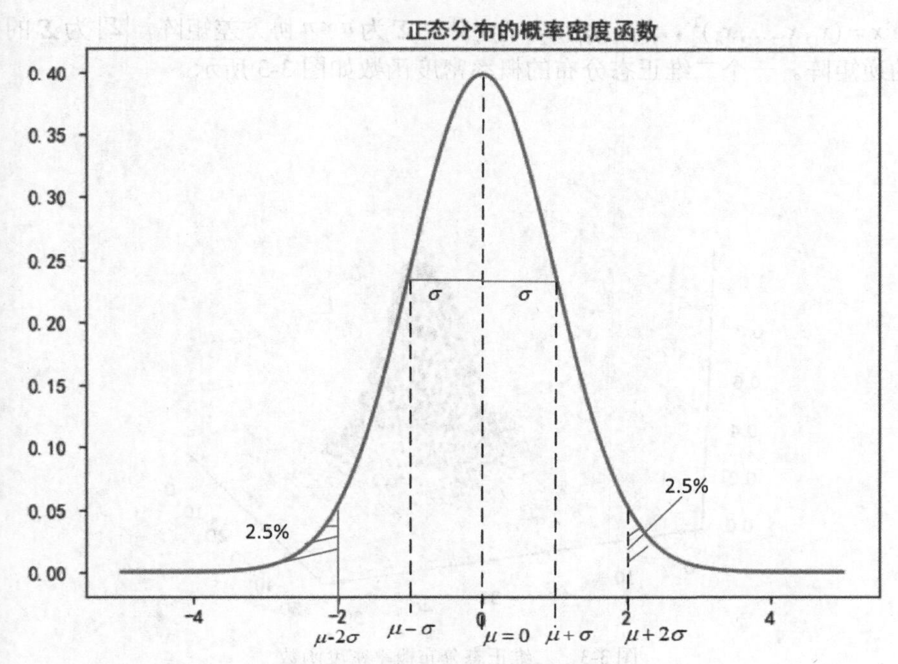

图 3-1 正态分布的概率密度函数

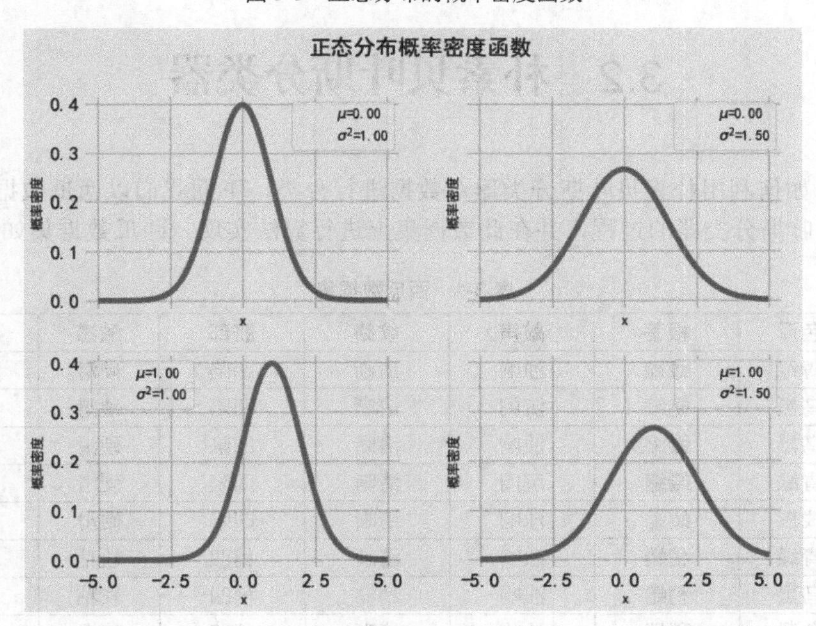

图 3-2 正态分布 $N(0,1)$、$N(0,1.5)$、$N(1,1)$、$N(1,1.5)$的概率密度函数

对于多变量的正态分布，假设特征向量是服从均值向量为 $\boldsymbol{\mu}$ 、协方差矩阵为 $\boldsymbol{\Sigma}$ 的 n 维正态分布，其中，类条件概率密度函数为：

$$P(x \mid c)=\frac{1}{(2\pi)^{2}|\boldsymbol{\Sigma}|^{\frac{1}{2}}}\exp\left(-\frac{1}{2}(x-\boldsymbol{\mu})^{\mathrm{T}}\boldsymbol{\Sigma}^{-1}(x-\boldsymbol{\mu})\right) \quad \text{（式 3-15）}$$

其中，$x=(x_1,x_2,...,x_n)^{\mathrm{T}}$，$\mu=(\mu_1,\mu_2,...,\mu_n)^{\mathrm{T}}$，$\boldsymbol{\Sigma}$ 为 $n\times n$ 协方差矩阵，$|\boldsymbol{\Sigma}|$ 为 $\boldsymbol{\Sigma}$ 的行列式，$\boldsymbol{\Sigma}^{-1}$ 为 $\boldsymbol{\Sigma}$ 的逆矩阵。一个二维正态分布的概率密度函数如图 3-3 所示。

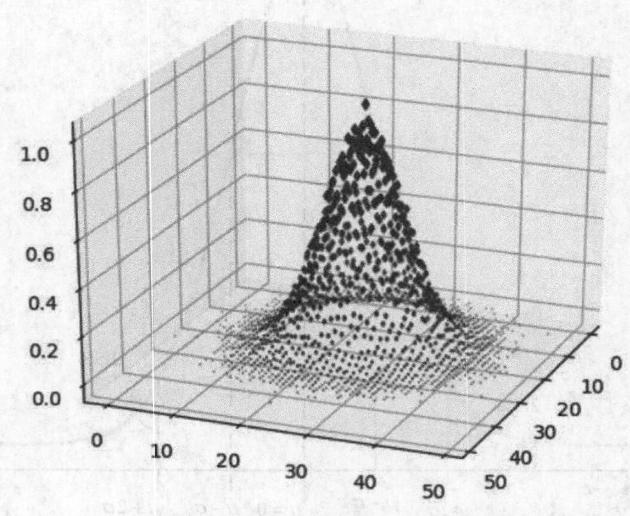

图 3-3　二维正态分布概率密度函数

3.2　朴素贝叶斯分类器

为了说明如何利用朴素贝叶斯分类器对数据进行分类，下面我们以西瓜数据集为例来讲解构造朴素贝叶斯分类器的过程，并在此数据集上进行算法实现。西瓜数据集如表 3-1 所示。

表 3-1　西瓜数据集

序号	色泽	根蒂	敲声	纹路	脐部	触感	好瓜/坏瓜
1	青绿	蜷缩	浊响	清晰	凹陷	硬滑	好瓜
2	乌黑	蜷缩	沉闷	清晰	凹陷	硬滑	好瓜
3	乌黑	蜷缩	浊响	清晰	凹陷	硬滑	好瓜
4	青绿	蜷缩	沉闷	清晰	凹陷	硬滑	好瓜
5	浅白	蜷缩	浊响	清晰	凹陷	硬滑	好瓜
6	青绿	稍蜷	浊响	清晰	稍凹	软粘	好瓜
7	乌黑	稍蜷	浊响	稍糊	稍凹	软粘	好瓜
8	乌黑	稍蜷	浊响	清晰	稍凹	硬滑	好瓜
9	乌黑	稍蜷	沉闷	稍糊	稍凹	硬滑	坏瓜
10	青绿	硬挺	清脆	清晰	平坦	软粘	坏瓜
11	浅白	硬挺	清脆	模糊	平坦	硬滑	坏瓜

（续表）

序号	色泽	根蒂	敲声	纹路	脐部	触感	好瓜/坏瓜
12	浅白	蜷缩	浊响	模糊	平坦	软粘	坏瓜
13	青绿	稍蜷	浊响	稍糊	凹陷	硬滑	坏瓜
14	浅白	稍蜷	沉闷	稍糊	凹陷	硬滑	坏瓜
15	乌黑	稍蜷	浊响	清晰	稍凹	软粘	坏瓜
16	浅白	蜷缩	浊响	模糊	平坦	硬滑	坏瓜
17	青绿	蜷缩	沉闷	稍糊	稍凹	硬滑	坏瓜

3.2.1 手工设计贝叶斯分类器

表 3-1 所示的西瓜数据集中共 17 条数据，包含色泽、根蒂、敲声、纹路、脐部、触感等 6 个特征，最后一列好瓜/坏瓜表示该数据的标签。我们学习贝叶斯分类器的目的，就是要利用这些数据训练一个分类器，根据数据的特征去判断这个西瓜是好瓜还是坏瓜。

假设我们要判断第 3 条西瓜数据是否为好瓜，即：

3	乌黑	蜷缩	浊响	清晰	凹陷	硬滑	?

判定是好瓜还是坏瓜，要根据先验概率和类条件概率去判定，根据表 3-1 的西瓜数据集，有好瓜和坏瓜的先验概率：

$$P(\text{好瓜})=\frac{8}{17}\approx 0.471，\ P(\text{坏瓜})=\frac{9}{17}\approx 0.529$$

然后，为每个属性特征估计条件概率 $P(x_i \mid c)$，为了便于计算，我们只抽取西瓜数据集的色泽、敲声、纹路 3 个特征去判定西瓜的好坏。

$$P(\text{色泽=乌黑} \mid \text{好瓜})=\frac{4}{8}=0.5$$

$$P(\text{色泽=乌黑} \mid \text{坏瓜})=\frac{2}{9}\approx 0.22$$

$$P(\text{敲声=浊响} \mid \text{好瓜})=\frac{6}{8}=0.75$$

$$P(\text{敲声=浊响} \mid \text{坏瓜})=\frac{4}{9}\approx 0.44$$

$$P(\text{纹路=清晰} \mid \text{好瓜})=\frac{7}{8}\approx 0.875$$

$$P(\text{纹路=清晰} \mid \text{坏瓜})=\frac{2}{9}\approx 0.22$$

假设各特征是相互独立的，则：

$$h(\text{好瓜})=P(\text{好瓜})\times P(\text{色泽=乌黑} \mid \text{好瓜})\times P(\text{敲声=浊响} \mid \text{好瓜})\times P(\text{纹路=清晰} \mid \text{好瓜})$$
$$=0.471\times 0.5\times 0.75\times 0.875=0.1545$$

$h(\text{坏瓜}) = P(\text{坏瓜}) \times P(\text{色泽=乌黑} \mid \text{坏瓜}) \times P(\text{敲声=浊响} \mid \text{坏瓜}) \times P(\text{纹路=清晰} \mid \text{坏瓜})$

$=0.529 \times 0.22 \times 0.44 \times 0.22 = 0.0113$

显然有 $h(\text{好瓜}) > h(\text{坏瓜})$，因此判断为好瓜。

3.2.2 贝叶斯分类器的实现

根据以上分析，利用朴素贝叶斯定理和对样本分类进行模拟，可以很容易实现贝叶斯分类器。

1. 计算先验概率

首先加载数据集，统计样本中好瓜和坏瓜的数量，计算这两类样本的先验概率：

```
dataTrain = [['青绿', '蜷缩', '浊响', '清晰', '凹陷', '硬滑', '好瓜'],
             ['乌黑', '蜷缩', '沉闷', '清晰', '凹陷', '硬滑', '好瓜'],
             ['乌黑', '蜷缩', '浊响', '清晰', '凹陷', '硬滑', '好瓜'],
             ['青绿', '蜷缩', '沉闷', '清晰', '凹陷', '硬滑', '好瓜'],
             ['浅白', '蜷缩', '浊响', '清晰', '凹陷', '硬滑', '好瓜'],
             ['青绿', '稍蜷', '浊响', '清晰', '稍凹', '软粘', '好瓜'],
             ['乌黑', '稍蜷', '浊响', '稍糊', '稍凹', '软粘', '好瓜'],
             ['乌黑', '稍蜷', '浊响', '清晰', '稍凹', '硬滑', '好瓜'],
             ['乌黑', '稍蜷', '沉闷', '稍糊', '稍凹', '硬滑', '坏瓜'],
             ['青绿', '硬挺', '清脆', '清晰', '平坦', '软粘', '坏瓜'],
             ['浅白', '硬挺', '清脆', '模糊', '平坦', '硬滑', '坏瓜'],
             ['浅白', '蜷缩', '浊响', '模糊', '平坦', '软粘', '坏瓜'],
             ['青绿', '稍蜷', '浊响', '稍糊', '凹陷', '硬滑', '坏瓜'],
             ['浅白', '稍蜷', '沉闷', '稍糊', '凹陷', '硬滑', '坏瓜'],
             ['乌黑', '稍蜷', '浊响', '清晰', '稍凹', '软粘', '坏瓜'],
             ['浅白', '蜷缩', '浊响', '模糊', '平坦', '硬滑', '坏瓜'],
             ['青绿', '蜷缩', '沉闷', '稍糊', '稍凹', '硬滑', '坏瓜']]
dataTrain=np.array(dataTrain)
y=dataTrain[:,-1]
good=np.sum(y=='好瓜')   #好瓜的数量
bad=np.sum(y=='坏瓜')    #坏瓜的数量
#好瓜和坏瓜的先验概率
prior_good=good/len(y)
prior_bad=bad/len(y)
```

2. 计算类条件概率

为了计算各特征（色泽、敲声、纹路）在好瓜和坏瓜基础上的条件概率，需要分别统计这些特征在好瓜和坏瓜中出现的频率。

```
#统计各特征在好瓜和坏瓜情况下出现的频率
def featureFrequency(feature,flag,X,y):
    c_good=c_bad=0
    if flag=='c': #颜色
        for index in range(len(X)):
            if X[index,6]=='好瓜' and feature==X[index,0]:
                c_good+=1
            elif X[index,6]=='坏瓜' and feature==X[index,0]:
```

```
                c_bad+=1
        return c_good,c_bad
    if flag=='s': #声音
        for index in range(len(X)):
            if X[index, 6] == '好瓜' and feature == X[index, 2]:
                c_good += 1
            elif X[index, 6] == '坏瓜' and feature == X[index, 2]:
                c_bad += 1
        return c_good, c_bad
    if flag=='l':#纹路
        for index in range(len(X)):
            if X[index, 6] == '好瓜' and feature == X[index, 3]:
                c_good += 1
            elif X[index, 6] == '坏瓜' and feature == X[index, 3]:
                c_bad += 1
        return c_good, c_bad
```

根据得到的不同特征出现的频率，计算它们在好瓜和坏瓜情况下的条件概率。

```
#根据频率计算不同特征的条件概率
def feaConProbability(c_good,c_bad,X,y):
    p_good=c_good/good
    p_bad=c_bad/bad
    return p_good,p_bad
```

3. 计算后验概率和分类准确率

由前面计算出各类样本的先验概率和类条件概率，在各类样本相互独立的情况下，根据朴素贝叶斯定理，可以得到 h(好瓜)和 h(坏瓜)。若 h(好瓜)>h(坏瓜)，则判定该类样本的标签为“好瓜”，否则该类样本的标签为“坏瓜”。最后对预测结果与真实结果进行比较，得到分类准确率。

```
pre=[]#存储预测结果
count_good=count_bad=0
for index in range(len(dataTrain)):
    color=dataTrain[index,0]
    sound = dataTrain[index, 2]
    lines = dataTrain[index, 3]
    #统计在好瓜和坏瓜的情况下不同特征的概率
    c_good,c_bad=featureFrequency(color,'c',dataTrain,y)
    print('颜色',c_good,c_bad)
    p_c_good,p_c_bad=feaConProbability(c_good,c_bad,dataTrain,y)
    print('颜色概率', p_c_good, p_c_bad)

    s_good, s_bad = featureFrequency(sound, 's', dataTrain, y)
    print('敲声', s_good, s_bad)
    p_s_good, p_s_bad = feaConProbability(s_good, s_bad, dataTrain, y)
    print('敲声概率', p_s_good, p_s_bad)

    line_good, line_bad = featureFrequency(lines, 'l', dataTrain, y)
    print('纹路', line_good, line_bad)
    p_l_good, p_l_bad = feaConProbability(line_good, line_bad, dataTrain, y)
    print('纹路概率', p_l_good, p_l_bad)
    if p_c_good*p_s_good*p_l_good*prior_good>
```

```
            p_c_bad*p_s_bad*p_l_bad*prior_bad:
        pre.append('好瓜')
    else:
        pre.append('坏瓜')

print('准确率%.2f%%'%(100*np.sum(y==pre)/len(y))) #输出准确率
```

程序运行结果如下：

```
颜色 3 3
颜色概率 0.375 0.333
敲声 6 4
敲声概率 0.75 0.444
纹路 7 2
纹路概率 0.875 0.222
颜色 4 2
颜色概率 0.5 0.222
敲声 2 3
敲声概率 0.25 0.333
纹路 7 2
纹路概率 0.875 0.222
颜色 4 2
颜色概率 0.5 0.222
敲声 6 4
敲声概率 0.75 0.444
纹路 7 2
纹路概率 0.875 0.222
准确率 88.24%
```

为了验证前面手工计算第 3 条样本的预测结果，这里输出了前 3 条记录的颜色、敲声、纹路 3 个概率值。

3.2.3 平滑方法

在计算属性特征的条件概率时，可能会出现某属性特征在训练集中没有出现过，按照 3.2.1 节的方法直接计算，会出现概率结果为 0。这会导致在对样本分类时直接认为是 h(好瓜)或 h(坏瓜)。这显然是不合理的，不能因为一个事件没有观察到就武断地判断该事件的概率是 0。平滑技术就是用来解决在实际数据处理过程中出现零概率的问题，“平滑”处理的基本思想是“劫富济贫”，即提高低概率（零概率），降低高概率，尽量使概率的分布趋于实际水平。

为了解决零概率的问题，法国数学家拉普拉斯最早提出用加 1 的方法估计没有出现过的现象的概率，因此这种平滑（Smoothing）方法也称为拉普拉斯平滑（Laplacian Smoothing）。

引入拉普拉斯平滑技术后，修正后的类先验概率和类条件概率可表示为：

$$\hat{p}(c)=\frac{|T_c|+1}{|T|+M} \qquad \text{（式 3-16）}$$

$$\hat{p}(x_i \mid c) = \frac{\left|T_{c,x_i}\right| + 1}{\left|T_c\right| + M_i} \quad \text{（式 3-17）}$$

其中，T_c 表示类别 c 的训练集，$|T_c|$ 表示集合的个数，M 表示训练集 T 中的类别个数，T_{c,x_i} 表示类别 c 中取值为 x_i 的样本个数，M_i 表示具有第 i 个属性可能的取值数。

例如，该西瓜数据集中好瓜和坏瓜的类先验概率为：

$$\hat{P}(\text{好瓜}) = \frac{8+1}{17+2} \approx 0.474$$

$$\hat{P}(\text{坏瓜}) = \frac{9+1}{17+2} \approx 0.526$$

修正后，色泽、敲声、纹路 3 个特征的类先验概率为：

$$P(\text{色泽=乌黑} \mid \text{好瓜}) = \frac{4+1}{8+3} \approx 0.455$$

$$P(\text{色泽=乌黑} \mid \text{坏瓜}) = \frac{2+1}{9+3} = 0.25$$

$$P(\text{敲声=浊响} \mid \text{好瓜}) = \frac{6+1}{8+3} \approx 0.636$$

$$P(\text{敲声=浊响} \mid \text{坏瓜}) = \frac{4+1}{9+3} \approx 0.417$$

$$P(\text{纹路=清晰} \mid \text{好瓜}) = \frac{7+1}{8+3} \approx 0.667$$

$$P(\text{纹路=清晰} \mid \text{坏瓜}) = \frac{2+1}{9+3} = 0.25$$

当训练样本很大时，每个分量 x 的计数加 1 造成的估计概率变化可以忽略不计，却可以方便有效地避免零概率问题。

提　示

朴素贝叶斯分类器的优点：①对小规模数据表现很好，能处理多分类任务；②算法比较简单，常用于文本分类；③有稳定的分类效率，对缺失数据不太敏感；④适合增量式训练，当数据量超出内存时，可一批一批读取数据进行增量训练。缺点是：①使用朴素贝叶斯算法有一个重要的前提条件：样本的特征属性之间是相互独立的，在满足这一条件的数据集上，其分类效果会非常好，而在不满足独立性条件的数据集上，效果欠佳。虽然在理论上，朴素贝叶斯模型与其他分类方法相比，有最小的误差率，但这一结果仅限于满足独立性条件的数据集上。而在实际应用中，属性特征之间不太可能完全独立，在属性特征个数非常多，且属性之间相关性较大时，朴素贝叶斯分类效果不佳。②需要知道先验概率，且先验概率很多时候取决于假设，会由于假设的先验模型的原因导致预测效果不佳。

3.3 朴素贝叶斯分类算法实现——三文鱼和鲈鱼的分类

本节将介绍如何利用朴素贝叶斯分类算法思想，实现三文鱼和鲈鱼的分类。通过贝叶斯分类算法实现过程，掌握如何得到条件概率、后验概率及可视化方法，从而学会针对任意给定的样本数据，构造贝叶斯分类器进行分类。

3.3.1 算法实现

（1）先用自己设置的均值和方差，用正态分布分别生成鲈鱼和三文鱼的 1000 个样本的长度和亮度数据集，500 个训练样本，500 个测试样本，并画出散点图。

（2）根据鲈鱼和三文鱼各 500 个训练样本，假设样本是正态分布，估计鲈鱼和三文鱼长度和亮度的正态分布参数，画出估计的类条件概率密度图。

（3）假设先验概率相同，均为 0.5，利用贝叶斯公式，分别计算长度和亮度的一维分类结果，画出后验概率密度图，计算分类结果的正确率和错误率。

（4）假设长度和亮度是互相完全独立的，利用贝叶斯公式和联合概率密度公式构造鲈鱼和三文鱼的二维分类器，计算分类结果的正确率和错误率。

1. 生成数据

利用 Python 的生成随机数函数 randn 生成均值和方差 1000 个样本数据。三文鱼和鲈鱼的长度、亮度特征如表 3-2 所示。

表 3-2 三文鱼和鲈鱼的长度、亮度特征

特征	鱼类			
	三文鱼		鲈鱼	
	长度	亮度	长度	亮度
均值	4	2	6.8	4
方差	0.5	1	0.8	0.6

根据表 3-2 的均值和方差生成三文鱼和鲈鱼样本数据的算法如下：

```
    #三文鱼数据
    num = 1000 #数量
    #长度
    salmon_Mean_Length = 4
    salmon_Variance_Length = 0.5
    salmon_Attribute_Num = 1
    salmon_Attribute_Length=np.zeros((num, salmon_Attribute_Num))
    salmon_Attribute_Length = salmon_Mean_Length + np.sqrt(salmon_Variance_Length)
* np.random.randn(num, salmon_Attribute_Num)
    #亮度
```

```
    salmon_Mean_Light = 2
    salmon_Variance_Light = 1
    salmon_Attribute_Light=np.zeros((num, salmon_Attribute_Num))
    salmon_Attribute_Light = salmon_Mean_Light + np.sqrt(salmon_Variance_Light)
* np.random.randn(num, salmon_Attribute_Num)

    salmon=np.c_[salmon_Attribute_Length,salmon_Attribute_Light]
    #鲈鱼数据生成随机产生 num 个数据，属性个数为 perch_Attribute_Num
    perch_Mean_Length = 6.8
    perch_Variance_Length =0.8
    perch_Attribute_Num = 1
    perch_Attribute_Length=np.zeros((num, perch_Attribute_Num))
    perch_Attribute_Length = perch_Mean_Length + np.sqrt(perch_Variance_Length)
* np.random.randn(num, perch_Attribute_Num)

    perch_Mean_Light =4
    perch_Variance_Light= 0.6
    perch_Attribute_Light=np.zeros((num, perch_Attribute_Num))
    perch_Attribute_Light = perch_Mean_Light + np.sqrt(perch_Variance_Light) *
np.random.randn(num, perch_Attribute_Num)
    perch=np.c_[perch_Attribute_Length,perch_Attribute_Light]
    salmon=np.array(salmon)
    plt.scatter(salmon[:num//2,0], salmon[:num//2,1], marker='s',c='b',label='
三文鱼')
    plt.scatter(perch[:num//2,0], perch[:num//2,1], marker='o', c='r',label='鲈
鱼')
    plt.xlabel('长度')
    plt.ylabel('亮度')
    plt.legend(loc='upper left')
    plt.rcParams['font.sans-serif'] = ['SimHei']  #显示中文
    plt.show()
```

三文鱼和鲈鱼的散点图如图 3-4 所示。

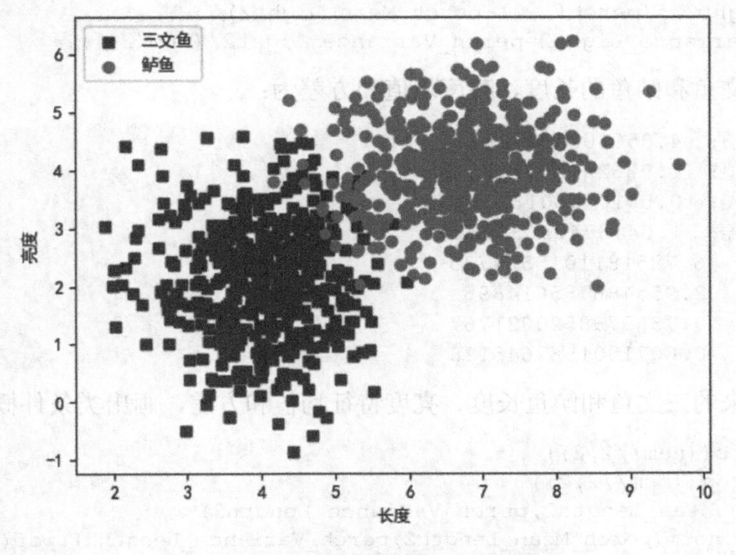

图 3-4　三文鱼和鲈鱼的散点图

2. 生成三文鱼和鲈鱼的概率密度

根据生成长度和亮度数据，利用均值和方差公式直接计算长度和亮度特征的均值和方差。

```
    #估计三文鱼的长度和亮度的均值和方差
    salmon_Mean_Length2 = np.mean(salmon[0:num//2,0])
    salmon_Mean_Light2 = np.mean(salmon[0:num//2,1])
    salmon_Variance_Length2=0
    for i in range(num//2):
        salmon_Variance_Length2 =
salmon_Variance_Length2+(salmon[i,0]-salmon_Mean_Length2)*(salmon[i,0]-salmon_
Mean_Length2)
    salmon_Variance_Length2=salmon_Variance_Length2/(num/2-1)
    salmon_Variance_Light2=0
    for i in range(num//2):
        salmon_Variance_Light2 =
salmon_Variance_Light2+(salmon[i,1]-salmon_Mean_Light2)*(salmon[i,1]-salmon_Me
an_Light2)
    salmon_Variance_Light2=salmon_Variance_Light2/(num/2-1)
```

当然也可以直接使用 salmon_variance=np.var(salmon[0:num//2,1])求出三文鱼的亮度特征方差。其他特征的方差可用类似的方法获取。

```
    salmon_variance=np.var(salmon[0:num//2,1])
    #估计鲈鱼的长度和亮度的均值和方差
    perch_Mean_Length2 = np.mean(perch[0:num//2,0])
    perch_Mean_Light2 = np.mean(perch[0:num//2,1])
    perch_Variance_Length2=0
    for i in range(num//2):
        perch_Variance_Length2 = perch_Variance_Length2+(perch[i,0]
-perch_Mean_Length2)*(perch[i,0]-perch_Mean_Length2)
        perch_Variance_Length2=perch_Variance_Length2/(num/2-1)
    perch_Variance_Light2=0
    for i in range(num//2):
        perch_Variance_Light2 = perch_Variance_Light2+(perch[i,1]
-perch_Mean_Light2)*(perch[i,1]-perch_Mean_Light2)
        perch_Variance_Light2=perch_Variance_Light2/(num/2-1)
```

计算出的三文鱼和鲈鱼的长度、亮度均值和方差为：

```
    三文鱼长度均值：  4.059803294414251
    三文鱼亮度均值：  1.9362985796160255
    三文鱼长度方差：  0.5410736018036297
    三文鱼亮度方差：  1.041874056390848
    鲈鱼长度均值：  6.7851811015564785
    鲈鱼亮度均值：  3.955486785614896
    鲈鱼长度方差：  0.7363798520021767
    鲈鱼亮度方差：  0.6071501567645128
```

根据估计出来的三文鱼和鲈鱼长度、亮度特征均值和方差，画出类条件概率密度函数：

```
    pxw=np.zeros((num//2,2))
    pxw2=np.zeros((num//2,2))
    print(perch_Mean_Length2,perch_Variance_Length2)
    print(stats.norm(perch_Mean_Length2,perch_Variance_Length2).pdf(perch[0,0]))
```

```
    for i in range(num//2):
        pxw[i,0]=stats.norm(salmon_Mean_Length2,salmon_Variance_Length2).pdf(sa
lmon[i,0])
        pxw[i,1]=stats.norm(salmon_Mean_Light2,salmon_Variance_Light2).pdf(salm
on[i,1])
        pxw2[i,0]=stats.norm(perch_Mean_Length2,perch_Variance_Length2).pdf(per
ch[i,0])
       pxw2[i,1]=stats.norm(perch_Mean_Light2,perch_Variance_Light2).pdf(perch[
i,1])

    plt.subplot(2,1,1)
    plt.plot(salmon[0:num//2,0],pxw[:,0],'b*',label='三文鱼')
    plt.plot(perch[0:num//2,0],pxw2[:,0],'ro',label='鲈鱼')
    plt.xlabel('长度')
    plt.ylabel('概率密度')
    plt.legend(loc='upper left')
    plt.title('鲈鱼和三文鱼的概率密度')

    plt.subplot(2,1,2)
    plt.plot(salmon[0:num//2,1],pxw[:,1],'b*',label='三文鱼')
    plt.plot(perch[0:num//2,1],pxw2[:,1],'r*',label='鲈鱼')
    plt.xlabel('亮度')
    plt.ylabel('概率密度')
    plt.legend(loc='upper left')
    plt.rcParams['font.sans-serif'] = ['SimHei']  #显示中文
    plt.show()
```

三文鱼和鲈鱼的概率密度如图 3-5 所示。

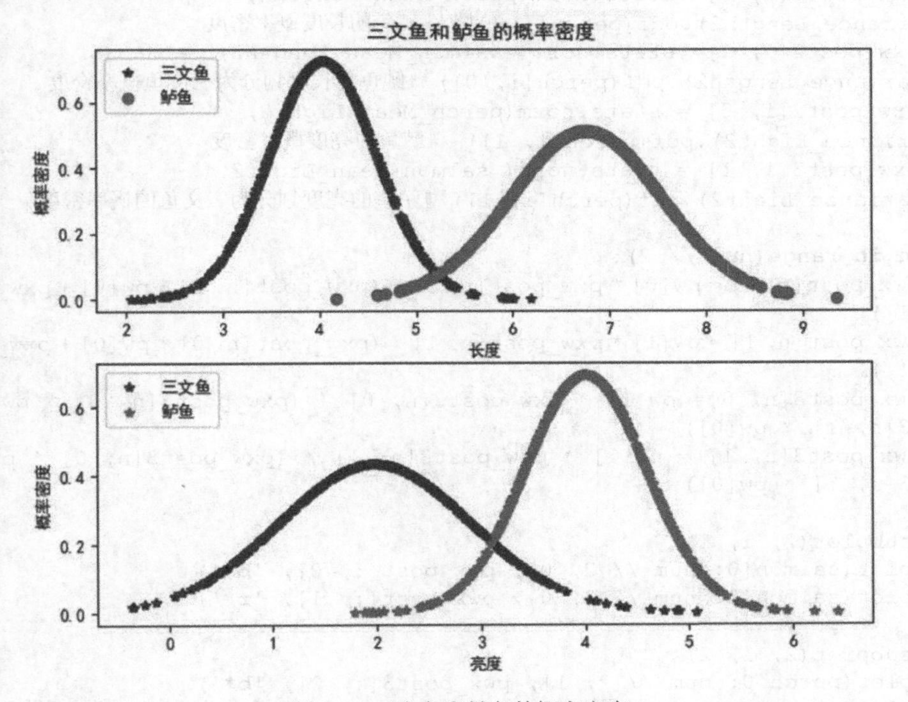

图 3-5　三文鱼和鲈鱼的概率密度

其中，scipy.stats.norm 函数可以实现正态分布。scipy.stats.norm.pdf 用于求概率密度，它有两种调用方式：

（1）gauss1=stats.norm(loc=0,scale=2) #loc 为均值，scale 为标准差
y=gauss1.pdf(x) #x 为特征，y 为条件概率密度

（2）y=norm.pdf(x, loc, scale)

3. 计算三文鱼和鲈鱼的后验概率

根据得到三文鱼和鲈鱼的长度、亮度特征类条件概率，利用朴素贝叶斯公式计算出它们的后验概率。

```
    #后验概率密度图
    pwx_post = np.zeros((num // 2, 2))
    pwx_post2 = np.zeros((num // 2, 2))
    pwx_post3 = np.zeros((num // 2, 2))
    pw=np.zeros((2,1))
    pw[0] = 0.5
    pw[1]= 0.5
    pxw_post = np.zeros((num // 2, 2))
    pxw_post2 = np.zeros((num // 2, 2))
    pxw_post3 = np.zeros((num // 2, 2))
    for i in range(num // 2):
        pxw_post[i, 0] = stats.norm( salmon_Mean_Length2,
salmon_Variance_Length2).pdf(salmon[i, 0])#三文鱼的长度概率密度
        pxw_post[i, 1] = stats.norm(perch_Mean_Length2,
perch_Variance_Length2).pdf(salmon[i, 0])  #三文鱼的长度划分为鲈鱼的概率密度
        pxw_post2[i, 0]= stats.norm(perch_Mean_Length2,
perch_Variance_Length2).pdf(perch[i, 0]) #鲈鱼的长度概率密度
        pxw_post2[i, 1]= stats.norm( salmon_Mean_Length2,
salmon_Variance_Length2).pdf(perch[i, 0]) #鲈鱼的长度划分为三文鱼概率密度
        pxw_post3[i, 0] = stats.norm(perch_Mean_Light2,
perch_Variance_Light2).pdf(perch[i, 1])  #鲈鱼的亮度概率密度
        pxw_post3[i, 1] = stats.norm( salmon_Mean_Light2,
salmon_Variance_Light2).pdf(perch[i, 1]) #鲈鱼的亮度划分为三文鱼的概率密度

    for n in range(num // 2):
        pwx_post[n, 0] = pw[0] * pxw_post[n, 0] / (pxw_post[n, 0] * pw[0] + pxw_post[n,
1] * pw[1])
        pwx_post[n, 1] = pw[1] * pxw_post[n, 1] / (pxw_post[n, 0] * pw[0] + pxw_post[n,
1] * pw[1])
        pwx_post3[n, 0]= pw[1] * pxw_post3[n, 0] / (pxw_post3[n, 0] * pw[1] +
pxw_post3[n, 1] * pw[0])
        pwx_post3[n, 1] = pw[1] * pxw_post3[n, 1] / (pxw_post3[n, 0] * pw[1] +
pxw_post3[n, 1] * pw[0])

    plt.subplot(2, 1, 1)
    plt.plot(salmon[0: num // 2, 0], pwx_post[:, 0], 'b*')
    plt.plot(salmon[0: num // 2, 0], pwx_post[:, 1], 'r*')

    plt.subplot(2, 1, 2)
    plt.plot(perch[0: num // 2, 1], pwx_post3[:, 0], 'b*')
    plt.plot(perch[0: num // 2, 1], pwx_post3[:, 1], 'r*')
```

```
    plt.show()
```

三文鱼和鲈鱼的后验概率密度如图 3-6 所示。

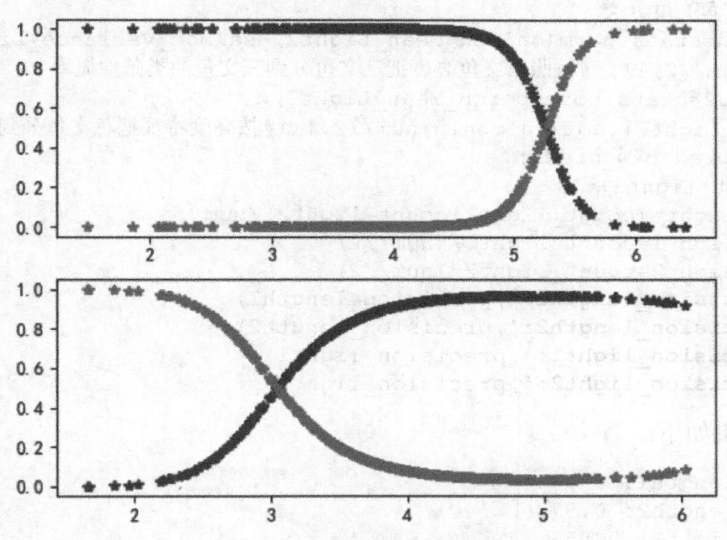

图 3-6　三文鱼和鲈鱼的后验概率密度

4. 计算分类正确率

```
    #计算三文鱼和鲈鱼的正确率
    count_length1=0
    count_length2=0
    count_light1=0
    count_light2=0
    for n in range(num//2):
        #按三文鱼的长度进行分类
        pxw_pred=stats.norm(salmon_Mean_Length2, salmon_Variance_Length2).
pdf(salmon[n+num//2,0])    #按照三文鱼长度分类，把三文鱼分到三文鱼的类条件概率
        pxw_pred2=stats.norm(perch_Mean_Length2, perch_Variance_Length2).
pdf(salmon[n+num//2,0])    #把三文鱼分到鲈鱼的类条件概率
        if pxw_pred>pxw_pred2: #如果三文鱼分类正确，则将计数器加 1
            count_length1+=1
        #按鲈鱼的长度进行分类
        pxw_pred=stats.norm(perch_Mean_Length2, perch_Variance_Length2).
pdf(perch[n+num//2,0]) #按照鲈鱼长度分类，把鲈鱼分类到鲈鱼的类条件概率
        pxw_pred2=stats.norm(salmon_Mean_Length2, salmon_Variance_Length2).
pdf(perch[n+num//2,0])#把鲈鱼分到三文鱼的类条件概率
        if(pxw_pred>pxw_pred2): #如果鲈鱼分类正确，则将计数器加 1
            count_length2+=1
    precision_length=(count_length1+count_length2)/num
    precision_length1=count_length1/(num//2)#根据长度特征计算三文鱼分类正确率
    precision_length2=count_length2/(num//2)#根据长度特征计算鲈鱼分类正确率
    for n in range(num//2):
        #按照鲈鱼亮度分类
        pxw_pred=stats.norm(perch_Mean_Light2,
perch_Variance_Light2).pdf(perch[n+num//2,1]) #按照鲈鱼亮度把鲈鱼分到鲈鱼的类条件概率
        pxw_pred2=stats.norm(salmon_Mean_Light2,
```

```
salmon_Variance_Light2).pdf(perch[n+num//2,1])#把鲈鱼分到三文鱼的类条件概率
        if pxw_pred>pxw_pred2:
            count_light1+=1
        #按照三文鱼亮度分类
        pxw_pred=stats.norm(salmon_Mean_Light2, salmon_Variance_Light2).
pdf(salmon[n+num//2,1]) #按照三文鱼亮度把三文鱼分到三文鱼的类条件概率
        pxw_pred2=stats.norm(perch_Mean_Light2,
perch_Variance_Light2).pdf(salmon[n+num//2,1])#按亮度特征把三文鱼分到鲈鱼的类条件概率
        if pxw_pred>pxw_pred2:
            count_light2+=1
    precision_light=(count_light1+count_light2)/num
    precision_light1=count_light1/(num//2)
    precision_light2=count_light2/(num//2)
    print('precision_length1:',precision_length1)
    print('precision_length2:',precision_length2)
    print('precision_light1:',precision_light1)
    print('precision_light2:',precision_light2)
```

程序运行结果如下：

```
    precision_length1: 0.944
    precision_length2: 0.978
    precision_light1: 0.856
    precision_light2: 0.866
```

若长度和亮度是互相完全独立的，根据朴素贝叶斯公式和联合概率密度公式，得出鲈鱼和三文鱼的二维分类器，并计算它们的分类正确率和错误率。

```
    #假设长度和亮度是互相完全独立的，根据朴素贝叶斯公式和联合概率密度公式计算出鲈鱼和三文鱼的类条件概率，计算分类的正确率和错误率
    count1=0
    count2=0
    for n in range(num//2):
        #按长度特征对三文鱼进行分类
        pxw_length_pred1=stats.norm(salmon_Mean_Length2,
salmon_Variance_Length2).pdf(salmon[n+num//2,0])#将三文鱼分为三文鱼
        pxw_length_pred2=stats.norm(perch_Mean_Length2,
perch_Variance_Length2).pdf(salmon[n+num//2,0])#将三文鱼分为鲈鱼
        #按亮度特征将三文鱼分类
        pxw_light_pred1=stats.norm(salmon_Mean_Light2,
salmon_Variance_Light2).pdf(salmon[n+num//2,1])#将三文鱼分为三文鱼
        pxw_light_pred2=stats.norm(perch_Mean_Length2,
perch_Variance_Length2).pdf(salmon[n+num//2,1])#将三文鱼分为鲈鱼
        if pxw_length_pred1*pxw_light_pred1>pxw_length_pred2*pxw_light_pred2:
            count1+=1
        #按长度特征对鲈鱼分类
        pxw_length_pred1=stats.norm(perch_Mean_Length2,perch_Variance_Length2).
pdf(perch[n+num//2,0])#将鲈鱼分为鲈鱼
        pxw_length_pred2=stats.norm(salmon_Mean_Length2,
salmon_Variance_Length2). pdf(perch[n+num//2,0])#将鲈鱼分为三文鱼
        #按亮度特征对鲈鱼分类
        pxw_light_pred1=stats.norm(perch_Mean_Light2,perch_Variance_Light2).
pdf(perch[n+num//2,1])#将鲈鱼分为鲈鱼
        pxw_light_pred2=stats.norm(salmon_Mean_Length2,salmon_Variance_Length2).
```

```
pdf(perch[n+num//2,1])#将鲈鱼分为三文鱼
        if pxw_length_pred1*pxw_light_pred1>pxw_length_pred2*pxw_light_pred2:
            count2+=1

    precision_salmon=count1/(num//2)
    precision_perch=count2/(num//2)
    precision_bayes=(count1+count2)/num
    print('precision_salmon:',precision_salmon)
    print('precision_perch:',precision_perch)
    print('precision_bayes:',precision_bayes)
```

程序运行结果如下：

```
precision_salmon: 1.0
precision_perch: 0.976
precision_bayes: 0.988
```

若长度和亮度不独立的话，如何对三文鱼和鲈鱼进行分类呢？可以根据它们的两个特征（长度和亮度）计算出协方差矩阵，根据协方差矩阵计算概率密度，完成朴素贝叶斯分类。

3.3.2　调用系统函数实现

正态朴素贝叶斯分类算法在 scikit-learn 中的实现类如下：

```
sklearn.native_bayes.GaussianNB(priors=None, var_smoothing=1e-09)
```

主要参数说明如下：

- priors：类别的先验概率。一经指定，不会根据数据进行调整。

主要属性如下：

- class_count_：ndarray of shape (n_classes,)，每个类别中保留的训练样本数量。
- class_prior_：ndarray of shape (n_classes,)，每个类别的概率。
- classes_：ndarray of shape (n_classes,)，分类器已知的类别标签。
- theta_：ndarray of shape (n_classes, n_features)，每个类中每个特征的均值。

主要方法如下：

- fit(X, y[, sample_weight])：根据 X 和 y 拟合高斯朴素贝叶斯分类器。
- get_params([deep])：获取这个估计器的参数。
- predict(X)：对测试向量 X 进行分类
- predict_log_proba(X)：返回针对测试向量 X 的对数概率估计。
- predict_proba(X)：返回针对测试向量 X 的概率估计。
- score(X, y[, sample_weight])：返回给定测试数据和标签上的平均准确率。

使用正态朴素贝叶斯算法对三文鱼和鲈鱼分类算法如下：

```
    X_train=np.array([[4.5,1],[3.1,2.6],[1.1,4.1],[3.9,2],[2.6,3.2],[2.9,2.9],
[4.3,0.3],[5.6,9.1],[5.1,5.3],[5.9,3.5],[4.5,6.8],[3.5,7.6],
[6.7,2.4],[5.1,4.8]])
    y=[0,0,0,0,0,0,0,1,1,1,1,1,1,1]
    model = GaussianNB() #构造一个正态朴素贝叶斯分类器
    model.fit(X_train, y)  #调用训练方法
    #测试数据
    X_test=[[3.9, 4], [2.3, 5.4],[3,3.1],[5.1,9.1],[5,4.4],[3.5,8],[6.6,3.7],
[3.7,6.9],[6,3],[4.5,1.1],[2.8,3],[3,2.3],[6.7,2.4],[5.4,2.6]]
    y_label=[1,1,0,1,1,1,1,1,1,0,0,0,1,1]
    predicted = model.predict(X_test) #调用预测方法
    print(predicted)
    acc=model.score(X_test,y_label)
    print("预测准确率:",acc)
```

程序运行结果如下：

```
[0 0 0 1 1 1 1 1 1 1 0 0 0 1 1]
预测准确率: 0.8571428571428571
```

3.4 正态贝叶斯分类器

假设样本的特征向量服从正态分布，则这样的贝叶斯分类器就称为正态贝叶斯分类器或高斯贝叶斯分类器。更一般地，样本的特征并不是相互独立的。

根据分类判决规则，在预测时需要寻找具有最大条件概率值的那个类，即最大化后验概率，等价于求每个类中 $P(x|c)$ 最大的那个。对 $P(x|c)$ 取对数，公式为：

$$l(x;\mu,\Sigma)=\ln P(x|c)=\ln\frac{1}{(2\pi)^{2}|\Sigma|^{\frac{1}{2}}}-\frac{1}{2}(x-\mu)^{\mathrm{T}}\Sigma^{-1}(x-\mu) \quad （式 3-18）$$

对上式简化，公式为：

$$l(x;\mu,\Sigma)=\ln P(x|c)=-\frac{n}{2}\ln(2\pi)-\frac{1}{2}\ln|\Sigma|-\frac{1}{2}(x-\mu)^{\mathrm{T}}\Sigma^{-1}(x-\mu) \quad （式 3-19）$$

其中，$-\frac{n}{2}\ln(2\pi)$ 与样本所属类别无关，将其从判别函数中消去，不会影响分类结果。则判别函数进一步简化为：

$$l(x;\mu,\Sigma)=-\frac{1}{2}\ln|\Sigma|-\frac{1}{2}(x-\mu)^{\mathrm{T}}\Sigma^{-1}(x-\mu) \quad （式 3-20）$$

其中，μ 和 Σ 可根据样本数据得到：

$$\mu=-\frac{1}{M}\sum_{i=1}^{M}x_i \quad （式 3-21）$$

$$\Sigma = \frac{1}{M}\sum_{i=1}^{M}(x_i-\mu)(x_i-\mu)^{\mathrm{T}} = \begin{bmatrix} \sigma_{11}^2 & \sigma_{12}^2 & \cdots & \sigma_{1M}^2 \\ \sigma_{21} & \sigma_{22}^2 & \cdots & \sigma_{2N}^2 \\ \vdots & \vdots & \ddots & \vdots \\ \sigma_{M1}^2 & \sigma_{M2}^2 & \cdots & \sigma_{MM}^2 \end{bmatrix} \quad \text{（式 3-22）}$$

特别地，如果有协方差矩阵为对角阵$\sigma^2 I$，则样本特征相互独立，且方差相等，判别函数为：

$$l(x;\mu,\sigma) = -2n\ln\sigma - \frac{1}{2}\left(\frac{1}{\sigma^2}(x-\mu)^{\mathrm{T}}(x-\mu)\right) \quad \text{（式 3-23）}$$

其中，$\ln|\Sigma| = \ln\sigma^{2n} = 2n\ln\sigma$，$\Sigma^{-1} = \frac{1}{\sigma^2}I$。

思政元素

鸢尾在古代据说是治疗脾脏病痛的良药，也是骨折的外敷药。大多数人对“鸢尾花”这个名字会感到陌生，然而一说“爱丽丝”就很熟悉了，其实它们是同一种花卉的不同叫法而已。爱丽丝（Iris）是希腊语音译过来的名字，是“彩虹”的意思，意味着它的色彩绚烂，像天上的彩虹一样美丽。鸢尾花在中国常用以象征爱情和友谊，有鹏程万里、前途无量、明察秋毫之意。欧洲人认为它象征光明和自由。在古代埃及，鸢尾花是力量与雄辩的象征。此外，鸢尾还是属羊的人的生命之花，代表着使人生更美好。

3.5 本章小结

贝叶斯分类是以贝叶斯定理为基础的分类方法。朴素贝叶斯分类是贝叶斯分类中最简单、最常见的一种分类方法，它假设样本特征之间是相互独立的。理论上，朴素贝叶斯分类与其他分类方法相比具有最小的误差率，但在实际应用中样本特征个数比较多或者特征之间相关性较大时，分类效果表现不好。为了避免零概率情况，在构造朴素贝叶斯分类器时，还需要利用数据平滑方法进行处理。

3.6 习 题

一、选择题

1. 朴素贝叶斯分类器属于（ ）模型。

   A. 判别模型　　B. 生成模型　　C. 预算模型　　D. 统计模型

2. （ ）算法在数据量较少的情况下，仍然能较准确地对数据进行分类。

   A. k 近邻　　B. 支持向量机　　C. 朴素贝叶斯　　D. 人工神经网络

3. 关于朴素贝叶斯分类算法，描述正确的是（ ）。

A. 朴素贝叶斯需要大量数据训练才能较准确地对测试样本进行分类

B. 朴素贝叶斯分类算法只能处理非连续型数据

C. 朴素贝叶斯假设样本特征之间相互独立

D. 朴素贝叶斯在分类时需要计算各种类别的概率

4. 不属于朴素贝叶斯分类算法优点的是（　　）。

A. 对小规模的数据表现很好，能处理多分类任务，适合增量式训练

B. 对缺失数据不太敏感，算法也比较简单，常用于文本分类

C. 具有可解释性

D. 适合处理样本属性有关联的数据

5. 根据西瓜数据集第一条记录特征，预测其是好瓜还是坏瓜时，先验概率 $P(好瓜)=\frac{8}{17}\approx 0.471$，$P(坏瓜)=\frac{9}{17}\approx 0.529$，请计算类条件概率 $P(色泽=青绿|好瓜)$、$P(纹路=清晰|坏瓜)$。下列计算结果正确的是（　　）。

1	青绿	蜷缩	浊响	清晰	凹陷	硬滑	?

A. 0.375，0.625

B. 0.375，0.222

C. 0.222，0.750

D. 0.333，0.875

二、算法分析题

1. 编写算法，编写一个朴素贝叶斯分类器，并对鸢尾花数据进行分类。

2. 对于表 3-3 中的样本，假设这些样本特征都是相互独立的，请训练一个朴素贝叶斯分类器，并预测样本 $x=(2,S)^T$ 是属于哪一类的？

表 3-3　训练样本

	1	2	3	4	5	6	7	8	9	10	11	12	13	14	15
X1	1	1	1	1	1	2	2	2	2	2	3	3	3	3	3
X2	S	S	M	S	M	S	S	M	L	L	M	L	M	L	L
y	-1	-1	1	1	-1	1	-1	-1	1	1	1	1	1	-1	1

其中，X1、X2 为样本数据特征，y 为标签。

第4章 聚 类

聚类（Clustering）是一种运用广泛的数据分析技术，与分类算法类似，它也是要确定一个事物的类别，即把相似的对象归为一类，不相似的对象归为不同类，但它与分类问题不同的是，这里要处理的对象并没有事先确定好类别，因此，聚类算法属于无监督的学习方法。聚类分析常被用于图像分割、离群点检测，广泛应用于图像处理、推荐系统、数据挖掘等领域。

4.1 聚类算法简介

聚类分析是一种无监督学习（Unsupervised Learning）的算法，它是将数据对象按照相似性划分为多个子集的过程，每个子集称为一个“簇”（Cluster）。同一个簇中的数据相似性高，不同簇中的数据相似性低。在利用无监督学习方法划分数据时，数据是没有类别标记的，需要利用样本间的相似性去划分类别，而相似性是依据样本间的距离进行度量。

聚类任务的形式化描述如下：

假设样本集合为 $D=\{x_1,x_2,...,x_N\}$，通过聚类把样本划分到不同的簇，使得相似特征的样本在同一个簇中，不相似特征的样本在不同簇中，最终形成 k 个不同簇 $C=\{C_1,C_2,...,C_k\}$，若各个簇互不相交，即对任意两个簇 $C_i \cap C_j = \phi$，则称为硬聚类，否则称为软聚类。

4.1.1 聚类算法分类

聚类本质上是集合划分问题。基本原则是使簇内的样本尽可能相似，通常的做法是根据簇内样本之间的距离，或是样本点在数据空间中的密度来确定。对簇的不同定义可以得到各种不同的聚类算法。聚类分析的算法可以分为划分方（Partitioning Methods）、层次法（Hierarchical Methods）、基于密度的方法（Density-based Methods）、基于网格的方法（Grid-based Methods）、基于模型的方法（Model-based Methods）。

1. 基于划分的方法

基于划分的方法是基于距离作为判断依据，将数据对象划分为不重叠的簇，使每个数据对象属于且只属于一个簇。首先要确定这些样本点最后聚成几类，然后挑选几个样本点作为初始中心点，通过不断迭代，直到达到“类（簇）内的样本点都足够近，类（簇）间的样本点都足够远”的目标。基于划分的距离算法有 K-means、K-medoids、kernel K-means 等算法。

2. 基于层次的方法

基于层次的聚类可分为两种：凝聚法和分裂法。凝聚法采用的是一种自底向上的方法，从最底层开始，每一次通过合并最相似的聚类来形成上一层次中的聚类，当全部数据都合并到一个簇或者达到某个终止条件时，算法结束。分裂法采用的是一种自顶向下的方法，从一个包含全部样本数据的簇开始，逐层分裂为若干个簇，每个簇继续不断往下分裂，直到每个簇中仅包含一个样本数据。

3. 基于密度的方法

在基于密度的聚类方法中，簇被看成是由低密度区域分隔开来的高密度对象区域。基于密度的聚类方法定义了领域的范围，当临近区域的密度超过某个阈值，就继续聚类，即某区域内的对象个数超过一个给定范围，则将其添加到簇中。基于密度的聚类方法可以对不规则形状的数据样本点进行聚类，同时过滤噪声数据效果比较好。DBSCAN（Density-Based Spatial Clustering of Applications with Noise）就是典型的代表。

4. 基于网格的方法

基于网络的聚类方法将数据空间划分为由若干有限的网格单元（cell）组成的网格结构，将数据对象集映射到网格单元中，所有聚类操作都在该结构上进行。该方法的处理与数据对象个数无关，只依赖于每个量化空间中每一维上的单元数，处理速度快，但算法效率的提高是以聚类结果的准确率为代价的，经常与基于密度的聚类算法结合使用。

5. 基于模型的方法

基于模型的方法包括基于概率模型的方法和基于神经网络模型的方法。概率模型主要指概率生成模型，同一“类”的数据属于同一种概率分布，即假设数据是根据潜在的概率分布生成的。高斯混合模型（Gaussian Mixture Models，GMM）就是最典型、常用基于概率模型的聚类方法。自组织映射（Self Organized Maps，SOM）则是一种常见的基于神经网络模型的方法。

4.1.2 距离度量方法

无论是基于划分的聚类，还是基于层次的聚类，核心问题是度量两个样本之间的距离，常用的距离度量方法有：闵可夫斯基距离、马氏距离、汉明距离、夹角余弦等。

1. 闵可夫斯基距离

闵可夫斯基距离（Minkowski Distance）将样本看作高维空间中的点进行距离度量。对于 n 维空间中任意两个样本点 $P=(x_1,x_2,...,x_n)$ 和 $Q=(y_1,y_2,...,y_n)$，P 和 Q 的闵可夫斯基距离定义为：

$$d_{PQ}=\left(\sum_{i=1}^{n}|x_i-y_i|^p\right)^{\frac{1}{p}} \quad （式4-1）$$

当p=1时，有：

$$d_{PQ}=\sum_{i=1}^{n}|x_i-y_i| \quad （式4-2）$$

此时，d_{PQ}的取值就是两个点在标准坐标系上的绝对轴距之和，称为曼哈顿距离（Manhattan Distance）。几何意义就是沿水平方向从P到Q的距离。

当p=2时，P和Q的距离为：

$$d_{PQ}=\left(\sum_{i=1}^{n}|x_i-y_i|^2\right)^{\frac{1}{2}} \quad （式4-3）$$

此时，d_{PQ}就表示二维空间中两个点P和Q之间的直线距离，称为欧几里得距离或欧氏距离（Euclidean Distance）。

2. 马氏距离

与欧氏距离、曼哈顿距离一样，马氏距离（Mahalanobis Distance）常被用于评定数据之间的相似度指标，它可以看作是欧氏距离的修正，修正了欧氏距离中各维度尺度不一致且相关的问题。单个数据点的马氏距离定义为：

$$d_x=\sqrt{(x-\mu)^{\mathrm{T}}\Sigma^{-1}(x-\mu)} \quad （式4-4）$$

数据点P和Q之间的马氏距离定义为：

$$d_{PQ}=\sqrt{(x-y)^{\mathrm{T}}\Sigma^{-1}(x-y)} \quad （式4-5）$$

其中，Σ是多维随机变量的协方差矩阵，μ为样本均值。当样本的各个特征向量相互独立，协方差是单位向量，马氏距离就成了欧氏距离。

3. 汉明距离

汉明距离（Hamming Distance）需要将处理的样本数据转换为0和1表示的二进制串，样本中各分量的取值只能是0或1，例如字符串“1110”与“1001”之间的汉明距离为3。对于任意样本特征x和y，有$x,y\in\{0,1\}$，其汉明距离为：

$$d_{ij}=\sum_{i=1}^{n}1\{x_i\neq y_i\} \quad （式4-6）$$

汉明距离常应用在信息论、编码理论、密码学等领域。

4. 夹角余弦

夹角余弦（cosine）度量将样本看成是高维空间中的向量进行度量，度量方法就是计算两个向量的余弦夹角。对于任意两个n维样本$P=(x_{i1},x_{i2},\ldots,x_{in})$和$Q=(y_{i1},y_{i2},\ldots,y_{in})$，其夹角余弦为：

$$\cos_{PQ} = \frac{\sum_{k=1}^{n} x_{ik} y_{ik}}{\sqrt{\sum_{k=1}^{n} x_{ik}^2}\sqrt{\sum_{k=1}^{n} y_{ik}^2}} \quad \text{（式 4-7）}$$

当 n=2 时，夹角余弦计算的就是二维空间中两条直线的夹角余弦值。夹角余弦的取值范围为[-1,1]。夹角余弦值越大，表示两个向量的夹角越小；夹角余弦越小，表示两向量的夹角越大。当两个向量的方向重合时，夹角余弦取最大值 1；当两个向量的方向完全相反时，夹角余弦取最小值-1。

4.2 K-means 聚类

K-means 聚类，也称为 k 均值聚类，是聚类分析中使用最广泛的聚类算法之一。K-means 算法的思想很简单，对于给定的样本集，按照样本之间的距离大小，将样本集划分为 k 个簇，使簇内的样本点的连接尽可能紧密，不同簇内样本点的距离尽量的大。

假设簇划分为$(C_1,C_2,...,C_k)$，则目标就是最小化平方误差：

$$E = \sum_{i=1}^{k} \sum_{x \in C_i} \|x - \mu_i\|_2^2 \quad \text{（式 4-8）}$$

其中，μ_i 为聚类簇 C_i 的均值向量，也称为质心（centroid），其计算公式为：

$$\mu_i = \frac{1}{|C_i|} \sum_{x \in C_i} x \quad \text{（式 4-9）}$$

直接求最小误差是一个 NP 难问题，因此只能采用启发式的迭代方法求解。

k 均值聚类算法描述如下：

输入：训练数据集 $D=\{x_1,x_2,\ldots,x_N\}$，聚类个数 k。

过程：

（1）从 D 中随机选择 k 个样本作为初始的均值向量：$\mu_1, \mu_2, \ldots, \mu_k$。

（2）重复执行以下过程，直至当前均值向量不再更新：

① 令 $C_i = \phi$，其中 $1 \leqslant i \leqslant k$。

② 对于 i=1,2,…,N，选择每个样本 x_i 与各均值向量 $\mu_j(1 \leqslant j \leqslant k)$的距离：$\text{dist}_{ij} = \|x_i - \mu_j\|_2^2$，根据离均值距离最小的 x_i 确定其聚类标记：$\lambda_i = \arg\min_{j \in \{1,2,\cdots,k\}} \text{dist}_{ij}$，将样本 x_i 划入相应的聚类 $C_{\lambda_i} = C_{\lambda_i} \cup \{x_i\}$。

③ 对于 i=1,2,…,k，计算新的均值向量：$\mu_i' = \frac{1}{|C_i|} \sum_{x \in C_i} x$，如果新的均值向量与之前的均值向量不相等，则更新，即 $\mu_i' = \mu_i$，否则不更新。

输出：聚类划分 $C = \{C_1, C_2, \ldots, C_k\}$。

1. k 均值聚类算法计算过程

为了说明算法的计算过程，这里以周志华《机器学习》中提供的西瓜数据集为例，说明 k 均值聚类算法的计算过程，并对该过程进行算法验证。这里的西瓜数据集共 30 条记录，包含密度和含糖率两个特征，如表 4-1 所示。

表 4-1 西瓜数据集

序号	密度	含糖率	序号	密度	含糖率	序号	密度	含糖率
1	0.697	0.460	11	0.245	0.057	21	0.748	0.232
2	0.774	0.376	12	0.343	0.099	22	0.714	0.346
3	0.634	0.264	13	0.639	0.161	23	0.483	0.312
4	0.608	0.318	14	0.657	0.198	24	0.478	0.437
5	0.556	0.215	15	0.360	0.370	25	0.525	0.369
6	0.403	0.237	16	0.593	0.042	26	0.751	0.489
7	0.481	0.149	17	0.719	0.103	27	0.532	0.472
8	0.437	0.211	18	0.359	0.188	28	0.473	0.376
9	0.666	0.091	19	0.339	0.241	29	0.725	0.445
10	0.243	0.267	20	0.282	0.257	30	0.446	0.459

下面使用聚类算法演示聚类过程：

（1）假设聚类个数为 k=3，首先随机选取 3 个样本 x_3=(0.634,0.264)、x_8=(0.437,0.211)、x_9=(0.666,0.091)作为初始的均值向量，即 $\mu_1 = x_3$、$\mu_2 = x_8$、$\mu_3 = x_9$，分别对应于 3 个聚类 C_1、C_2、C_3 中的均值向量，初始时每个聚类中元素为空。

（2）考察样本 x_1=(0.697,0.460)，它与当前的均值向量 μ_1、μ_2、μ_3 距离分别为 0.206、0.360、0.370，因此 x_1 被划入聚类 C_1 中，类似地，对 $x_2,x_3,\ldots,x_{30}$ 所有样本都执行类似的过程，将每个样本进行了划分，故有：

$C_1=\{x_1,x_2,x_3,x_4,x_5,x_{14},x_{21},x_{22},x_{25},x_{26},x_{27},x_{29}\}$

$C_2=\{x_6,x_7,x_8,x_{10},x_{11},x_{12},x_{15},x_{18},x_{19},x_{20},x_{23},x_{24},x_{28},x_{30}\}$

$C_3=\{x_9,x_{13},x_{16},x_{17}\}$

（3）根据得到的 C_1、C_2、C_3 更新均值向量：

$\mu_1 = (0.660, 0.349)$

$\mu_2 = (0.384, 0.261)$

$\mu_3 = (0.654, 0.0993)$

2. k 均值聚类算法实现

根据前面的 k 均值算法思想实现 k 均值算法，并在西瓜数据集上验证其正确性。这里同样使用表 4-1 所示的西瓜数据集。

k 均值聚类算法实现如下：

```
import pandas as pd
import numpy as np
from numpy import *
import matplotlib.pyplot as plt
def dist_eclud(v1, v2):
```

```
        return sqrt(sum(power(v1 - v2, 2)))
    def update_clusters(k,mu,X,y_label):
        for i in range(X.shape[0]):
            min_dist = float('inf')
            for index in range(k):
                dist = dist_eclud(mu[index], X[i])
                if dist < min_dist:
                    min_dist = dist
                    y_label[i] = index
        return y_label

    def update_centroids(k,mu,X,y_label):
        for i in range(k):
            sum=np.array([0.0,0.0])
            num = np.sum(y_label == i)
            cluster_index,label=np.where(y_label==i)
            print("cluster_index:",list(cluster_index))
            for j in cluster_index:
                sum=sum+X[j]
            print("sum:",sum)
            centroid=sum/num
            centroid = np.mean(X[cluster_index],axis=0)
            mu[i]=centroid
        return mu

    def show(dataset, k, centroids, clusters):
        num_samples, dim = dataset.shape
        marker = ['or', 'ob', 'og', 'ok']
        marker2 = ['*r', '*b', '*g', '*k']
        for i in range(num_samples):
            mark_index = int(clusters[i])
            plt.plot(dataset[i, 0], dataset[i, 1], marker[mark_index])
        for i in range(k):
            plt.plot(centroids[i, 0], centroids[i, 1], marker2[i],
markersize=10)
        plt.xlim(0.1, 0.9)   #把x轴的刻度范围设置为0.1~0.9
        plt.ylim(0, 0.8)    #把y轴的刻度范围设置为0~0.8
        plt.xlabel('密度')
        plt.ylabel('含糖率')
        plt.rcParams['font.sans-serif'] = ['SimHei']  #显示中文
        plt.rcParams['axes.unicode_minus'] = False

    if __name__ == '__main__':
        k=3
        dataTrain = pd.read_csv("xiguadata.csv")
        dataTrain = [
            [0.697, 0.460], [0.774, 0.376],[0.634, 0.264],[0.608, 0.318],
            [0.556, 0.215],[0.403, 0.237],[0.481,0.149],[0.437, 0.211],
            [0.666, 0.091],[0.243, 0.267],[0.245, 0.057],[0.343, 0.099],
            [0.639, 0.161],[0.657, 0.198],[0.360, 0.370],[0.593, 0.042],
            [0.719, 0.103],[0.359,0.188],[0.339,0.241],[0.282,0.257],
            [0.748, 0.232],[0.714,0.346],[0.483,0.312],[0.478,0.437],
            [0.525, 0.369],[0.751,0.489],[0.532,0.472],[0.473,0.376],
            [0.725, 0.445],[0.446,0.459]]
        dataTrain=np.array(dataTrain)
```

```
    y_label=np.zeros((dataTrain.shape[0],1))

    mu1=np.array([0.403, 0.237])
    mu2=np.array([0.343, 0.099])
    mu3=np.array([0.478,0.437])
    #mu=np.zeros((k,dataTrain.shape[1]))
    mu=np.array([[0.403, 0.237],[0.343, 0.099],[0.478,0.437]])
    iters=4
    for iter in range(iters):
        y_label=update_clusters(k,mu,dataTrain,y_label)
        mu=update_centroids(k,mu,dataTrain,y_label)
        print("mu=",mu)
        plt.subplot(2, 2, iter+1, frameon=True)  #两行、两列的子图
        t='第'+str(iter+1)+'次迭代后'
        plt.legend(title=t)
        show(dataTrain, k, mu, y_label)
     plt.show()
```

利用以上 K-means 算法对西瓜集数据进行聚类，经过 4 次迭代后，每一次聚类结果如图 4-1 所示。

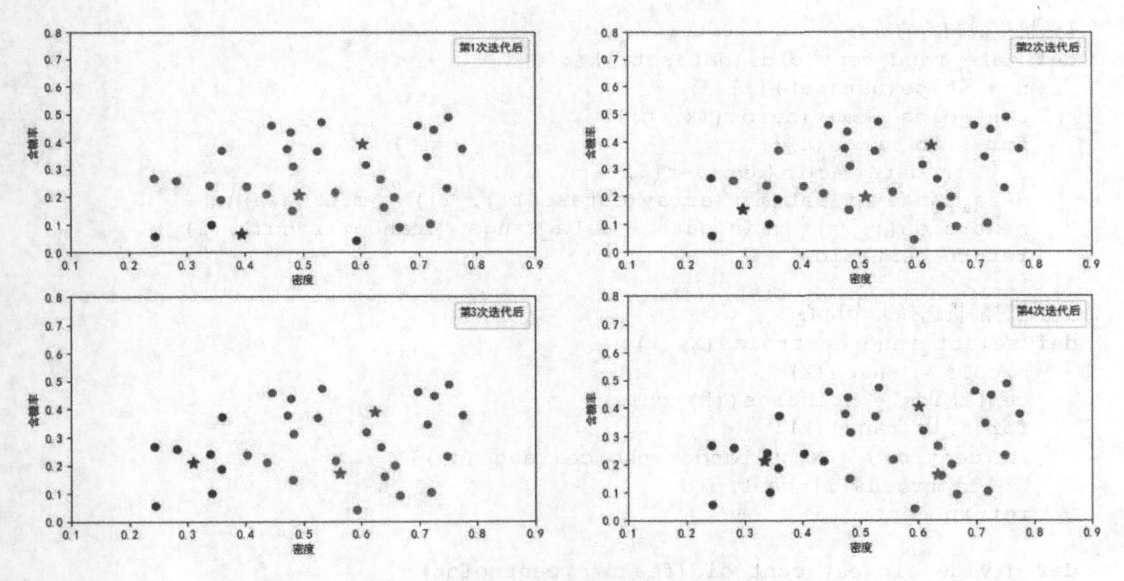

图 4-1 利用 K-means 聚类算法的迭代结果

针对三文鱼和鲈鱼数据的聚类，仍然使用 K-means 聚类算法实现如下：

```
from numpy import *
import matplotlib.pyplot as plt
from matplotlib import pyplot as plt
import numpy as np
import xlrd
def load_dataset(file_name):
    xlbook = xlrd.open_workbook(file_name)
    sheet = xlbook.sheet_by_index(3)  #索引的方式，从0开始
    sheet = xlbook.sheet_by_name('joint_normal')  #名字的方式
    nrows = sheet.nrows  #行
```

```
    ncols = sheet.ncols  #列
    fish = []
    y=[]
    for i in range(1, nrows):
        v1 = sheet.cell(i, 0).value  #获取 i 行 3 列的表格值
        v2 = sheet.cell(i, 1).value  #获取 i 行 3 列的表格值
        print(v1, v2)
        fish.append([v1, v2])
        y.append(int(sheet.cell(i,2).value))
    train0 = fish[0:500]
    train1 = fish[1000:1500]
    train = train0 + train1
    y0=y[0:500]
    y1=y[1000:1500]
    y=y0+y1
    return train,y

#利用欧几里得距离公式计算两个向量的距离
def dist_eclud(v1, v2):
    return sqrt(sum(power(v1 - v2, 2)))

#随机生成初始的质心
def make_rand_centroids(dataset, k):
    n = shape(dataset)[1]
    centroids = mat(zeros((k, n)))
    for i in range(n):
        min_data = min(dataset[:, i])
    data_range= float(max(array(dataset)[:, i]) - min_data)
    centroids[:, i] = min_data + data_range * random.rand(k, 1)
    return centroids

#初始时随机选择 k 个质心
def select_rand_centroids(X, k):
    n,cols = shape(X)
    centroids = np.zeros((k, cols))
    for i in range(k):
        centroid = X[np.random.choice(range(n))]
        centroids[i]=centroid
    return centroids

def divide_closest_centroid(feature,centroids):
    min_index=0
    min_dist=float('inf')
    for index,centroid in enumerate(centroids):
        dist=dist_eclud(feature,centroid)
        if dist<min_dist:
            min_index=index
            min_dist=dist
    return min_index

def init_cluster(centroids,k,X):
    clusters=[[] for i in range(k)]
    for i, feature in enumerate(X):
        centroid_i=divide_closest_centroid(feature,centroids)
```

```
        clusters[centroid_i].append(i)
    return clusters

def update_centroids(clusters,k,X):
    cols=np.shape(X)[1]
    centroids=np.zeros((k,cols))
    pre_clusters=clusters
    for i,cluster in enumerate(clusters):
        centroid=np.mean(X[cluster],axis=0)
        centroids[i]=centroid
    return centroids

def k_means(X, k):
    m = shape(X)[0]
    centroids=select_rand_centroids(X,k)
    iter=0
    while iter<10:
        clusters=init_cluster(centroids,k,X)
        centroids =update_centroids(clusters,k,X)
        iter += 1
    y_pre=np.zeros(np.shape(X)[0])
    for i,cluster in enumerate(clusters):
        for x_index in cluster:
            y_pre[x_index]=i
    return centroids, y_pre

def show(dataSet, k, centroids, clusters):
    num_samples, dim = dataSet.shape
    marker = ['or', 'ob', 'og', 'ok', '^r', '+r', 'sr', 'dr', '<r', 'pr']
    marker2 = ['Dr', 'Db', 'Dg', 'Dk', '^b', '+b', 'sb', 'db', '<b', 'pb']
    for i in range(num_samples):
        mark_index = int(clusters[i])
        plt.plot(dataSet[i, 0], dataSet[i, 1], marker[mark_index])
    for i in range(k):
        plt.plot(centroids[i, 0], centroids[i, 1], marker2[i], markersize=12)
    legend_label='k='+str(k)
    plt.legend(title=legend_label)
    plt.xlabel('长度')
    plt.ylabel('亮度')
    plt.rcParams['font.sans-serif'] = ['SimHei']  #显示中文
    plt.rcParams['axes.unicode_minus'] = False
    plt.show()

if __name__ == '__main__':
    X_train,y=load_dataset(r'fish.xls')
    data_mat= mat(X_train)
    cluster_number=3
    my_centroids, cluster_labels = k_means(data_mat, cluster_number)
    show(dataMat, cluster_number, my_centroids, cluster_labels)
```

这里聚类结束条件设置为迭代次数，也有可能循环结束时，未达到较好的聚类效果；若将迭代次数设置得过大，则会使程序运行时间较长。为了在合适的时间内达到较好的聚类效果，可将聚类中心是否改变作为聚类结束条件。这就要修改 update_centroids()的实现：

```
def update_centroids(clusters,centroids,k,X):
    cols=np.shape(X)[1]
    centroids=np.zeros((k,cols))
    pre_clusters=centroids
    no_same=False
    for i,cluster in enumerate(clusters):
        centroid=np.mean(X[cluster],axis=0)
        centroids[i]=centroid
        if centroids[i].any() != pre_clusters[i].any():
            no_same=True
            break
    return centroids,no_same
```

聚类结果如图 4-2 所示。

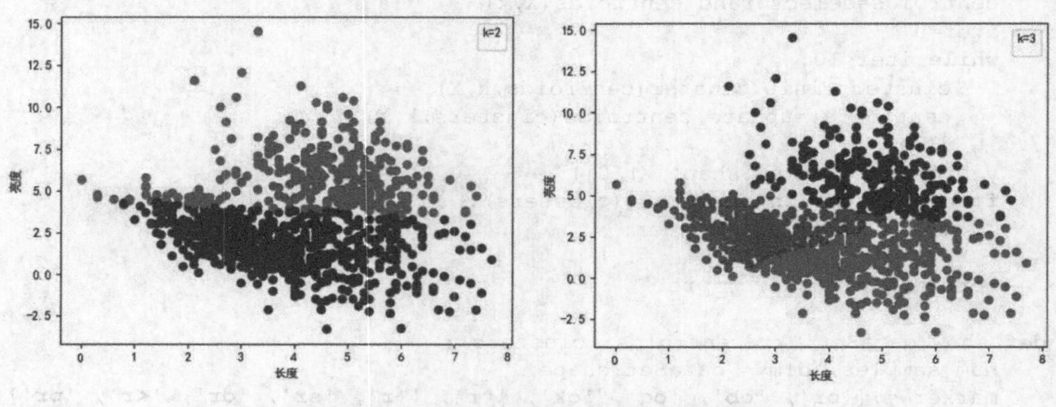

图 4-2 三文鱼和鲈鱼簇为 2 和 3 时的聚类结果

4.3 基于密度的聚类——DBSCAN 聚类

基于密度的聚类假设聚类结构可通过样本分布的紧密程度来确定。同一样本中，样本之间是紧密相连的。根据样本之间的紧密程度，可将不同的样本划分到不同的聚类簇中。DBSCAN 就是一种著名的基于密度的聚类算法。

4.3.1 DBSCAN 算法原理及相关概念

DBSCAN 通过一组邻域参数（ϵ，minPts）刻画样本分布的紧密程度，其中，ϵ 表示某一样本的邻域距离阈值，minPts 表示某一样本的距离为 ϵ 的邻域中样本个数的阈值。

给出样本数据集合 $D=(x_1,x_2,\ldots,x_N)$，相关概念描述如下：

（1）ϵ-邻域：对于任一样本 $x_j \in D$，其 ϵ-邻域包含的样本集是 D 中与 x_j 的距离不大于 ϵ 的样本，即 $N_\epsilon(x_j)=\{x_i \in D|\text{distance}(x_i,x_j) \leqslant \epsilon\}$，其样本集个数记作$|N\epsilon(x_j)|$。

（2）核心对象：对于任一样本 $x_j \in D$，如果其 ϵ-邻域包含至少 minPts 个样本，即当$|N_\epsilon(x_j)| \geqslant$minPts 时，则 x_j 为一个核心对象。

（3）密度直达：如果 x_i 位于 x_j 的 ϵ-邻域中，且 x_j 是核心对象，则称 x_i 由 x_j 密度直达。

（4）密度可达：对于 x_i 和 x_j，如果存在样本序列 $p_1, p_2, ..., p_n$，满足 $p_1=x_i$、$p_n=x_j$，且 $1\leqslant i<n$，其 p_{i+1} 由 p_i 密度直达，则称 x_j 由 x_i 密度可达。也就是说，$p_1, p_2, ..., p_{n-1}$ 是核心对象组成的链，链的起点 p_1 和经过的点 $p_i(1<i<n)$，必须是核心对象，链的最后一个点 p_n 可以是任意对象。也就是说，密度可达满足传递性。

（5）密度相连：对于 x_i 和 x_j，如果存在核心对象样本 x_k，使 x_i 和 x_j 均由 x_k 密度可达，则称 x_i 和 x_j 密度相连。密度相连关系满足对称性。

例如，图 4-3 中给出了一系列样本点，设邻域参数 minPts=3，虚线圆圈表示 ϵ 邻域，y、x、r、p、q、m 是其中一条由核心对象组成的链，q 由 p 密度直达，r 由 p 密度直达，m 由 p 密度可达，m 与 y 密度相连。

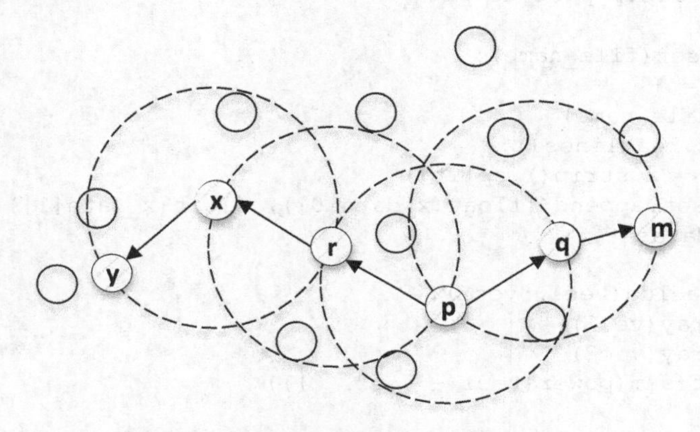

图 4-3　DBSCAN 聚类中相关概念的表示

4.3.2　DBSCAN 聚类算法

DBSCAN 聚类算法根据设置的邻域参数 ϵ、minPts 先确定核心对象集合 Ω，然后随机选择一个核心对象确定相应的聚类簇，直到所有的核心对象都被访问过为止。

DBSCAN 聚类算法描述如下：

输入：训练数据集 $D=\{x_1,x_2,\ldots,x_N\}$、邻域参数 ϵ、minPts。

过程：

（1）初始化核心对象集合 $\Omega=\varnothing$，聚类簇数 k=0，未访问样本集合 $\Gamma=D$。

（2）对于 j=1,2,…,N：

① 通过距离度量方式，找到样本 x_j 的 ϵ-邻域集合 $M_\epsilon(x_j)$。

② 如果样本集中样本个数满足 $|N\epsilon(x_j)|\geqslant$minPts，则将样本 x_j 加入核心对象样本集合：$\Omega=\Omega\cup\{x_j\}$。

（3）如果核心对象集合 $\Omega=\varnothing$，则算法结束，否则执行第（4）步。

（4）在核心对象集合 Ω 中，随机选择一个核心对象 o，初始化当前簇核心对象队列 $Q_\Omega=\{o\}$，初始化类别序号 k=k+1，初始化当前簇样本集合 $C_k=\{o\}$，更新未访问样本集合 $\Gamma=\Gamma-\{o\}$。

（5）如果当前簇核心对象队列 $Q_{\Omega}=\varnothing$，则当前聚类簇 C_k 生成完毕，更新簇划分 $C=\{C_1,C_2,\ldots,C_k\}$，更新核心对象集合 $\Omega=\Omega-C_k$，转到第（3）步，否则更新核心对象集合 $\Omega=\Omega-C_k$。

（6）在当前簇核心对象队列 Q_{Ω} 中取出一个核心对象 o'，通过邻域距离阈值 ϵ 找出所有的 ϵ-邻域样本集 $M\epsilon(o')$，令 $\Delta=M\epsilon(o')\cap\Gamma$，更新当前簇样本集合 $C_k=C_k\cup\Delta$，更新未访问样本集合 $\Gamma=\Gamma-\Delta$，更新 $Q_{\Omega}=Q_{\Omega}\cup(\Delta\cap\Omega)-o'$，转到第（5）步执行。

输出：簇划分 $C=\{C_1,C_2,\ldots,C_k\}$。

依据以上算法思想，利用 DBSCAN 算法对西瓜数据集进行聚类，其算法实现如下：

```
import numpy as np
from numpy import *
import matplotlib.pyplot as plt
import math
def load_dataset(file_name):
    X_dataset = []
    f = open(file_name)
    for x in f.readlines():
        x_data = x.strip().split()
        X_dataset.append([float(x_data[0]), float(x_data[1])])
    return X_dataset

def get_dist_eclud(vec1, vec2):
   vec1=np.array(vec1)
   vec2=np.array(vec2)
   return sqrt(sum(power(vec1 - vec2, 2)))


def DBSCAN_clustering(X_data, max_dist, min_pts):
    core_object = []
    cluster = []
    N = len(X_data)
    #得到核心对象集合
    for i in range(N):
        M= get_divide_set(X_data[i], X_data, max_dist)
        if(len(M) >= min_pts):
            core_object.append(X_data[i])
    #生成聚类簇
    no_access_data = copy(X_data).tolist()
    while(len(core_object) != 0):
        old_no_access_data = copy(no_access_data).tolist()
        index = random.randint(0, len(core_object))
        Q = []
        Q.append(core_object[index])
        core_object.remove(core_object[index])
        while len(Q) != 0:
            e = copy(Q[0]).tolist()
            Q.remove(Q[0])
            K = get_divide_set(e, X_data, max_dist)
            if len(K) >= min_pts:
                delta = get_comm_set(K, no_access_data)
                for i in range(len(delta)):
                    Q.append(delta[i])
                no_access_data = del_aggregate(no_access_data, delta)
```

```
        clu_k = del_aggregate(old_no_access_data, no_access_data)
        cluster.append(clu_k)
        core_object = del_aggregate(core_object, clu_k)
    return cluster

def get_divide_set(x0, X_data, max_dist):
    N = len(X_data)
    M = []
    for i in range(N):
        d = get_dist(x0, X_data[i])
        print(X_data[i])
        if(d <= max_dist):
            M.append(X_data[i])
    return M
def set_compare(set1, set2):
    len1 = len(set1)
    len2 = len(set2)
    flag = True
    if(len1 != len2):
        return False
    for i in range(len1):
        if(set1[i] != set2[i]):
            flag = False
    return flag
def get_comm_set(set1, set2):
    m = len(set1)
    n = len(set2)
    delta = []
    for i in range(m):
        for j in range(n):
            if(set_compare(set1[i], set2[j]) == True):
                delta.append(set1[i])
    return delta
def del_aggregate(X_data, x):
    m = len(x)
    N = len(X_data)
    lst_deleted = []
    for i in range(m):
        for j in range(N):
            if(set_compare(x[i], X_data[j]) == True):
                lst_deleted.append(X_data[j])
    for i in range(len(lst_deleted)):
        print("lst_deleted[", i, "] = ", lst_deleted[i])
        X_data.remove([lst_deleted[i][0], lst_deleted[i][1]])
    return X_data
def show_figure(X_data):
    C1 = mat(array(X_data[0]))
    C2 = mat(array(X_data[1]))
    C3 = mat(array(X_data[2]))
    C4 = mat(array(X_data[3]))

    plt.plot(C1[:, 0], C1[:, 1], "Dr")
    plt.plot(C2[:, 0], C2[:, 1], "sg")
    plt.plot(C3[:, 0], C3[:, 1], "*b")
    plt.plot(C4[:, 0], C4[:, 1], "oc")
```

```
    plt.xlabel("密度")
    plt.ylabel("含糖率")
    plt.title('基于密度的聚类')
    plt.rcParams['font.sans-serif'] = ['SimHei']  #显示中文
    plt.rcParams['axes.unicode_minus'] = False
    plt.show()
if __name__ == "__main__":
    data_set = load_dataset("xiguadata.txt")
    max_dist=0.1
    cluster = DBSCAN_clustering(data_set, max_dist, 5)
    print(data_set)
    print(len(cluster))
    show_figure(cluster)
```

程序运行结果如图 4-4 所示。

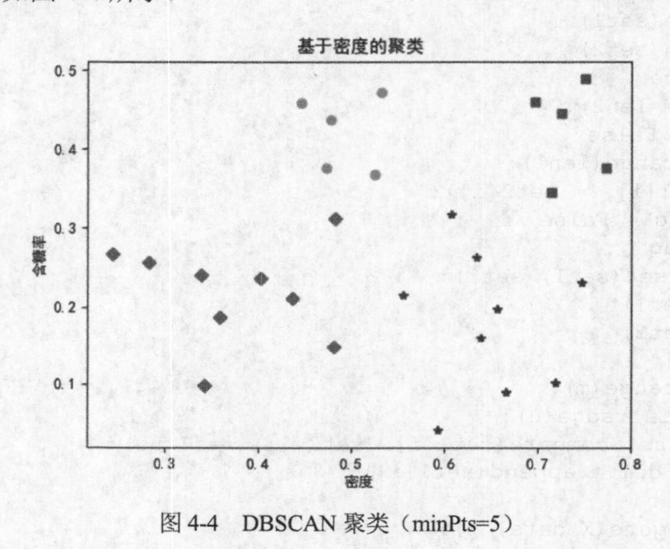

图 4-4　DBSCAN 聚类（minPts=5）

4.4　基于层次的聚类——AGNES 聚类

基于层次的聚类是一种很直观的算法，顾名思义，就是要逐层地进行聚类。按照层次聚类策略，可分为自底而上的合并聚类和自顶而下的分割聚类。其中 AGNES 聚类是一种最为常见的自底而上的合并聚类算法。

4.4.1　AGNES 聚类算法思想

AGNES 采用自底而上合并聚类簇，每次找到距离最短的两个聚类簇，然后合并成一个大的聚类簇，以此类推，直到全部样本数据合并为一个聚类簇。整个聚类过程就形成了一个树形结构，如图 4-5 所示。

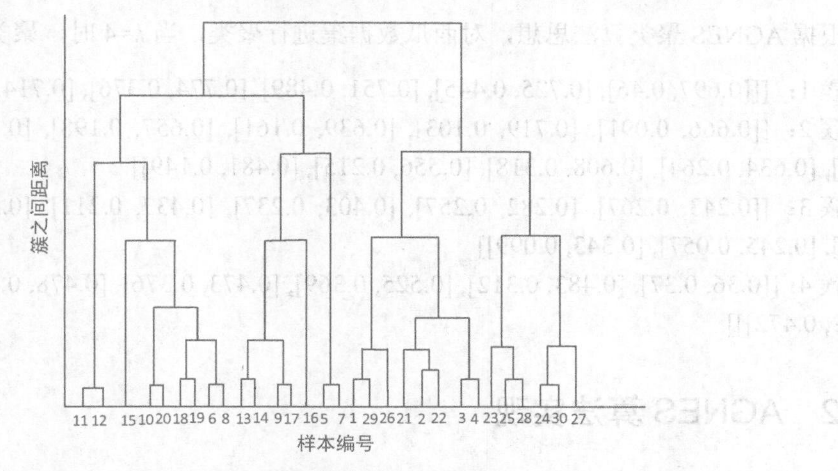

图 4-5 AGNES 算法聚类结构

如何计算两个聚类簇之间的距离呢？初始时，每个样本数据点作为一个类，它们的距离就是这两个点之间的距离。对于一个包含不止一个数据样本的聚类簇，有 3 种聚类簇度量方法：最小距离、最大距离和平均距离。

最小距离：

$$d_{\min}(C_i, C_j) = \min_{x \in C_i, y \in C_j} \operatorname{dist}(x, y) \qquad \text{（式 4-10）}$$

最大距离：

$$d_{\max}(C_i, C_j) = \max_{x \in C_i, y \in C_j} \operatorname{dist}(x, y) \qquad \text{（式 4-11）}$$

平均距离：

$$d_{\text{average}}(C_i, C_j) = \frac{1}{|C_i||C_j|} \sum_{x \in C_i} \sum_{y \in C_j} \operatorname{dist}(x, y) \qquad \text{（式 4-12）}$$

AGNES 聚类算法描述如下：

输入：样本数据集 $D=\{x_1, x_2, \ldots, x_N\}$、聚类簇个数 k、聚类簇度量函数 get_dist。

过程：

（1）将每个对象看成是一个聚类簇，即对于任意的 $1 \leqslant j \leqslant N$，有 $C_j = \{x_j\}$。

（2）根据聚类簇度量函数 get_dist 确定各个簇之间的距离。

（3）设置当前簇个数 $q=N$。

（4）当 $q>k$ 时，重复执行以下步骤：

① 找出距离最近的两个簇 C_i 和 C_j，合并 C_i 和 C_j：$C_i = C_i \cup C_j$。

② 对编号为 $j+1, j+2, \ldots, q$ 的簇重新编号，依次为 $j, j+1, \ldots, q-1$。

③ 对 $j=1,2,\ldots,q-1$，更新聚类簇之间的距离。

④ 根据约束条件，确定新参数 λ_2 的上下界。

输出：簇划分 $C = \{C_1, C_2, \ldots, C_k\}$。

根据 AGNES 聚类算法思想，对西瓜数据集进行聚类，当 k=4 时，聚类结果如下：

簇 1：[[[0.697, 0.46], [0.725, 0.445], [0.751, 0.489], [0.774, 0.376], [0.714, 0.346]]

簇 2：[[0.666, 0.091], [0.719, 0.103], [0.639, 0.161], [0.657, 0.198], [0.748, 0.232], [0.593, 0.042], [0.634, 0.264], [0.608, 0.318], [0.556, 0.215], [0.481, 0.149]]

簇 3：[[0.243, 0.267], [0.282, 0.257], [0.403, 0.237], [0.437, 0.211], [0.359, 0.188], [0.339, 0.241], [0.245, 0.057], [0.343, 0.099]]

簇 4: [[0.36, 0.37], [0.483, 0.312], [0.525, 0.369], [0.473, 0.376], [0.478, 0.437], [0.446, 0.459], [0.532, 0.472]]]

4.4.2 AGNES 算法实现

根据 AGNES 聚类算法思想，针对西瓜数据集，其算法实现如下：

```
import math
import matplotlib.pyplot as plt
#data_train 包含 30 个西瓜样本（密度，含糖量）
data_train = [
        [0.697, 0.460], [0.774, 0.376],[0.634, 0.264],[0.608, 0.318],
        [0.556, 0.215],[0.403, 0.237],[0.481,0.149],[0.437, 0.211],
        [0.666, 0.091],[0.243, 0.267],[0.245, 0.057],[0.343, 0.099],
        [0.639, 0.161],[0.657, 0.198],[0.360, 0.370],[0.593, 0.042],
        [0.719, 0.103],[0.359,0.188],[0.339,0.241],[0.282,0.257],
        [0.748, 0.232],[0.714,0.346],[0.483,0.312],[0.478,0.437],
        [0.525, 0.369],[0.751,0.489],[0.532,0.472],[0.473,0.376],
        [0.725, 0.445],[0.446,0.459]]
#计算样本点之间的欧几里得距离
def dist_eclud(x1, x2):
    return math.sqrt(math.pow(x1[0]-x2[0], 2)+math.pow(x1[1]-x2[1], 2))
#计算簇之间的最小距离
def get_min_dist(C_x, C_y):
    return min(dist_eclud(x, y) for x in C_x for y in C_y)
#计算簇之间的平均距离
def get_average_dist(C_x, C_y):
    return sum(dist_eclud(x, y) for x in C_x for y in C_y)/(len(C_x)*len(C_y))
#找到距离最小的下标
def find_min_index(D):
    min = float('inf')
    min_i = 0
    min_j = 0
    for i in range(len(D)):
        for j in range(len(D[i])):
            if i != j and D[i][j] < min:
                min = D[i][j]
                min_i = i
                min_j = j
    return min_i, min_j, min
def get_dist(data):    #获得样本点距离
    C = []
    D = []
    for x in data:
        C_x = []
        C_x.append(x)
```

```
            C.append(C_x)
    for x in C:
        D_x_start = []
        for y in C:
            d = dist_eclud(x[0], y[0])
            D_x_start.append(d)
        D.append(D_x_start)
return C,D

#AGNES 层次聚类算法
def AGNES_clustering(data, dist, k):
    n = len(data)
    C,D=get_dist(data)
    #合并各簇
    while n > k:
        min_i, min_j, min = find_min_index(D)
        print(min_i,min_j,min)
        C[min_i].extend(C[min_j])
        C.remove(C[min_j])
        D = []
        for x in C:
            D_x_start = []
            for y in C:
                D_x_start.append(dist(x, y))
            D.append(D_x_start)
        n -= 1
    return C
#显示聚类结果
def show_figure(C):
    color_value = ['r', 'g', 'b', 'y', 'm', 'k', 'c']
    marker_value=['o', 's', '*', 'd', 'x', 'v', 'p']
    for i in range(len(C)):
        crd_x = []    #x 坐标
        crd_y = []    #y 坐标
        for j in range(len(C[i])):
            crd_x.append(C[i][j][0])
            crd_y.append(C[i][j][1])
        class_name='类'+str(i)
        plt.scatter(crd_x, crd_y, marker=marker_value[i%len(marker_value)],
                color=color_value[i%len(color_value)], label=class_name)
    plt.xlim(0.1,0.9)
    plt.ylim(0,0.8)
    plt.xlabel('密度')
    plt.ylabel('含糖率')
    plt.legend(loc='upper right')
    plt.rcParams['font.sans-serif'] = ['SimHei']  #显示中文
    plt.rcParams['axes.unicode_minus'] = False
    plt.show()
if __name__ == "__main__":
    k=4
    C = AGNES_clustering(data_train, get_average_dist, k)
    show_figure(C)
```

AGNES 聚类算法在西瓜数据集上的运行结果如图 4-6 所示。

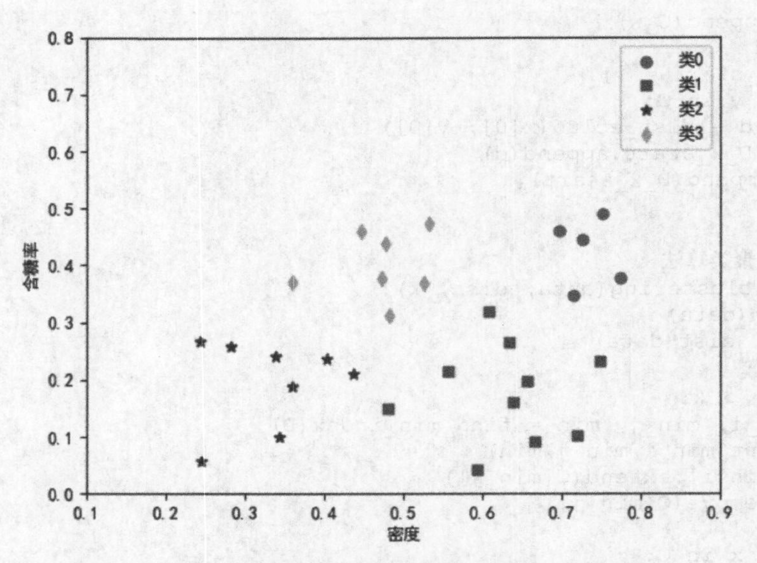

图 4-6　基于层次的聚类在西瓜数据集上的运行结果（k=4）

4.5　聚类应用举例

1. K-means 聚类函数原型及参数介绍

scikit-learn 模块提供的 k 均值聚类函数原型如下：

```
KMeans(n_clusters=8, init='k-means++', n_init=10, max_iter=300, tol=0.0001,
precompute_distances='auto', verbose=0, random_state=None,
copy_x=True, n_jobs=None, algorithm='auto')
```

主要参数说明如下：

- n_clusters：整型，生成的聚类数，默认值为 8。
- init：指定初始化聚类中心的方法，有 3 个可选值：K-means++、random 或 ndarray。默认值为 K-means++。
  - K-means++：用一种特殊的方法选定初始聚类，可加速迭代过程的收敛。
  - random：随机从训练数据中选取 k 个样本作为初始质心。
  - ndarray：指定一个形如 k × n_features 的数组作为初始质心。
- n_init：整型，使用不同的初始聚类中心执行算法的次数，以选择最好的聚类结果，默认值为 10。
- max_iter：整型，执行一次 K-means 算法所进行的最大迭代数，默认值为 300。
- tol：float 类型，最小容忍误差，与 inertia 结合来确定收敛条件，默认值=1e-4。
- precompute_distances：提前计算样本距离，计算速度更快但占用更多内存。有 3 个可选值：auto、true 或 false。

- ♦ auto：如果样本数×聚类数>12MB，则不提前计算样本距离。
- ♦ true：总是预先计算样本距离。
- ♦ false：永远不预先计算样本距离。

- n_jobs：整型，指定计算所用的进程数。若值为-1，则用所有的CPU进行运算；若值为1，则不进行并行运算；若值为-2，则用到的CPU数为总CPU数减1。
- random_state：整型，NumPy.RandomState 类型或 None。用于初始化质心的生成器（generator）。如果值为整数，则确定一个seed。默认值为NumPy的随机数生成器。
- copy_x：布尔型，默认值为true。当设置precomputing distances为true时，该参数才有效。如果此参数值设为true，则原始数据不会被改变；如果参数设置为false，则原始数据会改变。

常用属性：

- cluster_centers_：类别的均值向量。
- labels_：每个样本所属类别标记。
- inertia_：每个样本与其各个簇的质心的距离之和。

常用方法：

- fit(X[,y])：K-means 聚类训练模型。
- fit_predictt(X[,y])：计算簇质心并预测每个样本类别。
- transform (X)：在fit的基础上，进行标准化，降维，归一化等操作。
- fit_transform(X[,y]):fit_transform是fit和transform的组合,既包括了训练又包含了转换。
- predict(X)：预测每个样本所属的簇类别标签。
- score(X[,y])：计算聚类误差。

2. 调用 K-means 聚类函数对鸢尾花聚类处理

```
import matplotlib.pyplot as plt
import numpy as np
from sklearn.datasets import load_iris
from sklearn.cluster import KMeans

iris=load_iris()
X_data=iris.data
km=KMeans(n_clusters=3)
km.fit(X_data)
kc=km.cluster_centers_
y_kmeans=km.predict(X_data)

print(y_kmeans,kc)
print(kc.shape,y_kmeans.shape,X_data.shape)
markers=['o','p','*','s','D']
colors=['r','g','b','y']
for i,j in enumerate(km.labels_):
    plt.scatter(X_data[i, 0], X_data[i, 1],marker=markers[j],color=colors[j])
plt.scatter(kc[:,0],kc[:,1],color='r',s=80)
```

```
plt.xlabel('花萼长度')
plt.ylabel('花萼宽度')
plt.title('K-means 在鸢尾花数据集上的聚类效果 k=3')
plt.show()
```

程序运行结果如图 4-7 所示。

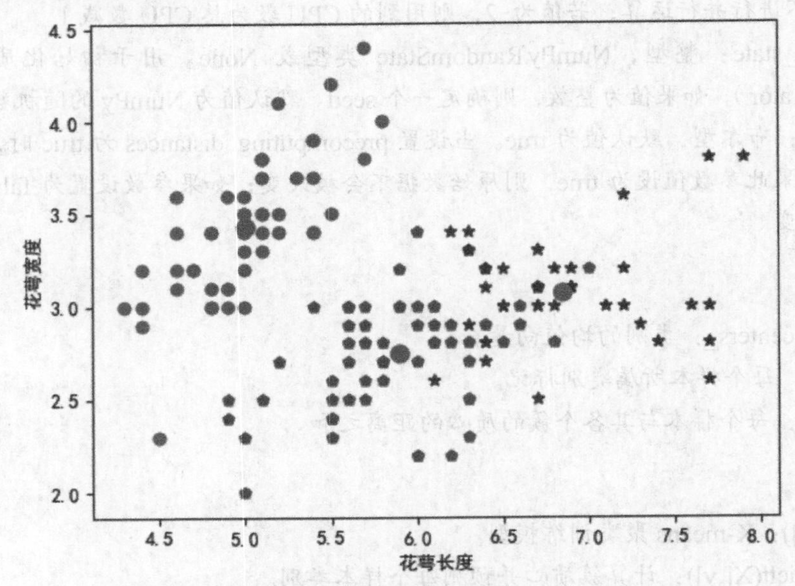

图 4-7 K-means 聚类函数在鸢尾花数据集上的运行结果（k=3）

> **提　示**
>
> K-means 聚类函数运用了 Lioyd's 算法，平均计算复杂度是 $O(knt)$，其中 n 是样本数量，t 是迭代次数。在最坏的情况下，计算复杂度为 $O(n\text{^}(k+2/p))$，其中 p 是特征个数。一般情况下，K-means 算法运算速度非常快，但是其局限性在于聚类结果由特定初始值所产生的局部解。为了使聚类结果更准确，需要尝试使用不同的初始值反复实验。

3. 轮廓系数——K-means 评价方法

当文本类别未知时，可以选择轮廓系数作为聚类性能的评估指标。轮廓系数取值范围为[-1,1]，取值越接近 1，则说明聚类性能越好；反之，取值越接近-1，则说明聚类性能越差。轮廓系数越大，表明簇内样本之间紧凑，簇间距离大。

下面通过对鸢尾花数据设置不同的 k 值，观察其轮廓系数的取值变化，确定对数据进行聚类时 k 的取值何时为最优。

```
from sklearn.metrics import silhouette_score
import matplotlib.pyplot as plt
silhouette_score_set=[]
n=15
for i in range(2,n):
    kmeans=KMeans(n_clusters=i,random_state=100).fit(X_data)
    score=silhouette_score(X_data,kmeans.labels_)
    silhouette_score_set.append(score)
```

```
    plt.plot(range(2,n), silhouette_score_set,linewidth=2,linestyle='-')
    plt.show()
```

k 的取值从 2 到 14，对应的轮廓系数得分如下：

```
    [0.681046169211746, 0.5528190123564091, 0.4980505049972867,
0.4887488870931048, 0.3648340039670018, 0.34750423280461507, 0.35745369258527043,
0.3203121081683388, 0.31784160872963685, 0.3151992769724403, 0.3026804038545623,
0.2845712426169905 7, 0.2889218914644372]
```

执行结果如图 4-8 所示。

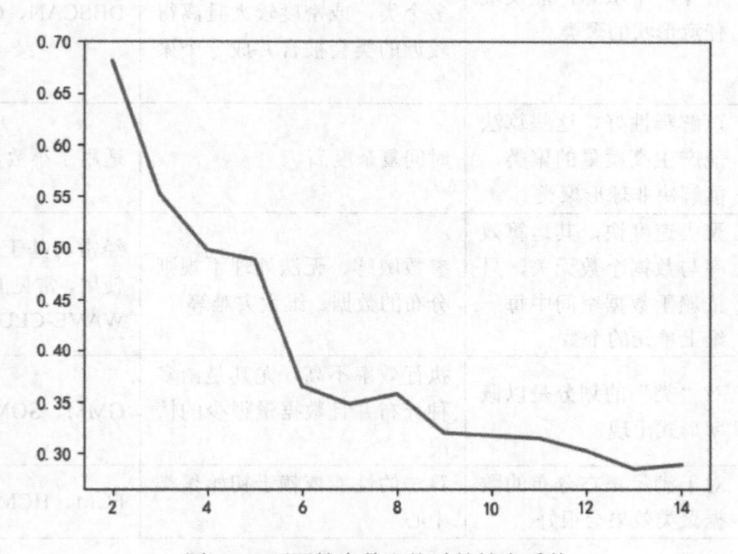

图 4-8　不同簇个数取值时的轮廓系数

轮廓系数就是看这条曲线的畸变程度，也就是斜率变化，变化快的部分就是分类的最佳选择。从图 4-8 中可以看出，在 2~3、5~6 两段之间的变化比较快，结合实际情况判断，还是分三类比较好。

4.6　各种聚类算法的比较

不同的聚类算法具有各自的优缺点和适用情况。衡量一个算法的优劣主要从数据的属性、算法模型的预设、模型的处理能力上分析：

（1）算法的处理能力：处理大的数据集的能力（即算法复杂度）、处理数据噪声的能力、处理任意形状。

（2）算法是否需要预设条件：是否需要预先知道聚类个数，是否需要用户给出领域知识。

（3）算法的数据输入属性：算法处理的结果与数据输入的顺序是否相关，算法处理是否对数据的维度敏感，对数据的类型有无要求。

各种聚类算法比较情况如表 4-2 所示。

表 4-2 各种聚类算法比较

聚类方法	优点	缺点	常用算法
基于划分的方法	对于大型数据集简单高效，时间复杂度及空间复杂度低	容易局部最优，需要预先设置 k 值，对初值 k 敏感，只能处理数值型数据，不能解决非凸数据	K-means、K-means++、k-medoids、k-medians、kernel K-means
基于密度的方法	对噪声不敏感，能发现任意形状的聚类	聚类的结果依赖参数的设置，较稀的聚类会被划分为多个类，或密度较大且离得较近的类会被合并成一个聚类	DBSCAN、OPTICS
基于层次的方法	可解释性好，这些算法能产生高质量的聚类，能解决非球形聚类	时间复杂度高	适用于小数量级，BIRCH
基于网络的方法	聚类速度快，其运算效率与数据个数无关，只依赖于数据空间中每一维上单元的个数	参数敏感、无法处理不规则分布的数据、维数灾难等	经常与基于密度的算法结合使用，常见的算法有 STING、WAVE-CLUSTER、CLIQUE
基于模型的方法	对“类”的划分是以概率形式出现	执行效率不高，尤其是由多种分布并且数据量很少的情况	GMM、SOM
基于模糊的聚类方法	对于满足正态分布的数据聚类效果会很好	算法的性能依赖于初始聚类中心	FCM、HCM

4.7 本章小结

本章主要介绍了聚类算法的思想、聚类算法的分类及具有代表性的聚类算法，包括 K-means、DBSCAN、AGNES 算法原理及其实现。通过实现各种聚类算法，提高对算法思想的理解和算法的实现能力。K-means 算法思想比较简单，适用于符合高斯分布的样本聚类，算法运行速度快。DBSCAN 算法对噪声不敏感，能对任意形状的样本聚类。AGNES 算法可解释性好，能产生高质量的聚类，能解决非球形聚类，适用于小规模样本数据。每种聚类算法都有其优势和不足之处，应根据实际场合选择合适的聚类算法。

4.8 习　题

一、选择题

1. K-means 聚类属于（　　）。

A. 基于密度的方法　　　　B. 基于层次的方法

C. 基于划分的方法　　　　　D. 基于网格的方法

2. DBSCAN 算法属于（　　）。

A. 基于密度的方法　　　　　B. 基于层次的方法

C. 基于网格的方法　　　　　D. 基于划分的方法

3. （　　）解释性好，且能解决非球形聚类。

A. 基于层次的方法　　　　　B. 基于模型的方法

C. 基于划分的方法　　　　　D. 基于密度的方法

4. （　　）聚类需要考虑不同簇之间的距离。

A. 基于模型的方法　　　　　B. 基于划分的方法

C. 基于密度方法　　　　　　D. 基于层次的方法

5. （　　）算法的目标是过滤密度低区域的样本。

A. AGNES 算法　　　　　　B. K-means 算法

C. DBSCAN 算法　　　　　　D. K-means++算法

6. 关于 K-means 算法的描述，（　　）是不正确的。

A. 平均时间复杂度为 O(Nkt)

B. 不适合对非凸形状数据进行聚类

C. 对于不同 k 的初始值，聚类结果是相同的

D. 对噪声和离群点敏感

二、算法分析题

1. 编写算法，使用 scikit-learn 模块中的 DBSCAN 函数对西瓜数据集进行聚类，并可视化聚类结果。

2. 编写算法，使用 scikit-learn 模块中的 AgglomerativeClustering 函数对鸢尾花数据进行聚类，并可视化聚类结果。

第5章

EM 算法

EM（Expectation Maximum）算法，也称期望最大化算法，是一种从不完全数据中求解模型参数的最大似然估计方法。它是最常见的隐变量估计方法，在机器学习中有极为广泛的用途，常被用来学习高斯混合模型（Gaussian mixture model，GMM）的参数，以及隐马尔可夫算法（HMM）、LDA 主题模型的变分推断等。

5.1 EM 算法原理及推导过程

在有些参数未知的情况下，通过贝叶斯定理和最大似然估计方法估计未知变量，从而求解模型参数。

5.1.1 EM 算法思想

例如，有两枚硬币，分别随机选择一枚进行投掷，要知道投掷硬币正面朝上的概率，选择哪一枚硬币就是未知的变量，我们称之为隐变量。假设有 50 个男生和 50 个女生，他们的身高分别是$(x_1,x_2,x_3,\ldots,x_{100})$，已知男生和女生的身高分别服从 $N(\mu_1,\sigma_1^2)$ 和 $N(\mu_2,\sigma_2^2)$ 的正态分布，但不知道这 100 个人中哪一个是男生哪一个是女生，若要估计正态分布中男生和女生的均值，首先要知道哪一个是男生，哪一个是女生，而推测每个学生是男生还是女生就是隐变量。当我们知道了每一个学生是男生还是女生的情况下，就能很容易计算出男生和女生的平均身高了。要计算这样含有隐变量的问题，就要用到 EM 算法。

回顾前面学过的贝叶斯决策论（Bayesian Decision Theory），它是一种概率框架下实施决策的基本方法。EM 算法就是利用贝叶斯定理和最大似然函数，假定已知其他参数的值，通过训练数据推断隐变量 Z 的取值，接着利用隐变量 Z 的取值对参数进行极大似然估计。重复以上过程，直至参数收敛。

设有 m 个样本的训练集 $X=\{X_1,X_2,X_3,\ldots,X_m\}$，初始化分布参数 Θ，通过对 Θ 进行极大似然估计，即：

$$\ell(\Theta \mid X)=\sum_{i=1}^{m}\ln p(X^{(i)}\mid\Theta)=\sum_{i=1}^{m}\ln\sum_{k=1}^{z}p(X^{(i)},Z\mid\Theta) \qquad \text{（式 5-1）}$$

其中，Z 为隐变量，为了求解公式 5-1，计算 Z 的期望以最大化训练集数据的对数边际似然，即可推导出 EM 算法的迭代公式。

EM 算法的主要步骤描述如下：

重复执行以下 E 步和 M 步直至收敛。

E（Expectation）步：根据参数初始值或上一步迭代的模型参数，计算隐变量的后验概率，即隐变量的期望，作为隐变量的估计值：

$$E_{Z|X,\Theta}\ell(\Theta \mid X,Z) \qquad \text{（式 5-2）}$$

M（Maximization）步：将似然函数最大化以获取新的参数值：

$$\Theta^{(i+1)}=\arg\max_{\Theta}E_{Z|X,\Theta^{(i)}}\left[\ln p(X,Z\mid\Theta^{(i)})\right] \qquad \text{（式 5-3）}$$

E 步就是利用当前估计的参数计算对数似然的期望值，M 步是寻找使 E 步产生的期望最大化的参数值。

5.1.2 EM 算法推导过程

下面讨论一下在求解带隐变量的模型参数时，为什么要执行 E 步和 M 步。令 X 为已观测变量集合，X 中的观测变量相互独立，Θ 为模型参数，若要找出观测变量隐含的参数，就需要根据以下对数似然函数求解最优参数：

$$\ell(\Theta \mid X)=\ln p(X\mid\Theta)=\log\left(\prod_{i=1}^{n}p(X_i\mid\Theta)\right)=\sum_{i=1}^{n}\ln p(X_i\mid\Theta) \qquad \text{（式 5-4）}$$

由于隐变量 Z 的存在，于是有：

$$\ell(\Theta \mid X,Z)=\ln p(X,Z\mid\Theta)=\sum_{i=1}^{n}\ln\sum_{j=1}^{z}p(X_i,Z_j\mid\Theta) \qquad \text{（式 5-5）}$$

其中，Z 为隐变量的取值个数。接下来利用最大似然函数和 Jensen 不等式求解参数 Θ。为了利用最大似然估计法求公式 5-5 以获得最大值时的参数 Θ，将隐含随机变量变为常数，引入一个新函数：

$$\sum_{j}^{z}Q_i(Z_j)=1, \quad s.t. \quad Q_i(Z_j)>0 \qquad \text{（式 5-6）}$$

这里的 $Q_i(Z_j)$ 表示几种可能的概率分布，将其代入公式 5-5，结合 Jensen 不等式，则有：

$$\ln \ell(\Theta \mid X,Z)=\sum_{i=1}^{n}\ln\sum_{j=1}^{z}Q_i(Z_j)\frac{p(X_i,Z_j|\Theta)}{Q_i(Z_j)}=\sum_{i=1}^{n}\ln E\left(\frac{p(X_i,Z_j|\Theta)}{Q_i(Z_j)}\right)$$

$$\geqslant\sum_{i=1}^{n}E(\ln\frac{p(X_i,Z_j|\Theta)}{Q_i(Z_j)})=\sum_{i=1}^{n}\sum_{j=1}^{z}Q_i(Z_j)\ln\frac{p(X_i,Z_j|\Theta)}{Q_i(Z_j)} \quad （式 5-7）$$

对于 Jensen 不等式，其几何意义可用图 5-1 所示的函数图像 y=ln(x)表示，x 表示线段 AB 间任意的取值，E 是 AB 的中点，也就是数学期望 E(x)，点 E 在图像 y=ln(x)中的函数值对应于点 G，其函数值为 f(E(x))，点 F 是割线 CD 的中点，其纵坐标是线段 CD 两个端点函数值的平均值，即点 H 纵坐标等于 E(f(x))，显然有 f(E(x))≥E(f(x))，利用换元法，公式 5-7 可转换为公式 5-8：

$$\sum_{i=1}^{n}\ln\sum_{j=1}^{z}Q_i(Z_j)\frac{p(X_i,Z_j\mid\Theta)}{Q_i(Z_j)}\geqslant\sum_{i=1}^{n}\sum_{j=1}^{z}Q_i(Z_j)\ln\frac{p(X_i,Z_j\mid\Theta)}{Q_i(Z_j)} \quad （式 5-8）$$

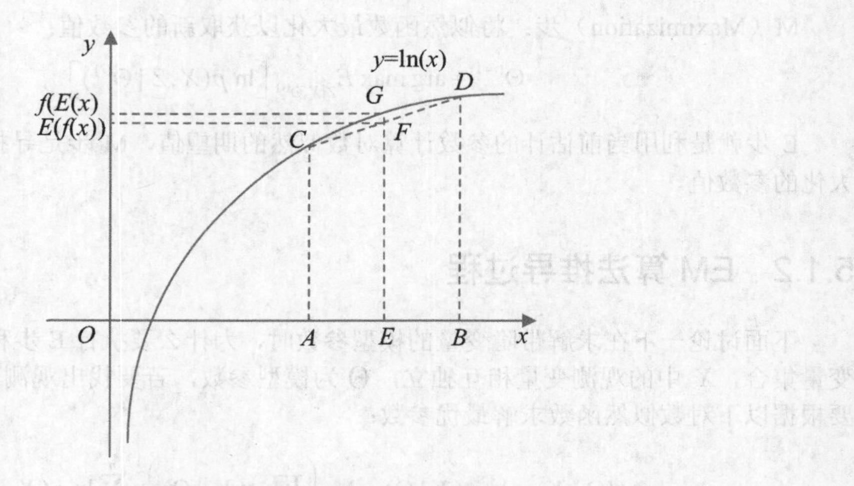

图 5-1　Jensen 不等式的几何意义

当 AB 接近直线时，$f(E(x))$趋近于 $E(f(x))$，因此要使公式 5-6 的等号成立，必须使 $\frac{p(X_i,Z_j\mid\Theta)}{Q_i(Z_j)}$ 为常量，令 $\frac{p(X_i,Z_j|\Theta)}{Q_i(Z_j)}=C$，$C$ 为常数，又因 $\sum_{j=1}^{z}Q_i(Z_j)=1$，故有 $\sum_{j=1}^{z}p(X_i,Z_j|\Theta)=C$，因此有：

$$Q_i(Z_j)=\frac{P(X_i,Z_j|\Theta)}{C}=\frac{p(X_i,Z_j|\Theta)}{\sum_{j=1}^{z}p(X_i,Z_j|\Theta)}=p(Z_j\mid X_i,\Theta) \quad （式 5-9）$$

因此，当参数 Θ 固定后，$Q_i(Z_j)$的取值就是后验概率，这一步就是 E 步。求解公式 5-7 的最优解就可以利用 Jensen 不等式得到目标函数：

$$E(\ln \ell(\Theta)) = f(\Theta, Z) = \sum_{i=1}^{n} \sum_{j=1}^{z} Q_i(Z_j) \ln \frac{p(X_i, Z_j \mid \Theta)}{Q_i(Z_j)} \quad \text{（式 5-10）}$$

然后对 $f(\Theta,Z)$ 求导，利用最大似然法寻找 $Q_i(Z_j)$，通过不断调整 Θ 并不断更新得到参数 $\Theta^{(t+1)}$，求导取其中最大值的过程就对应于 EM 算法的 M 步骤，即：

$$\Theta = \arg\max_{\Theta} \sum_{i=1}^{n} \sum_{j=1}^{z} Q_i(Z_j) \ln \frac{p(X_i, Z_j \mid \Theta)}{Q_i(Z_j)} \quad \text{（式 5-11）}$$

5.2 高斯混合聚类

高斯混合聚类是一种采用高斯混合模型（Gaussian Mixture Model，GMM）的聚类算法，主要采用概率统计的方法进行聚类。高斯混合聚类假设样本服从不同独立的高斯分布，通过采用 EM 算法实现聚类。

5.2.1 概率密度函数

对于样本 X 服从均值为 μ 、方差为 σ^2 的正态分布 $p(x) \sim N\left(\mu, \sigma^2\right)$，即：

$$p(X) = \frac{1}{\sqrt{2\pi}\sigma} \mathrm{e}^{-\frac{(X-\mu)^2}{2\sigma^2}} \quad \text{（式 5-12）}$$

其概率密度函数如图 5-2 所示。

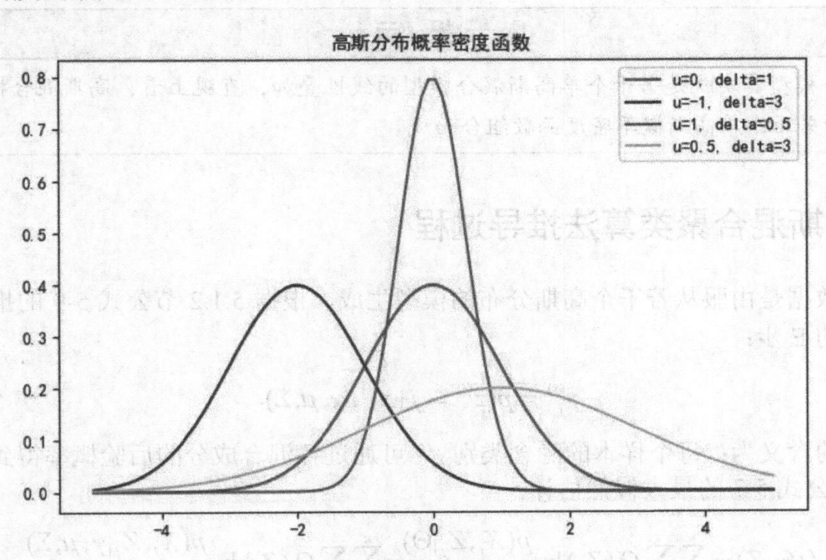

图 5-2 高斯分布的概率密度函数

服从正态分布的概率密度函数具有以下特征：

（1）当自变量 $x=\mu$ 时，$f(x)$ 取最大值。

（2）概率密度函数的图像（曲线图像）关于 $x=\mu$ 对称。

（3）标准差 σ 越大，则图像峰值（峰值也就是概率最大值，即：峰值 $=f(x=\mu)$）越小。

这是样本服从单个分布的情况，对于 n 维样本空间 χ 中的随机向量 X_i，若 X_i 服从高斯分布，其概率密度函数为：

$$p(X)=\frac{1}{\sqrt{2\pi\Sigma}}\mathrm{e}^{-\frac{1}{2}(X-\mu)^T\Sigma^{-1}(X-\mu)} \qquad （式 5-13）$$

其中，μ 是 n 维均值向量，Σ 是 $n\times n$ 的协方差矩阵。一个混合高斯概率密度函数如图 5-3 所示。

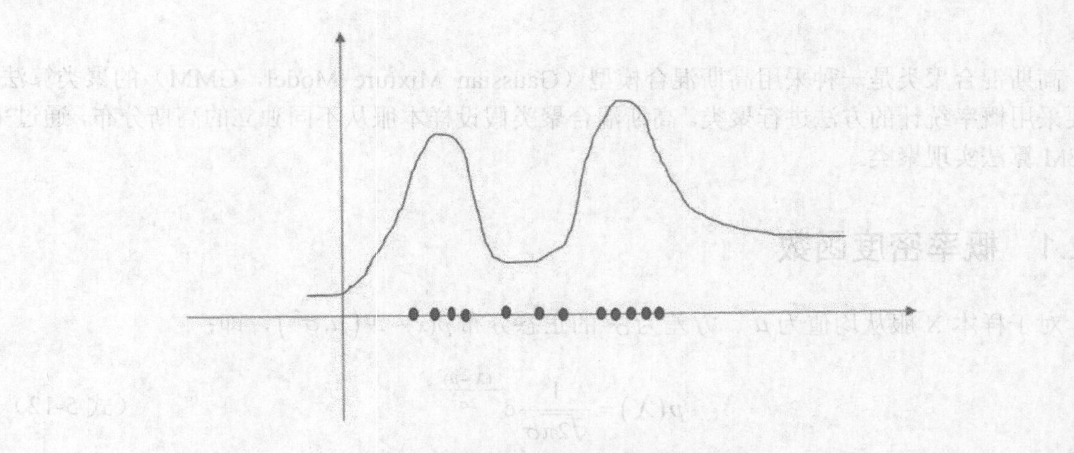

图 5-3　高斯分布的混合概率密度函数

提　示

高斯混合模型其实就是若干个单高斯混合模型的线性叠加，直观上看，高斯混合概率密度函数是由若干个单高斯概率密度函数组合而成。

5.2.2 高斯混合聚类算法推导过程

若这些数据是由服从若干个高斯分布的模型生成，根据 5.1.2 节公式 5-9 的推导过程，可得 EM 算法的 E 步：

$$\gamma_j^{(i)}=p(z^{(i)}=j\,|\,x^{(i)},\alpha,\mu,\Sigma) \qquad （式 5-14）$$

该公式的含义为：每个样本的隐含类别 $z^{(i)}$ 可通过各混合成分的后验概率得到。基于此求解 M 步，对公式 5-7 的最大似然估计：

$$f(\Theta,Z)=\sum_{i=1}^{n}\sum_{j=1}^{z}Q_i(Z_j)\ln\frac{p(X_i,Z_j|\Theta)}{Q_i(Z_j)}=\sum_{i=1}^{n}\sum_{j=1}^{z}Q_i(Z_j)\ln\frac{p(X_i,Z_j|\gamma,\mu,\Sigma)}{Q_i(Z_j)}$$

$$=\sum_{i=1}^{n}\sum_{j=1}^{z}Q_i(Z_j^{(i)})\ln\frac{p(X_i\mid Z_j^{(i)},\gamma,\mu,\Sigma)p(Z_j^{(i)}|\gamma,\mu,\Sigma)}{Q_i(Z_j^{(i)})}$$

$$=\sum_{i=1}^{n}\sum_{j=1}^{z}\gamma_j^{(i)}\ln\frac{\frac{1}{(2\pi)^{\frac{n}{2}}\left|\Sigma_j\right|}\exp(-\frac{1}{2}x^{(i)}-\mu_j)^T\Sigma_j^{-1}(-\frac{1}{2}x^{(i)}-\mu_j)\bullet\alpha_j}{\gamma_j^{(i)}} \quad \text{（式 5-15）}$$

固定参数α_j和Σ_j，对μ_j求导可得：

$$\frac{\partial f(\Theta,Z)}{\partial\mu_j}=\frac{1}{2}\sum_{i=1}^{n}\gamma_l^{(i)}(\Sigma_l^{-1}x^{(i)}-\Sigma_l^{-1}\mu_l) \quad \text{（式 5-16）}$$

令公式5-16为零，即得参数μ的更新公式$\mu_l=\frac{\sum_{i=1}^{n}\gamma_l^{(i)}x^{(i)}}{\sum_{i=1}^{n}\gamma_l^{(i)}}$。同理，固定参数$\mu_j$和$\alpha_j$、$\mu_j$和$\Sigma_j$，对$\Sigma_j$、$\alpha_j$求导，可分别得到参数$\Sigma_j$和$\alpha_j$的更新公式：

$$\Sigma_l=\frac{\sum_{i=1}^{n}\gamma_l^{(i)}(x^{(i)}-\mu^{(i)})^T(x^{(i)}-\mu^{(i)})}{\sum_{i=1}^{n}\gamma_l^{(i)}},\quad \alpha_l=\frac{\sum_{i=1}^{k}\gamma_l^{(i)}}{k} \quad \text{（式 5-17）}$$

5.2.3 高斯混合聚类算法思想

类似于单高斯模型，高斯混合分布定义如下：

$$p_M(X)=\sum_{i=1}^{k}\alpha_i p(X\mid\mu_i,\Sigma_i) \quad \text{（式 5-18）}$$

该公式表示该高斯分布由 k 个服从高斯分布的成分构成。其中，α_i是混合成分的系数，$\sum_{i=1}^{k}\alpha_i=1$且$\alpha_i>0$。μ_i和Σ_i分别是第 i 个高斯混合成分的均值和方差。

对于随机变量$X=\{X_1,X_2,X_3,..,X_m\}$来说，每个样本X_j属于$z_j=i$的概率可由贝叶斯定理获得，即隐变量z_j的后验概率为：

$$p_M(z_j=i\mid X_j)=\frac{P(z_j=i)p_M(X_j\mid z_j=i)}{p_M(X_j)}=\frac{\alpha_i p(X_j\mid\mu_i,\Sigma_i)}{\sum_{i=1}^{k}\alpha_i p(X\mid\mu_i,\Sigma_i)} \quad \text{（式 5-19）}$$

高斯混合聚类的算法描述如下：

输入样本集为$D=\{X_1,X_2,X_3,\ldots,X_m\}$，高斯混合成分个数为$k$。
步骤如下：

初始化高斯混合分布的各模型参数 k、α_i、μ_i 和 Σ_i。

while 迭代次数 *iter*<*MaxIter*
for j=1 to m do

根据公式 5-19 计算 X_j 由各混合成分生成的后验概率 p_M。

for i=1 to k do

计算并更新均值向量，即 $\mu_i=\frac{\sum_{j=1}^{m} r_{ji}x_j}{\sum_{j=1}^{m} r_{ji}}$。

计算并更新协方差矩阵，即 $\Sigma_i=\frac{\sum_{j=1}^{m} r_{ji}(x_j-\mu_i)(x_j-\mu_i)^T}{\sum_{j=1}^{m} r_{ji}}$。

计算并更新混合系数，即 $\alpha_i=\frac{\sum_{j=1}^{m} r_{ji}}{m}$。

令 C={}：

for j=1 to m do

根据公式 5-18 确定 X_j 所属的聚类标记 C_j。
将 X_j 划入相应的聚类 $C=C\cup\{X_j\}$。
输出：聚类划分 $C=\{C_1,C_2,C_3,\ldots,C_k\}$。

5.2.4 高斯混合聚类应用举例

【例 5-1】表 5-1 中所示，有 30 条西瓜数据，包括密度和含糖率，根据其特征将其相似的水果聚集为一类，并用散点图绘制最终的聚类结果。

表 5-1 西瓜数据的密度和含糖率

编号	密度	含糖率	编号	密度	含糖率	编号	密度	含糖率
1	0.697	0.460	11	0.245	0.057	21	0.748	0.232
2	0.774	0.376	12	0.343	0.099	22	0.714	0.346
3	0.634	0.264	13	0.639	0.161	23	0.483	0.312
4	0.608	0.318	14	0.657	0.198	24	0.478	0.437
5	0.556	0.215	15	0.360	0.370	25	0.525	0.369
6	0.403	0.237	16	0.593	0.042	26	0.751	0.489
7	0.481	0.149	17	0.719	0.103	27	0.532	0.472
8	0.437	0.211	18	0.359	0.188	28	0.473	0.376
9	0.666	0.091	19	0.339	0.241	29	0.725	0.445
10	0.243	0.267	20	0.282	0.257	30	0.446	0.459

【分析】

如何利用 EM 算法将所给西瓜数据具有相似特征的数据聚为一类，需要先确定数据中各变量分别是什么，包括隐变量，k、α_i、μ_i和Σ_i。这里的隐变量就是每条数据属于哪一类的概率，其他变量的取值可以随机设置。

初始时，设k=3，即有3个聚类，权值$\alpha_1=\alpha_2=\alpha_3=\frac{1}{3}$，选择第6、22、27条数据分别作为3个聚类的均值，即$\mu_1=(0.403,0.237)$、$\mu_2=(0.714,0.346)$、$\mu_3=(0.532,0.472)$，$\Sigma_1=\Sigma_2=\Sigma_3=\begin{pmatrix}0.1 & 0\\ 0 & 0.1\end{pmatrix}$。然后开始第一轮迭代，根据上述高斯混合模型计算出第1条数据分别属于聚类1、聚类2、聚类3的概率密度为0.726、1.56、1.134，其属于聚类1、聚类2、聚类3的后验概率分别是0.213、0.456、0.332，即E步。从而由后验概率更新均值、协方差和系数，即M步。

【算法实现】

1. 数据的加载

数据存储在EMData.xls文件中，通过open_workbook打开Excel文件，读取工作表中的数据到myData[]列表中。

```
    import os
    import xlrd
    input_file=u"EMData.xls"
    from xlrd import open_workbook
    workbook = open_workbook(input_file)
    #输出此工作簿中有多少个工作表 workbook.nsheets
    print('Number of worksheets: ', workbook.nsheets)
    #遍历工作簿中的每张工作表
    for worksheet in workbook.sheets():
        #分别输出每张工作表的名称、行数、列数
        print('Worksheet name: ', worksheet.name, '\tRows: ', worksheet.nrows,
'\tColumns: ', worksheet.ncols)
        for row_index in range(worksheet.nrows):
            for column_index in range(worksheet.ncols):
                    print(worksheet.cell_value(row_index,
column_index),end=' ')
            print()
    worksheet=workbook.sheet_by_index(0)
    print(worksheet)
    nrows=worksheet.nrows
    nclos=worksheet.ncols
    myData = [[0.0 for i in range(nclos)]for j in range(nrows)]
    print(len(myData))
    for row_index in range(nrows):
        myData[row_index][0] = worksheet.cell(row_index, 0).value
        myData[row_index][1]=worksheet.cell(row_index,1).value
        myData[row_index][2]=worksheet.cell(row_index,2).value
```

2. 数据的初始化

初始时，设 k=3，系数 a1=a2=a3=1/3，均值 u1= myData[5][1:3]、u2=myData[21][1:3]、u3=myData[26][1:3]，方差 sigma1=np.array([[0.1,0], [0,0.1]])、sigma2=np.array([[0.1,0],[0,0.1]])、sigma3=np.array([[0.1,0],[0,0.1]])，利用 multivariate_normal.pdf()可求出由聚类1、聚类2、聚类3生成的后验概率和属于各聚类的后验概率。

```
k=3
a1=1/3
a2=1/3
a3=1/3
a=[a1,a2,a3]
u1=myData[5][1:3]  #均值
u2=myData[21][1:3]
u3=myData[26][1:3]
u=[u1,u2,u3]
u=np.array(u)
sigma1=np.array([[0.1,0], [0,0.1]])  #协方差
sigma2=np.array([[0.1,0],[0,0.1]])
sigma3=np.array([[0.1,0],[0,0.1]])
sigma=np.vstack((sigma1,sigma2,sigma3))
i=1
p1=st.multivariate_normal.pdf(myData[i][1:3],u1,sigma1)
p2=st.multivariate_normal.pdf(myData[i][1:3],u2,sigma2)
p3=st.multivariate_normal.pdf(myData[i][1:3],u3,sigma3)
p=a1*p1+a2*p2+a3*p3
r11=a1*p1/p
r12=a2*p2/p
r13=a3*p3/p
print(r11,r12,r13)
```

3. E 步和 M 步

利用初始设置的系数、均值和方差求后验概率，并更新均值和方差，经过若干次迭代直至收敛，得到最终的均值和方差，以求出后验概率，从而完成聚类。

```
for it in range(50):
    for i in range(0,nrows):
        pp=0
        for j in range(0,k):
            print(x[i,:])
            p[i][j] = st.multivariate_normal.pdf(x[i, 0:2], u[j,0:2],
sigma[2*j:2*j+2,0:2])
            pp=pp+a[j]*p[i,j]
        for j in range(k):
            r[i,j]=a[j]*p[i,j]/pp
    #更新 a、u 和 sigma 的值
    for j in range(k):
        y=np.zeros([1,2])
        for i in range(nrows):
            y=y+r[i,j]*x[i,:]
        a[j]=np.sum(r[:,j])/nrows
        u[j,:]=y/np.sum(r[:,j])
    oo1 = np.zeros([2, 2])
    sigma = np.zeros([6, 2])
    for j in range(k):
        s1 = 0
        s2 = 0
        s3 = 0
        s4 = 0
        for i in range(nrows):
            s1 = s1 + r[i, j] * ((x[i, 0] - u[j, 0]) * (x[i, 0] - u[j, 0]))
```

```
            s2 = s2 + r[i, j] * ((x[i, 0] - u[j, 0]) * (x[i, 1] - u[j, 1]))
            s3 = s3 + r[i, j] * ((x[i, 1] - u[j, 1]) * (x[i, 0] - u[j, 0]))
            s4 = s4 + r[i, j] * ((x[i, 1] - u[j, 1]) * (x[i, 1] - u[j, 1]))
        oo1 = [[s1 / np.sum(r[:, j]), s2 / np.sum(r[:, j])],[s3 / np.sum(r[:,
j]), s4 / np.sum(r[:, j])]]
        set_segama(sigma,j,oo1)
    ones=np.ones(30)
    x=np.c_[x,ones]
    idx=np.ones(nrows)
    for i in range(nrows):
        max,index=get_max_index(r[i,:])
        print(max,index)
        idx[i]=index
    for i in range(nrows):
        x[i,2]=idx[i]
```

4. 绘图

根据聚类结果标签绘制散点图，算法实现如下：

```
d=dict(x=x[:,0], y=x[:,1], label=labels)
df=pd.DataFrame(d)
groups = df.groupby('label')
markers = ['x', 'o', '^']
fig, ax = plt.subplots()
ax.margins(0.05)
for (name, group), marker in zip(groups, cycle(markers)):
    ax.plot(group.x, group.y, marker=marker, linestyle='', ms=12, label=name)
ax.legend()
plt.show()
```

分别经过迭代50次和100次后，程序运行结果如图5-4所示。

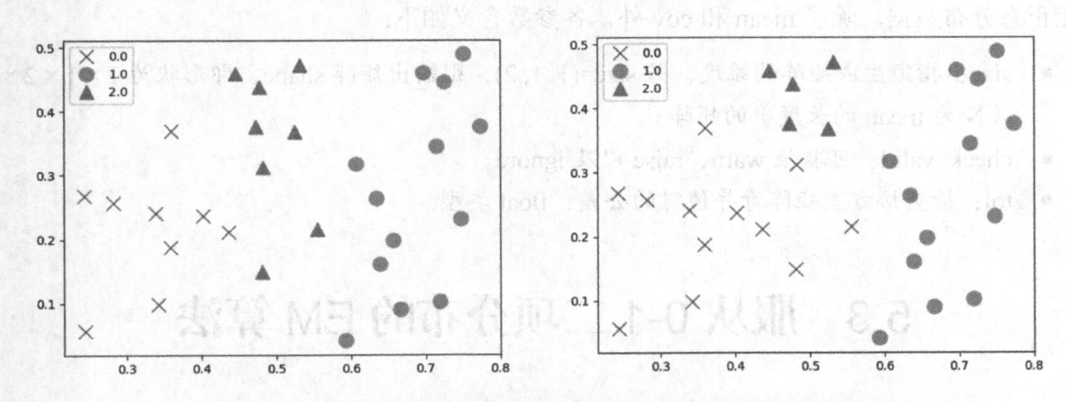

图5-4　利用EM算法对西瓜数据集进行聚类的散点图（迭代50次和100次）

在此程序中，主要用到了多元正态分布函数multivariate_normal.pdf(x, mean=None, cov=1)，其主要功能是根据给定的均值和方差求解样本的概率密度。

函数原型：pdf(x, mean=None, cov=1)。

- mean：均值，维度为1，必选参数。
- cov：协方差矩阵，必选参数。

例如，下面代码是利用 st.multivariate_normal.pdf()函数生成概率密度并绘制概率密度图。

```
import numpy as np
import matplotlib.pyplot as plt
import scipy.stats as st
x = np.linspace(0, 10, 20, endpoint=False)                    #样本
y = st.multivariate_normal.pdf(x, mean=5, cov=1)              #样本的概率密度函数
plt.plot(x, y)
plt.show()
```

绘制的概率密度图如图 5-5 所示。

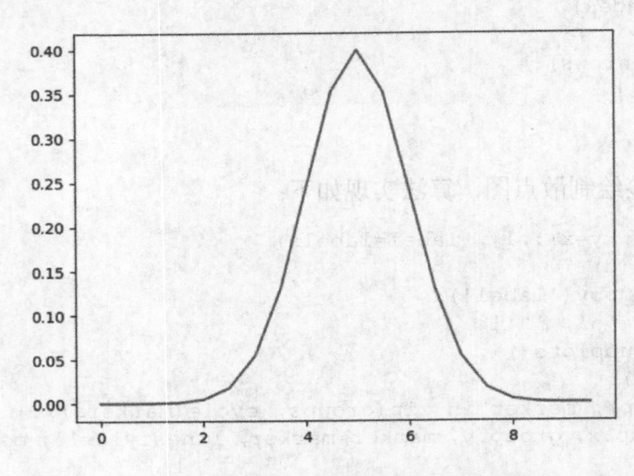

图 5-5 利用多元概率密度函数绘制的概率密度图

此外，multivariate_normal(mean, cov, size=None, check_valid=None, tol=None)可用于生成多元正态分布数据。除了 mean 和 cov 外，各参数含义如下：

- size：指定生成矩阵的维度，若 size=(1, 1, 2)，则输出矩阵 shape，即形状为 $1\times1\times2\times N$（N 为 mean 的长度）的矩阵。
- check_valid：可取值 warn、raise 以及 ignore。
- tol：检查协方差矩阵奇异值时的公差，float 类型。

5.3 服从 0-1 二项分布的 EM 算法

下面通过具体应用案例说明 EM 算法在 0-1 分布问题中的应用。

假设有两枚硬币 A 和 B，每次随机选择其中一枚硬币进行抛掷，且抛掷后正面朝上的概率分别是 P_A 和 P_B，假设初始时 P_A=0.7、P_B=0.2，按照该游戏规则，随机产生 10 轮游戏数据，利用 EM 算法模拟游戏产生数据的过程和结果。

5.3.1 服从0-1二项分布的EM算法思想

根据最大似然法求：

$$\ell(\Theta)=\sum_{i=1}^{n}p(X) \quad \text{（式 5-20）}$$

若要求抛掷硬币的正面和背面概率，对于 X_i={H, H, T, H, H, T, H, H, T, H}，由于不知道选择的是硬币A还是硬币B，则根据全概率公式继续将 $p(X)$分解：

$$\ell(\Theta)=\sum_{i=1}^{n}p(X)=\sum_{i=1}^{n}\sum_{j=1}^{m}p(X_i\,|\,Z_j)p(Z_j) \quad \text{（式 5-21）}$$

其中，m 的取值为2，表示隐变量 Z_j 的取值有两个：Z_j=1表示选择的是硬币A，Z_j=2表示选择的是硬币B。$P(X_i\,|\,Z_j)$表示在确定是硬币A或B的情况下硬币A或B的概率分布。求解$P(Z_j)$、$P(X_i\,|\,Z_j)$依赖于参数Θ，因此这些参数也通常记作$P_\Theta(Z_j)$、$P_\Theta(X_i\,|\,Z_j)$，接下来利用最大似然函数和Jensen不等式求解参数Θ。

对公式5-21求对数，并求其最大似然函数：

$$\ln\ell(\Theta,Z)=\sum_{i=1}^{n}\ln\sum_{j=1}^{m}p(X_i\,|\,Z_j)p(Z_j)=\sum_{i=1}^{n}\ln\sum_{j=1}^{m}p(X_i,Z_j) \quad \text{（式 5-22）}$$

接下来就是利用最大似然法求公式5-22获得最大值时的参数Θ，而Z_j是一个隐含的随机变量；$p(X_i\,|\,Z_j)$表示当选择硬币A或B后，随机变量 X_i 出现的概率。根据5.1.2节EM算法的推导过程，结合Jensen不等式，得到目标函数：

$$E(\ln\ell(\Theta))=f(\Theta,Z)=\sum_{i=1}^{n}\sum_{j=1}^{m}Q_i(Z_j)\ln\frac{p(X_i,Z_j)}{Q_i(Z_j)} \quad \text{（式 5-23）}$$

对$f(\Theta)$求导，利用最大似然法可以得到参数$\Theta^{(t+1)}$，求导取其中最大值的过程就对应于EM算法的M步骤：

$$\Theta_k^{(t+1)}=\frac{\sum_{i=1}^{n}Q_i(Z_k)n_i}{\sum_{i=1}^{n}Q_i(Z_k)m} \quad \text{（式 5-24）}$$

具体到0-1二项分布，选择硬币A和B的概率分布$Q_i(Z_j)$为：

$$Q_i(Z_k)=\frac{\Theta_{t,k}^{n_i}(1-\Theta_{t,k})^{m-n_i}}{\sum_{j=1}^{m}\Theta_{t,j}^{n_i}(1-\Theta_{t,j})^{m-n_i}} \quad \text{（式 5-25）}$$

对于 X_i={H, H, T, H, H, T, H, H, T, H}，设正面朝上的概率为0.7，若该轮抛掷硬币选择硬币A且正面朝上的概率为$p(X_i\,|\,Z_j)=C_{10}^{7}(0.7)^7*(0.3)^3$，同样对于硬币B有$p(X_i\,|\,Z_j)=C_{10}^{7}(0.2)^7*(0.8)^3$。

5.3.2 服从 0-1 二项分布的 EM 算法过程模拟

抛掷 10 轮硬币的正面朝上和背面朝上的情况如图 5-6 所示。

		硬币A	硬币B
第1轮抛掷	H H T H H T H H T H	7H 3T	
第2轮抛掷	T H T T H H T T T H		4H 6T
第3轮抛掷	T T H H T H T H T T		4H 6T
第4轮抛掷	H T H H T H T H T T	5H 5T	
第5轮抛掷	H H H T H H T H H H		8H 2T
第6轮抛掷	T H H T T H T H H T		5H 5T
第7轮抛掷	H T H H T H H T H H	7H 3T	
第8轮抛掷	H T T T H T T H T T		4H 6T
第9轮抛掷	H H H T H T H H H H	8H 2T	
第10轮抛掷	T T T H T T H H T T		3H 7T
	总次数	27H 13T	28H 32T

$\theta_A=\frac{27}{27+13}$ $1-\theta_A=\frac{13}{27+13}$

$\theta_B=\frac{28}{28+32}$ $1-\theta_B=\frac{32}{28+32}$

图 5-6 抛掷 10 轮硬币的情况

若抛掷硬币时，不知道选择的是哪个硬币，就需要利用 EM 算法，而每次抛掷硬币的概率就是隐变量。使用 EM 算法求解基本过程如下：

（1）设两枚硬币 A 和 B 正面朝上的初始概率值：$\theta_A=0.7$，$\theta_B=0.2$。

（2）E 步：估计每组实验选择的是硬币 A 的概率 P_A，选择硬币 B 的概率为 $P_B=1-P_A$。分别计算每组实验中，选择 A 硬币且正面朝上次数的期望值 E_A 和选择 B 硬币且正面朝上次数的期望值 E_B。

（3）M 步：利用 10 组实验求得的期望值重新计算并更新 θ_A 和 θ_B。

（4）重复执行第（2）和（3）步，直到算法收敛到一定精度或迭代到一定次数，算法结束。

现根据以上 EM 算法过程模拟求解参数 E_A、E_B、θ_A 和 θ_B，具体过程如下：

（1）第一轮抛掷硬币时，设初始概率值 $\theta_A=0.7$ 和 $\theta_B=0.2$。

（2）根据抛掷硬币正面朝上和背面朝上出现的次数 X_i={H, H, T, H, H, T, H, H, T, H}，可得选择硬币 A 的投掷结果概率 $P(\text{选择硬币A, 抛掷结果}\,|\,\Theta)=C_{10}^{7}(0.7)^7(0.3)^3\approx 0.267$，选择硬币 B 的抛掷结果概率 $P(\text{选择硬币B, 抛掷结果}\,|\,\Theta)=C_{10}^{7}(0.2)^7(0.8)^3\approx 0.000786$，则根据贝叶斯定理，选择硬币 A 投掷的概率为：

$$\mathrm{P}(\text{选择硬币A抛掷}\,|\,\Theta)=\frac{P(\text{选择硬币A，抛掷结果}\,|\,\Theta)}{P(\text{选择硬币A, 抛掷结果}\,|\,\Theta)+P(\text{选择硬币B, 抛掷结果}\,|\,\Theta)}\approx 0.997$$

表示第一轮抛掷硬币时，选择硬币 A 的概率为 0.997，则选择硬币 B 进行抛掷的概率为 $\mathrm{P}(\text{选择硬币A抛掷}\,|\,\Theta)=1-P(\text{选择硬币A，抛掷结果}\,|\,\Theta)=0.003$。

(3)根据选择硬币A抛掷的概率及抛掷硬币的结果得到选择硬币A抛掷且正面朝上的期望次数：0.997*7=6.979，选择硬币A抛掷且背面朝上的期望次数：0.997*3=2.991。对于硬币B，选择硬币B抛掷且正面朝上的期望次数：0.003*7=0.021，选择硬币B抛掷且背面朝上的期望次数：0.003*3=0.009。

按以上步骤分别求剩下9轮选择硬币A和B进行抛掷且正面朝上和背面朝上的期望次数。经过10轮抛掷后硬币A和硬币B正面朝上和背面朝上的期望次数如表5-2所示。

表5-2 硬币A和硬币B正面朝上和背面朝上的期望次数

抛掷的次数	选择硬币A进行抛掷的概率	选择硬币B进行抛掷的概率	硬币A正面朝上的期望次数	硬币A背面朝上的期望次数	硬币B正面朝上的期望次数	硬币B背面朝上的期望次数
1	0.997	0.003	6.979	2.991	0.0021	0.009
2	0.294	0.706	1.178	1.767	2.822	4.233
3	0.294	0.706	1.178	1.767	2.822	4.233
4	0.796	0.204	3.979	3.979	1.021	1.021
5	0.999	0.001	7.997	1.999	0.0025	0.001
6	0.796	0.204	3.979	3.979	1.022	1.022
7	0.997	0.003	6.979	2.991	0.0206	0.009
8	0.294	0.706	1.178	1.767	2.822	4.233
9	0.999	0.001	7.997	1.999	0.0025	0.001
10	0.043	0.957	0.128	0.299	2.872	6.700

（4）根据硬币A正面朝上和背面朝上的期望次数可求出硬币A正面朝上新的概率值θ'_{A}，即：

$$\theta'_{\mathrm{A}} = \frac{\text{硬币A正面朝上的期望总次数}}{\text{硬币A正面朝上的期望总次数} + \text{硬币A背面朝上的期望总次数}}$$
$$= \frac{41.572}{41.572 + 23.538} \approx 0.638$$

同理，可得硬币B正面朝上新的概率值$\theta'_{\mathrm{B}} = \dfrac{13.427}{13.427 + 21.462} \approx 0.385$，并更新原来的$\theta_{\mathrm{A}}$和$\theta_{\mathrm{B}}$。

重复执行第（2）~（4）步至新的概率值收敛，即可得到硬币A和硬币B正面朝上的概率。

根据以上分析过程，求解选择硬币A和B的正面朝上的概率EM算法过程如图5-7所示。

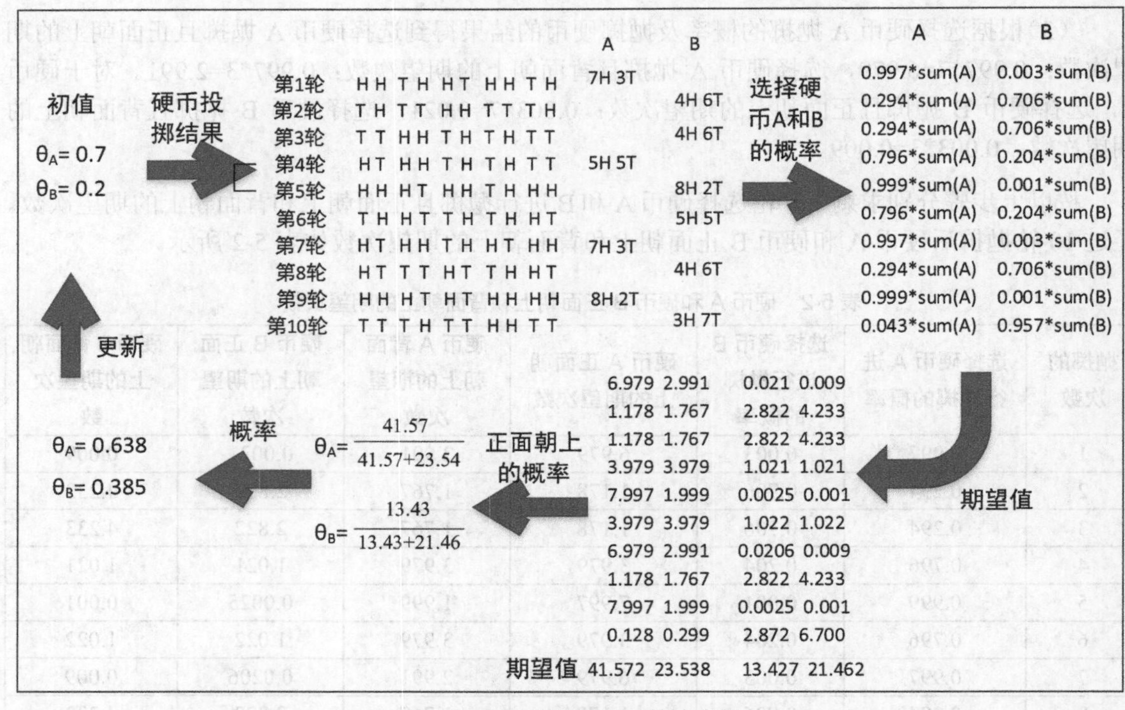

图 5-7 抛掷硬币的 EM 算法流程

5.3.3 服从 0-1 二项分布的 EM 算法实现

根据上一小节抛掷硬币的过程分析及模拟，即可写出抛掷硬币的模拟算法实现。

```
from numpy import *
from scipy import stats
def em(obs_set, prior, eps=1e-6, iters=10000):
    """
    EM 算法参数：
    obs_set ：观测数据集
    prior：先验概率
    eps：精度阈值
    iters：最大迭代次数
    """
    iter = 0
    while iter < iters:
        now_prior = em_01(prior, obs_set)
        delta_increment = abs(prior[0] - now_prior[0])
        if delta_increment < eps:
            break
        else:
            prior = now_prior
            iter += 1
    return [now_prior, iter]

def em_01(priors, obs_set):
    """
```

```
    EM算法一次迭代过程
    """
    expection = {'A': {'H': 0, 'T': 0}, 'B': {'H': 0, 'T': 0}}
    theta_A = priors[0]
    theta_B = priors[1]
    #E步
    for obs in obs_set:
        num = len(obs)
        num_A = obs.sum()
        num_B = num - num_A
        print(num,num_A,num_B)
        #二项分布求解公式
        p_A = stats.binom.pmf(num_A, num, theta_A)
        p_B = stats.binom.pmf(num_A, num, theta_B)
        print("PA=",p_A,"PB=",p_B)
        w_A = p_A / (p_A + p_B)
        w_B = p_B / (p_A + p_B)
        print("weight_A=", w_A, "weightB=", w_B)
        #更新A、B硬币正反面出现的次数
        expection['A']['H'] += w_A * num_A
        expection['A']['T'] += w_A * num_B
        expection['B']['H'] += w_B * num_A
        expection['B']['T'] += w_B * num_B
    #M步
    new_theta_A = expection['A']['H'] / (expection['A']['H'] +
expection['A']['T'])
    new_theta_B = expection['B']['H'] / (expection['B']['H'] +
expection['B']['T'])
    return [new_theta_A, new_theta_B]

#硬币抛掷结果
obs_set = array([[1, 1, 0, 1, 1, 0, 1, 1, 0, 1],
                 [0, 1, 0, 0, 1, 1, 0, 0, 0, 1],
                 [0, 0, 1, 1, 0, 1, 0, 1, 0, 0],
                 [1, 0, 1, 1, 0, 1, 0, 1, 0, 0],
                 [1, 1, 1, 0, 1, 1, 0, 1, 1, 1],
                 [0, 1, 1, 0, 0, 1, 0, 1, 1, 0],
                 [1, 0, 1, 1, 0, 1, 1, 0, 1, 1],
                 [1, 0, 0, 0, 1, 0, 0, 1, 1, 0],
                 [1, 1, 1, 0, 1, 0, 1, 1, 1, 1],
                 [0, 0, 0, 1, 0, 0, 1, 1, 0, 0]])
print(em(obs_set, [0.7, 0.2]))
```

程序运行结果如下：

```
[[0.6576119893531325, 0.4494705227493747], 21]
```

由结果表明经过21次迭代后，硬币A和硬币B正面朝上的概率分别趋于0.6576和0.4495。

思政元素

在利用 EM 算法求解某些问题时，存在一些未知的参数需要设置，在此基础上不断训练估计这些未知参数，最终使参数趋于真实值并求解出问题。在实际科学研究过程中，当某些条件不具备时，可以克服困难，创造条件迎难而上，这正是创新精神的体现。像我国著名数学家刘徽在当时的条件下，通过不断探索，发现了圆周率，并创造出割圆术，得出圆周率的近似值。祖冲之在此基础上，对圆周率不断求精，领先了西方 1000 年。我国在 20 世纪 60 年代，在经济十分困难的情况下，克服种种困难，成功研制出第一枚导弹。Jensen 不等式的发现、电阻的发现、哥德巴赫猜想等，这些科学发现无不是建立在各种假设的基础上的，也正体现出科学精神中的创造和探索精神。

5.4 本章小结

EM 算法属于自收敛的分类算法，需要事先初始化模型参数Θ，能可靠地找到最优的收敛值。只要给定一些训练数据，再定义一个最大化函数，采用 EM 算法，利用计算机经过若干次迭代，就可以得到所需的模型。缺点是对初始值敏感，而参数Θ的选择直接影响收敛效率以及能否得到全局最优解，当所要优化的函数不是凸函数时，EM 算法容易给出局部最佳解，而不是最优解。EM 算法运行非常慢，当只有一小部分丢失的数据并且数据的维数不是太大的时候，它是最有效的。维度越高，E 步越慢；对于维数较大的数据，E 步在接近局部最大值时运行非常慢。

EM 算法可用于 0-1 二项分布、隐马尔可夫模型、高斯混合聚类等问题。

5.5 习　题

一、选择题

1. EM 算法中的 E 和 M 分别指的是（　）。

   A. Exception 和 Maximum　　B. Expection 和 Maximum
   C. Extra 和 Minmum　　D. Extra 和 Maximum

2. 关于 EM 算法的主要思想，以下描述不正确的是（　）。

   A. 通过建立对数似然函数求解隐变量 Z 的期望，并寻找最大化期望似然情况下的参数
   B. EM 算法不依赖于初始参数值
   C. EM 算法是一种迭代优化算法
   D. EM 算法需要事先初始化模型参数

3. EM 算法思想可以应用于（　）。

   A. 0-1 二项分布　　B. 高斯混合聚类
   C. 隐马尔可夫模型　　D. 学习贝叶斯网络的概率

E. 以上均可

4. 在GMM算法中，聚类结果与以下哪些参数有关（　　）。

A. k的取值　　B. 每个(μ_1,σ_1^2)的取值

C. 数据的分布　　D. 以上都有关

二、简答题

1. 现在一个班里有50个男生，50个女生，且男生站左侧，女生站右侧。假定男生的身高服从正态分布(μ_1,σ_1^2)，女生的身高则服从另一个正态分布(μ_2,σ_2^2)。这时候我们可以用极大似然法（MLE），分别通过这50个男生和50个女生的样本来估计这两个正态分布的参数。但现在我们让情况复杂一点，就是这50个男生和50个女生混在一起了。我们拥有100个人的身高数据，却不知道这100个人每一个是男生还是女生。试利用EM算法建立求男生和女生身高均值的算法模型。

2. 利用GMM算法和K-means算法的区别是什么？各自有什么优势？

3. 对于基于二项分布的EM算法来说，请说明为什么求解E步就可以得到最优解。

第6章

支持向量机

支持向量机（Support Vector Machine，SVM）是一种经典的二分类算法，属于监督学习算法，还被推广应用于解决多分类问题和回归问题。其基本思想是：训练阶段在特征空间中寻找一个超平面，它能将训练样本中的正例和负例分到两侧，以该超平面为决策面判断输入样例的类别。在集成算法和神经网络风靡之前，SVM 基本上是最好的分类算法，即使在今天，它依然占有较高的地位。支持向量机算法已经被广泛应用于文本挖掘、手写数字识别、人脸识别、个性化推荐等领域。

6.1　SVM 简介

支持向量机是 Cortes 和 Vapnik 于 1995 年提出的一种基于统计学习的二分类模型。它是一种监督学习方法，在学习过程中通过最大化分类间隔使得结构风险最小化。支持向量机的目的是寻找一个超平面来对样本进行分割，分割的原则是使两类样本之间的间隔最大化，最终会转化为一个凸二次规划问题来求解。

例如，图 6-1 所示是两类线性可分的样本数据分布及划分的示例。图中的线段就是对样本分隔的超平面。

根据样本分类的复杂情况，SVM 模型可大致分为两类：线性可分的支持向量机和非线性可分的支持向量机。根据样本分类错误容忍度，线性支持向量机还可分为硬间隔最大化的支持向量机和软间隔最大化的支持向量机。

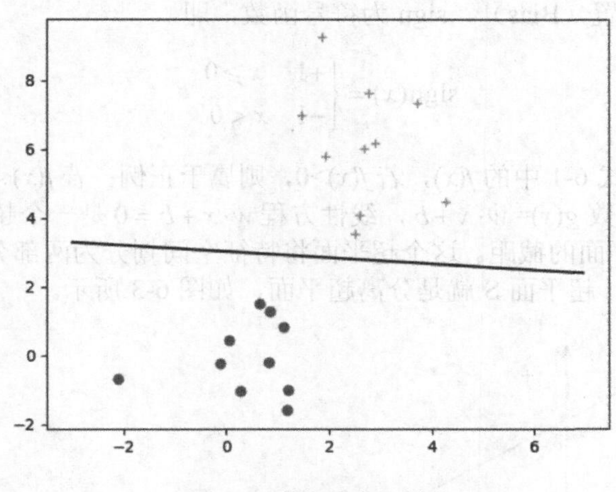

图 6-1　数据分布及划分

从图 6-2 可以看出，能将不同样本分开的超平面有很多，但只有一条超平面位于两类样本的“正”中间，这个超平面通常用一个方程 $d(X)=0$ 来表示，$d(X)$被称为判决函数或决策函数。

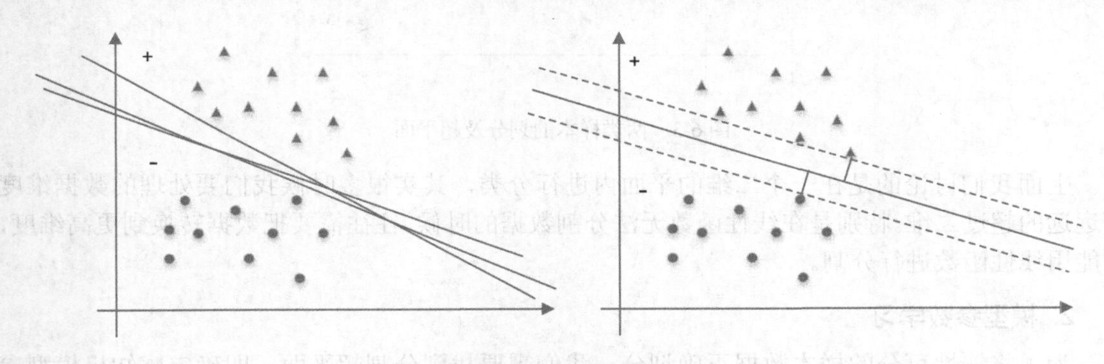

图 6-2　两类样本的划分超平面

6.1.1　线性可分与感知机

在最简单的情况下，训练数据可以由一个分离超平面分开，即正例全部位于超平面的一侧，负例位于超平面的另一侧，则称这些数据是线性可分的。在二维空间中，两类样本点被一条直线完全分开；在三维空间中，两类样本点被一个平面分开，以此类推，将两类样本点划分的直线或平面称为超平面。

1. 感知机模型

假设输入样本空间 $X \subseteq R^n$，输出空间是 $Y=\{+1,-1\}$，输入样本 $x \in X$ 表示样本的特征向量，即输入空间的样本点；输出 $y \in Y$ 表示样本的类别。从输入样本空间到输出样本空间的函数可表示为：

$$f(x) = \text{sign}(w \cdot x + b) \quad \text{（式 6-1）}$$

该函数称为感知机（Perceptron），其中，$w \in R^n$ 称为权值（Weight）或权值向量（Weight

Vector），$b \in R$ 称为偏置（Bias），sign 为符号函数，即

$$\text{sign}(x)=\begin{cases}+1 & x\geqslant 0\\ -1 & x<0\end{cases} \quad \text{（式 6-2）}$$

将某一样本代入公式 6-1 中的 $f(x)$，若 $f(x)>0$，则属于正例；若 $f(x)<0$，则属于负例。在特征空间 R^n 中，令判决函数 $g(x)=w\cdot x+b$，线性方程 $w\cdot x+b=0$ 是一个超平面 S，其中 w 是超平面的法向量，b 是超平面的截距。这个超平面将特征空间划分为两部分，这两部分的样本点分别被分成正、负两例，超平面 S 就是分离超平面，如图 6-3 所示。

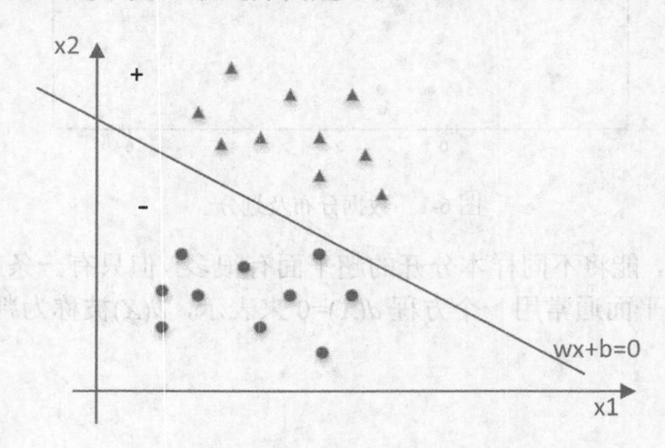

图 6-3　两类样本的划分及超平面

上面我们讨论的是在一个二维的平面内进行分类，其实很多时候我们要处理的数据维度都远远的超过二维。特别是在线性函数无法分割数据的时候，往往需要把数据转换到更高维度，才能用线性函数进行分割。

2. 模型参数学习

为了将线性可分的样本数据正确划分，我们需要找到分割超平面，即确定感知机模型参数 w 和 b，这需要制定一个学习策略，即定义损失函数并将损失函数极小化。

首先考虑误分样本总数，但因其不是参数 w 和 b 的连续可导函数，不容易优化，因此我们选择误分样本点到超平面 S 的总距离作为优化函数。

我们知道任意一点(x, y)到直线 $Ax+By+C=0$ 的距离为 $\frac{|Ax+By+C|}{\sqrt{A^2+B^2}}$，因此二维样本点$(x, y)$到线性方程 $w^Tx+b=0$ 的距离为 $\frac{|w^Tx+b|}{\|w\|_2}$，其中，$\|w\|_2=\sqrt[2]{w_1^2+w_2^2+\ldots+w_n^2}$。

对于误分样本点(x_i,y_i)，当 $w^Tx_i+b>0$ 时，有 $y_i=-1$；当 $w^Tx_i+b<0$ 时，有 $y_i=1$。因此 $-y_i(w^Tx_i+b)>0$，于是误分样本点到超平面 S 的距离为：

$$-\frac{1}{\|w\|_2}y_i(w^Tx_i+b) \quad \text{（式 6-3）}$$

若超平面 S 的误分样本点个数为 N，则误分样本点到超平面 S 的总距离为：

$$-\frac{1}{\|w\|_2}\sum_{i=1}^{N} y_i(w^T x_i + b) \quad（式 6-4）$$

因为$\|w\|_2$不会影响到极小化结果，因此，忽略$\frac{1}{\|w\|_2}$就可得到感知机学习的损失函数：

$$\text{Loss}(w,b) = -\frac{1}{\|w\|_2}\sum_{i=1}^{N} y_i(w^T x_i + b) \quad（式 6-5）$$

采用随机梯度下降法（Stochastic Gradient Descent，SGD）学习参数 w 和 b：

$$\frac{\partial \text{Loss}(w,b)}{\partial w} = -\sum_{i=1}^{N} y_i x_i \quad（式 6-6）$$

$$\frac{\partial \text{Loss}(w,b)}{\partial b} = -\sum_{i=1}^{N} y_i \quad（式 6-7）$$

于是得到参数 w 和 b 的迭代更新公式：

$$w \leftarrow w - \eta\frac{\partial \text{Loss}(w,b)}{w} = w + \eta y_i x_i \quad（式 6-8）$$

$$b \leftarrow b - \eta\frac{\partial \text{Loss}(w,b)}{b} = b + \eta y_i \quad（式 6-9）$$

对两类线性可分的数据，感知机算法描述如下：

输入：训练数据集 $D=\{(x_1,y_1),(x_2,y_2),\ldots,(x_N,y_N)\}$、迭代次数、学习率$\eta$，其中：$x \in X$，$Y=\{+1,-1\}$。

过程：

（1）初始化参数：$w=(0,0,...,0)^T$，$b=0$。

（2）对于 $j=1,2,\ldots,N$，当 $X=\{(x_i,y_i) \mid y_i(w \cdot x_i + b) \leqslant 0\}$ 为空集，即没有误分样本点，则结束循环，否则转到第（3）步执行。

（3）任意取 X 中的样本点(x_i,y_i)更新参数。

输出：感知机模型参数 w 和 b，并利用 $f(x)=\text{sign}(w \cdot x_i + b)$ 计算分类的准确率。

3. 感知机算法实现

对于二维数据，其感知机算法实现如下：

```
while True:
    flag = True  #标记是否存在误分类样本
    for i in range(len(x_train)):  #遍历训练样本
        xi = x_train[i]
        yi = y_train[i]
        #判断 yi * (wx + b) <= 0
        if yi * (np.inner(self.w, xi) + self.b) <= 0: #若存在误分类样本
            flag = False  #将 flag 标记为 False
```

```
                #更新 w 和 b 的值
                self.w += self.rate * np.dot(xi, yi)
                self.b += self.rate * yi
    if flag:
        break
    #输出 w 和 b
    print('w = ' + str(self.w) + ', b = ' + str(self.b))
```

利用以上感知机算法对样本进行分类，其散点图及分类结果如图 6-4 所示。

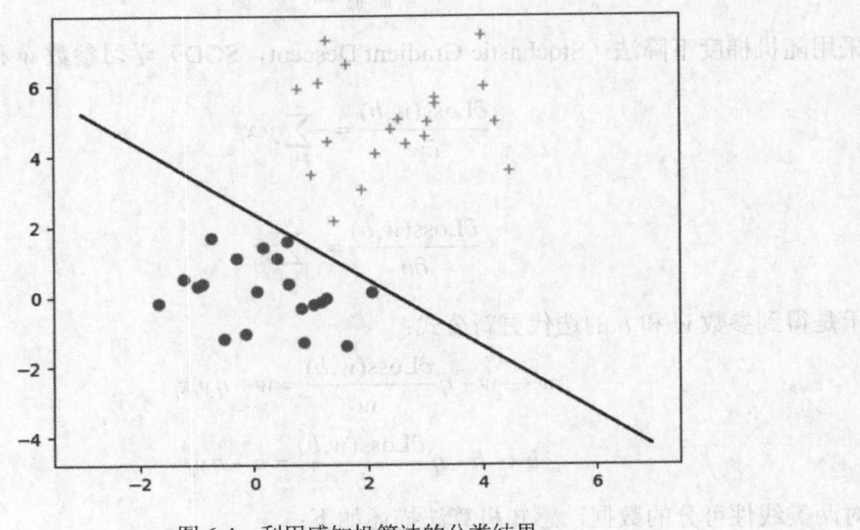

图 6-4　利用感知机算法的分类结果

6.1.2　间隔最大化及线性 SVM

感知机虽然能解决线性可分数据集的分类问题，但由于它对分类的容忍性较好，只要求对训练样本正确分类，可能会导致测试样本会被误分的情况，也就是泛化能力不强。为了使训练出的模型具有更强的泛化能力，即使分隔超平面更具鲁棒性，SVM 对感知机进行了改进，下面我们来分析如何找出最佳超平面，即构造最大间隔超平面模型，并学习参数 w 和 b。

1. 间隔最大化

在对样本数据分类时，超平面离数据点的间隔越大，产生误差的可能性就会越小，也就是分类的确信度越大。因此，为了使分类的确信度尽可能高，需要让选择的超平面尽可能地最大化这个间隔。以最大间隔把两类样本分开的超平面，称之为最大间隔超平面。分类问题中的最大间隔、支持向量表示如图 6-5 所示。

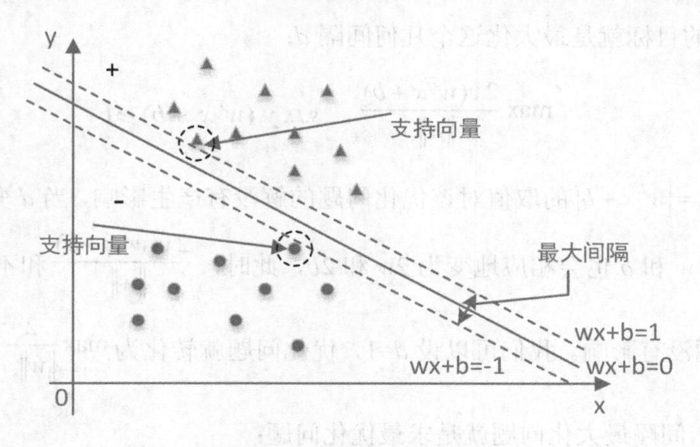

图 6-5　SVM 中的最大间隔

支持向量就是离最大间隔超平面最近的样本点，根据前面得到的支持向量到超平面的距离为$d=\frac{|w^T x+b|}{\|w\|_2}$，则其他样本点到超平面的距离大于 d，于是有以下公式：

$$\begin{cases}\frac{w^T x+b}{\|w\|_2}\geqslant d, & y=1\\ \frac{w^T x+b}{\|w\|_2}\leqslant -d, & y=-1\end{cases}\tag{式 6-10}$$

将上式进行变换，进而有：

$$\begin{cases}\frac{w^T x+b}{\|w\|_2\, d}\geqslant 1, & y=1\\ \frac{w^T x+b}{\|w\|_2\, d}\leqslant -1, & y=-1\end{cases}\tag{式 6-11}$$

其中，$\|w\|_2\, d$ 为正数，为方便推导，假设$\|w\|_2\, d$ 的值为 1，有：

$$\begin{cases}w^T x+b\geqslant 1, & y=1\\ w^T x+b\leqslant -1, & y=-1\end{cases}\tag{式 6-12}$$

将上式合并，可得：

$$y(w^T x+b)\geqslant 1\tag{式 6-13}$$

从而有 $y(w^T x+b)=|w^T x+b|$，由于支持向量到超平面的距离为 $d=\frac{|w^T x+b|}{\|w\|_2}$，因此有 $y(w^T x+b)=|w^T x+b|$，从而得到几何间隔：

$$d=\frac{y(w^T x+b)}{\|w\|_2}\tag{式 6-14}$$

SVM算法的目标就是最大化这个几何间隔 d：

$$\max \frac{2y(w^T x+b)}{\|w\|_2}, \quad s.t., y_i(w^T x_i+b) \geqslant 1 \tag{式 6-15}$$

函数间隔 $d=\left|w^T x+b\right|$ 的取值对该优化问题的解没有产生影响，当 d 变为 $2d$ 时，在超平面不变的情况下，w 和 b 也会相应地变为 $2w$ 和 $2b$，此时，$\frac{2y(w^T x+b)}{\|w\|_2}$ 和不等式约束都没有变，因此对优化问题没有影响。我们可以设 d=1，优化问题就转化为 $\max \frac{2}{\|w\|_2}$，即 $\min \frac{\|w\|_2}{2}$，也就是最小化 $\frac{\|w\|_2^2}{2}$，间隔最大化问题就是求最优化问题：

$$\min \frac{\|w\|_2^2}{2}, s.t., y_i(w^T x_i+b) \geqslant 1 \tag{式 6-16}$$

2. 对偶问题

这是一个凸二次规划问题，不容易求解，可用拉格朗日乘子法对其对偶问题进行求解。对上面的公式构造拉格朗日函数：

$$L(w,b,\lambda)=\frac{\|w\|_2^2}{2}-\sum_{i=1}^{N} \lambda_i(y_i(w^T x_i+b)-1) \tag{式 6-17}$$

其中，$\lambda_i \geqslant 0$。原问题与对偶问题有相同的解：

$$\min_{w,b} \max_{\lambda} L(w,b,\lambda) \Leftrightarrow \max_{\lambda} \min_{w,b} L(w,b,\lambda) \tag{式 6-18}$$

先固定拉格朗日乘子 λ，调整 w 和 b，使拉格朗日函数取最小值。

$$\frac{\partial L}{\partial w}=w-\sum_{i=1}^{N} \lambda_i y_i x_i=0 \tag{式 6-19}$$

$$\frac{\partial L}{\partial b}=\sum_{i=1}^{N} \lambda_i y_i=0 \tag{式 6-20}$$

有：

$$w=\sum_{i=1}^{N} \lambda_i y_i x_i \tag{式 6-21}$$

$$\sum_{i=1}^{N} \lambda_i y_i=0 \tag{式 6-22}$$

将上式代入拉格朗日函数：

$$L(w,b,\lambda)=\frac{\|w\|_2^2}{2}-\sum_{i=1}^{N}\lambda_i(y_i(w^Tx_i+b)-1)$$

$$=-\frac{1}{2}(\sum_{i=1}^{N}\lambda_i y_i x_i)(\sum_{j=1}^{N}\lambda_j y_j x_j)+\sum_{i=1}^{N}\lambda_i \quad \text{（式 6-23）}$$

下面调整参数 λ，使目标函数取得最大值：

$$\max_{\lambda}(-\frac{1}{2}(\sum_{i=1}^{N}\lambda_i y_i x_i)(\sum_{j=1}^{N}\lambda_j y_j x_j)+\sum_{i=1}^{N}\lambda_i) \quad \text{（式 6-24）}$$

等价于最小化函数：

$$\min_{\lambda}(\frac{1}{2}(\sum_{i=1}^{N}\lambda_i y_i x_i)(\sum_{j=1}^{N}\lambda_j y_j x_j)-\sum_{i=1}^{N}\lambda_i) \quad \text{（式 6-25）}$$

约束条件为 $\lambda_i \geqslant 0$，且 $\sum_{i=1}^{N}\lambda_i y_i=0$。

这个二次规划规模与训练样本数成正比，在实际求解时会产生很大的开销。我们常用 SMO（Sequential Minimal Optimization，序列最小优化）算法求解。SMO 核心思想是每次只优化一个参数，固定其他参数，仅求当前这个优化参数的极值。

选取两个需要更新的参数 λ_i 和 λ_i，固定其他参数。于是有以下约束：

$$\lambda_i y_i+\lambda_j y_i=c,\lambda_i\geqslant 0,\lambda_j\geqslant 0 \quad \text{（式 6-26）}$$

其中，$c=-\sum_{k\neq i,j}\lambda_i y_i$，则得到 $\lambda_j=\frac{c-\lambda_i y_i}{y_j}$。这样就相当于把目标问题转化成了仅有一个约束条件 $\lambda_i\geqslant 0$ 的最优化问题，可以对优化目标的参数 λ_i 求偏导，令导数为零，从而求出变量值 λ_i，然后根据 λ_i 求出 λ_j，不断更新直至收敛。

下面来确定参数 b 的值。对任意的支持向量（x_s,y_s），有：

$$y_s(\sum_{i\in S}(\lambda_i y_i x_i^T x_s+b))=1 \quad \text{（式 6-27）}$$

其中，$S=\{i\mid\lambda_i>0,i=1,2,...,m\}$。

为了使训练的模型更具有鲁棒性，b 的取值可使用所有支持向量的平均值。两边都乘以 y_s，则 $y_s^2(\sum_{i\in S}(\lambda_i y_i x_i^T x_s+b))=y_s$，因为 $y_s^2=1$，故：

$$b=\frac{1}{|S|}\sum_{i\in S}(y_s-\sum_{i=1}^{N}\lambda_i y_i x_i^T x_s) \quad \text{（式 6-28）}$$

求出 w 和 b 后，就可以构造出最大分隔超平面 $w^Tx+b=0$，分类决策函数为 $f(x)$=sign($w\cdot x+b$)，sign(x)为阶跃函数：

$$\text{sign}(x)=\begin{cases}+1 & x>0\\ 0 & x=0\\ -1 & x<0\end{cases}$$ （式 6-29）

线性 SVM 算法描述如下：

输入：训练数据集 $D=\{(x_1,y_1),(x_2,y_2),\ldots,(x_N,y_N)\}$、迭代次数、惩罚因子 C、学习率 η，其中：$x\in X$，$y\in Y=\{+1,-1\}$。

过程：

（1）初始化参数：$w=(0,0,\ldots,0)^T$，b=0。

（2）对于 j=1,2,…,N：

① 计算误差向量 $e=(e_1,e_2,\ldots,e_N)^T$，其中 $e_i=1-y_i(w\cdot x_i+b)$。

② 取出误差最大的一项，即 $i=\arg\max_i e_i$。

③ 如果 $e_i\leqslant 0$，则退出循环；否则对该样本数据利用随机梯度下降算法进行优化：

$$w\leftarrow(1-\eta)w+\eta Cy_ix_i$$

$$b\leftarrow b+\eta Cy_i$$

输出：SVM 模型参数 w 和 b，并利用 $f(x)=\text{sign}(w\cdot x_i+b)$ 计算分类的准确率。

6.2 线性 SVM 算法实现

利用上面的线性 SVM 算法对样本进行线性分类，首先分别随机生成两类样本数据各 20 条，绘制散点图，算法实现代码如下：

```
#生成二维正态分布的样本数据
mu = np.array([3, 5])
Sigma = np.array([[1, 0], [0,2]])        #半正定矩阵
Q = np.linalg.cholesky(Sigma)            #Sigma = Q*Q^T
sigma=np.array([2,4])
x1 = np.random.normal(0,1,(20,2))

#绘制散点图
plt.plot(x1[:,0], x1[:,1], 'o')
x2 = np.dot(np.random.randn(20, 2), Q.T) + mu
plt.plot(x2[:,0], x2[:,1], '+')

y=[]
for i in range(len(x1)):
   y.append(1)
for i in range(len(x2)):
   y.append(-1)

x=[]
```

```
for i in range(len(x1)):
    x.append(x1[i])
for i in range(len(x2)):
    x.append(x2[i])

x_train=np.array(x)
y_train1=np.array(y)
y_p1 = np.ones(len(x)//2))[:,np.newaxis]
y_p2 = (np.ones(len(x)//2)*-1)[:,np.newaxis]
y_train=np.vstack((y_p1,y_p2))
w, b = train(x_train,y_train,10000000)
x = np.linspace(-8, 8 , 60)
y = (-w[0]/w[1]*x - b/w[1]).ravel()
for p in x_train[:20]:
    plt.scatter(p[0],p[1],color='darkturquoise',marker='o')
for p in x_train[20:]:
    plt.scatter(p[0], p[1], color='darkorange', marker='o')
plt.plot(x, y, color="g")
plt.show()
```

为了训练 SVM 算法中的 w 和 b 参数，可利用 cvxopt 模块库中的 solvers.qp 函数求解，其格式为 cvxopt.solvers.qp(P, q[, G, h[, A, b[, solver[, initvals]]]])。

二次规划问题的标准形式如下：

$$\min\frac{1}{2}x^T Px + q^T x \quad s.t. Gx \leqslant h \quad Ax = b \qquad \text{（式 6-30）}$$

其中，x 为所要求解的列向量。

任何二次规划问题都可以转化为上式的结构，在利用 cvxopt 求解问题时，需要首先将二次规划问题转换为以上结构形式，给出对应的 P、q、G、h、A、b。

若目标函数为求 max 值，可以通过乘以−1，将最大化问题转换为最小化问题。

$Gx \leqslant b$ 表示的是所有的不等式约束，同样，若存在诸如 $x \geqslant 0$ 的限制条件，也可以通过乘以−1 转换为≤的形式。

$Ax=b$ 表示所有的等式约束。

```
def train(X_train, y, C):
    #求 X_train 的内积
    m = []
    for i in range(X_train.shape[0]):
        m.append([])
        for j in range(X_train.shape[0]):
            m[i].append(np.inner(X_train[i], X_train[j]))
    m = np.array(m)

    #y 的内积
    r = np.inner(y, y)

   #定义凸优化 pq 方法
   p = matrix(r * m)  #目标函数
   q = matrix(np.ones(40) * -1)
   A = matrix(y.reshape(1, -1))  #定义等式约束
   b = matrix(0.)
   #定义不等式约束
```

```
    g = matrix(np.vstack((np.eye(40) * -1, np.eye(40))))
    h = matrix(np.vstack((np.zeros(len(y)).reshape(-1, 1),
                          np.ones(len(y)).reshape(-1, 1) * C)))

    #求解函数
    solution = solvers.qp(p, q, g, h, A, b)

    #获得拉格朗日系数 Lamda
    lamda = np.ravel(solution['x'])

    #获得最优参数 w 与 b
    w_pre = np.sum(lamda.reshape(-1, 1) * y * X_train, axis=0)
    b_pre = 0
    for i in range(X_train.shape[0]):
        b_pre += y[i] - np.sum(y * lamda.reshape(-1, 1) * np.inner(X_train, 
X_train[i].T).reshape(-1, 1))
    b_pre = b_best / X_train.shape[0]

  return w_pre, b_pre
```

训练出 w 和 b 后，利用 $f(x)=\text{sign}(w\cdot x_i+b)$ 得到样本的预测分类结果，然后与真实样本类别进行比较，即可得到模型的准确率。算法实现代码如下：

```
  def test(X_train, W, b):
     pre = np.sign(np.dot(X_train, W) + b)
     return pre

  pre=test(X_train, W, ,b)
  print("预测",pre)
  print("真实标签",y_train)
  accuracy=np.sum(pre == y_train1)/(len(y_train1))
  print('%.2f%%'%(100*accuracy))
```

算法运行结果如图 6-6 所示。

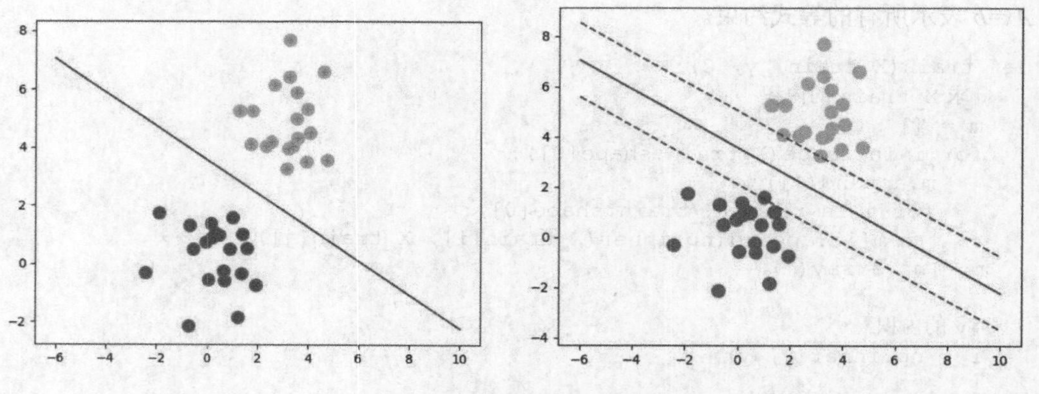

图 6-6　SVM 中的最大超平面

6.3 非线性 SVM 与核函数

前面我们讨论的训练样本是线性可分的，然而在现实生活中，还有很多数据是并不能通过一个划分超平面分开。

6.3.1 线性不可分

前面讨论的间隔最大化是建立在样本完全线性可分或者大部分样本线性可分的基础上，但我们可能会经常遇到样本线性不可分的情况。所谓线性不可分，是指用线性分类器进行划分时，存在一些样本会被误分类的情况。遇到这样的问题，我们可将样本数据从原始空间映射到一个更高维的特征空间，使得样本在这个特征空间内线性可分。例如，将原来二维空间的样本数据映射到合适的三维空间，就能找到一个合适的分隔超平面，如图 6-7 所示。

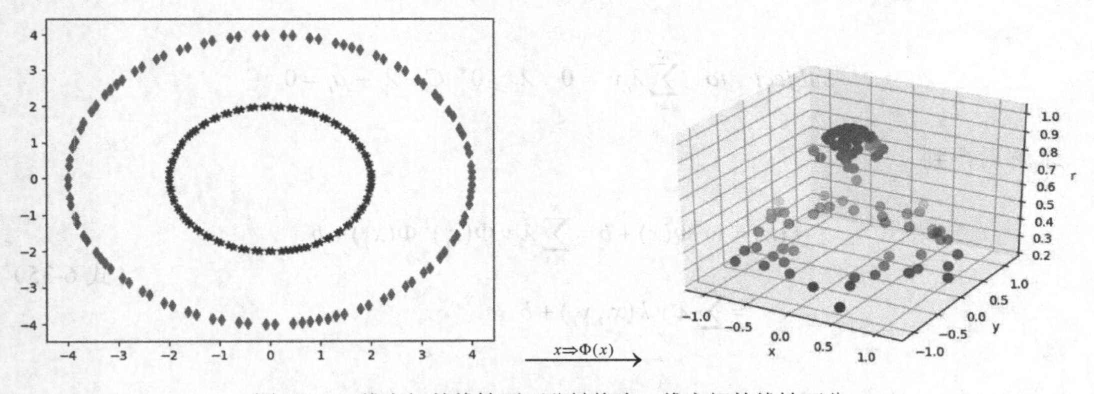

图 6-7 二维空间的线性不可分转换为三维空间的线性可分

对于在有限维度向量空间中线性不可分的样本，我们将其映射到更高维度的向量空间里，再通过间隔最大化的方式，学习得到支持向量机，就是非线性 SVM。

6.3.2 对偶问题与核函数

1. 对偶问题

我们用 x 表示原来的样本，用 $\Phi(x)$ 表示将 x 映射后的新的特征向量，则分割超平面可以表示为 $f(x)=w^T\Phi(x)+b$，间隔最大化就是要最小化：

$$\min_{w,b}\frac{\|w\|_2^2}{2}, subject\quad to\ y_i(w^T\Phi(x_i)+b)\geqslant 1\quad i=1,2,\ldots,N \tag{式 6-31}$$

非线性 SVM 的对偶问题就变成了：

$$\min_{\lambda}\left(\frac{1}{2}\sum_{i=1}^{N}\sum_{j=1}^{N}\lambda_i\lambda_j y_i y_j(\Phi(x_i)\bullet\Phi(x_j))-\sum_{j=1}^{N}\lambda_j\right) \qquad \text{（式 6-32）}$$

$$subject\quad to\quad \sum_{i=1}^{N}\lambda_i y_i=0\quad \lambda_i\geqslant 0\quad C-\lambda_i-\mu_i=0$$

与线性可分的样本对偶问题的区别在于，原来的 $x_i \bullet x_j$ 变成了 $\Phi(x_i)\bullet\Phi(x_j)$。若要对公式（6-32）求解，则会涉及计算样本 x_i 和 x_j 映射到特征空间之后的内积，即 $\Phi(x_i)\bullet\Phi(x_j)$，由于特征空间的维数可能很高，因此直接计算 $\Phi(x_i)\bullet\Phi(x_j)$ 通常是困难的，于是设想这样一个函数：

$$k(x_i,x_j)=\Phi(x_i)\bullet\Phi(x_j) \qquad \text{（式 6-33）}$$

即用函数 $k(x_i,x_j)$ 表示 x_i 和 x_j 在映射到特征空间之后的内积，于是公式 6-33 改写成：

$$\min_{\lambda}\left(\frac{1}{2}\sum_{i=1}^{N}\sum_{j=1}^{N}\lambda_i\lambda_j y_i y_j k(x_i,x_j)-\sum_{j=1}^{N}\lambda_j\right) \qquad \text{（式 6-34）}$$

$$subject\quad to\quad \sum_{i=1}^{N}\lambda_i y_i=0\quad \lambda_i\geqslant 0\quad C-\lambda_i-\mu_i=0$$

求解后得到：

$$\begin{aligned} f(x)=w^T\Phi(x)+b&=\sum_{i=1}^{N}\lambda_i y_i\Phi(x_i)^T\Phi(x_j)+b\\ &=\sum_{i=1}^{N}\lambda_i y_i k(x_i,x_j)+b \end{aligned} \qquad \text{（式 6-35）}$$

2. 核函数

对于图 6-7 中线性不可分问题，在原空间中无法用一条直线将正例和负例正确分隔开来，但可通过一个圆形曲线分隔开来，这就属于非线性分类问题。而求解分隔超曲面要比求解分隔超平面复杂得多，但我们可以将这样的非线性分类问题通过非线性变换 $\Phi(x)$，将原空间中的数据映射到高维的空间 H 中，不过这样会导致在高维空间 H 中的计算复杂度过高，而采用核函数方法可以同时解决线性不可分和避免复杂度过高的问题。公式 6-35 中的 $k(x_i,x_j)$ 就是核函数，使用核函数的好处如下：

（1）不需要知道到底要映射到的高维空间是几维，就能对数据进行分类。

（2）核函数在从低维向高维转换的过程中，核函数会先在低维空间上进行计算，并将分类效果体现在高维空间，降低了直接在高维空间上的复杂运算。

常见的核函数如表 6-1 所示，在实际应用中，我们可根据不同的样本数据特点选择核函数。

表 6-1　常见的核函数

核函数名称	表达式	参数	特点及适用场合
线性核函数	$k(x_i,x_j)=x_i^T x_j$		运算速度快，可解释性强，适合特征数量非常多的情况
多项式核函数	$k(x_i,x_j)=(x_i^T x_j)^d$	d≥1 为多项式的次数	当多项式阶数较高时，计算复杂度很高
高斯核函数/径向基函数 RBF	$k(x_i,x_j)=\exp(-\frac{\Vert x_i-x_j\Vert_2^2}{2\sigma^2})$	σ>0 为高斯核函数的带宽	σ 越大，高斯核函数越平滑，泛化能力变差，易造成过拟合。灵活性较强
sigmoid 核函数	$k(x_i,x_j)=\tanh(\beta x_i^T x_j+\theta)$	tanh 为双曲正切函数，β>0，σ<0	类似使用一个一层的神经网络，对于未知样本的良好泛化能力
拉普拉斯核函数	$k(x_i,x_j)=\exp(-\frac{\Vert x_i-x_j\Vert}{\sigma})$	σ>0	也是一种径向基核函数，前者对参数的敏感性降低
ANOVA 核	$k(x_i,x_j)=\exp(-\sigma(x_i^k-x_j^k)^2)^d$	σ>0	属于径向基核函数一族，适用于多维回归问题

提　示

核函数隐式定义了特征空间。因此，样本是否在特征空间内线性可分，核函数选择成为支持向量机的关键。核函数的作用就是对特征向量进行变换，这种变换看作先对特征向量做核映射，然后再做内积运算。

序列最小优化（Sequential Minimal Optimization，SMO）算法作为非线性 SVM 的典型代表，于 1998 年由 John Platt 提出，目前被广泛应用于各领域。SMO 算法的思想是将大的优化问题转换为多个小优化问题，这些小的优化往往很容易求解，并且对其进行顺序求解和作为整体求解的结果是完全一致的。SMO 算法描述如下：

输入：训练数据集 $D=\{(x_1,y_1),(x_2,y_2),\ldots,(x_N,y_N)\}$、迭代次数、容错误差，其中：$x\in X$，$y\in Y=\{+1,-1\}$。

过程：

（1）初始化参数：$\lambda=(0,0,\ldots,0)^T$，$\hat{y}=(0,0,\ldots,0)^T$，计算核矩阵：

$$K=\left[k(x_i,x_j)\right]_{N\times N} \tag{式 6-36}$$

（2）对于 $j=1,2,\ldots,N$：

① 选择违反 KKT 条件最严重的样本点(x_i,y_i)，若违反程度小于容错误差，则退出循环。

② 否则，选择其他任何一个样本点，其对应下标为 j，针对 λ_i 和 λ_j，构造一个新的只有两个变量的二次规划问题，并求出解析解。具体地说，就是更新参数 λ_2：

$$e_i=\hat{y}_i-y_i, s.t., i=1,2 \tag{式 6-37}$$

$$dK = k_{11} + k_{12} - 2k_{12}$$

$$\lambda_2^{old} = \lambda_2 + \frac{y_2(e_1 - e_2)}{dK}$$

根据约束条件，确定新参数 λ_2 的上下界：

$$\text{low} = \begin{cases} \max(0, \lambda_2 - \lambda_1) & y_1 \neq y_2 \\ \max(0, \lambda_2 + \lambda_1 - C) & y_1 = y_2 \end{cases} \quad \text{（式 6-38）}$$

$$\text{upper} = \begin{cases} \min(C, C + \lambda_2 - \lambda_1) & y_1 \neq y_2 \\ \max(C, \lambda_2 + \lambda_1) & y_1 = y_2 \end{cases}$$

对 λ_2^{new} 进行裁剪：

$$\lambda_2^{\text{new}} = \begin{cases} \text{low} & y_1 \neq y_2 \\ \lambda_2^{\text{old}} & y_1 = y_2 \\ \text{upper} & \lambda_2^{\text{old}} > \text{upper} \end{cases} \quad \text{（式 6-39）}$$

③ 利用 λ_2 更新 λ_1、b_1：

$$\lambda_1^{\text{new}} = \lambda_1 - y_1 y_2 (\lambda_2^{\text{new}} - \lambda_2^{\text{old}})$$

$$b_1^{\text{new}} = y_1 - \sum_{i=3}^{N} \lambda_i y_i k_{i1} - \lambda_1^{\text{new}} y_1 k_{11} - \lambda_2^{\text{new}} y_2 k_{21} \quad \text{（式 6-40）}$$

$$e_1 = g(x_1) - y_1 = \sum_{i=3}^{N} \lambda_i y_i k_{i1} + \lambda_1^{\text{old}} y_1 k_{11} + \lambda_2^{\text{old}} y_2 k_{21} + b^{\text{old}} - y_1$$

④ 利用 λ_1 和 λ_2 进一步更新 b_1、b_2 和 e_i：

$$b_1^{\text{new}} = -e_1 - y_1 k_{11} (\lambda_1^{\text{new}} - \lambda_1^{\text{old}}) - y_2 k_{21} (\lambda_2^{\text{new}} - \lambda_2^{\text{old}}) + b^{\text{old}} \quad \text{（式 6-41）}$$

$$b_2^{\text{new}} = -e_2 - y_1 k_{12} (\lambda_1^{\text{new}} - \lambda_1^{\text{old}}) - y_2 k_{22} (\lambda_2^{\text{new}} - \lambda_2^{\text{old}}) + b^{\text{old}}$$

得到最终的 b_2：

$$b^{\text{new}} = \frac{b_1^{\text{new}} + b_2^{\text{new}}}{2}$$

$$e_i = \sum_{j=1}^{N} y_j \lambda_j k(x_i, x_j) + b^{\text{new}} - y_i \quad \text{（式 6-42）}$$

⑤ 利用 λ_i 和 b 更新预测向量 $\hat{y}$：$\hat{y} \leftarrow \hat{y} + \sum_{j=1}^{N} y_j \lambda_j k(x_i, x_j) + b^{\text{new}}$

输出：$f(x) = \text{sign}(\sum_{i=1}^{N} \lambda_i y_i k(x_i, x) + b)$。

SMO 算法的目标是求出一系列 alpha 和 b，一旦求出 alpha，超平面的系数便可得到，我们就可以利用超平面来进行分类了。

> **提 示**
>
> 最优化问题一般可分为两大类：无约束优化问题和约束优化问题，而约束优化问题又可分为含等式约束优化问题和含不等式约束优化问题。对于无约束优化问题，可以对函数求导，然后使其为零，从候选值中选取最优值。随机梯度下降就是无约束优化方法。对于含等式约束优化问题，可利用拉格朗日乘子法将其转化为无约束优化问题求解。对于含不等式约束优化问题，可通过构造拉格朗日函数，在一定条件下求出最优值，这个条件就是 KKT 条件。

6.3.3 非线性 SVM 算法实现

根据 SMO 算法描述，我们来实现 SVM 分类器。在构造 SVM 分类器之前，首先加载样本数据，观察散点图的分布情况，如图 6-8 所示。

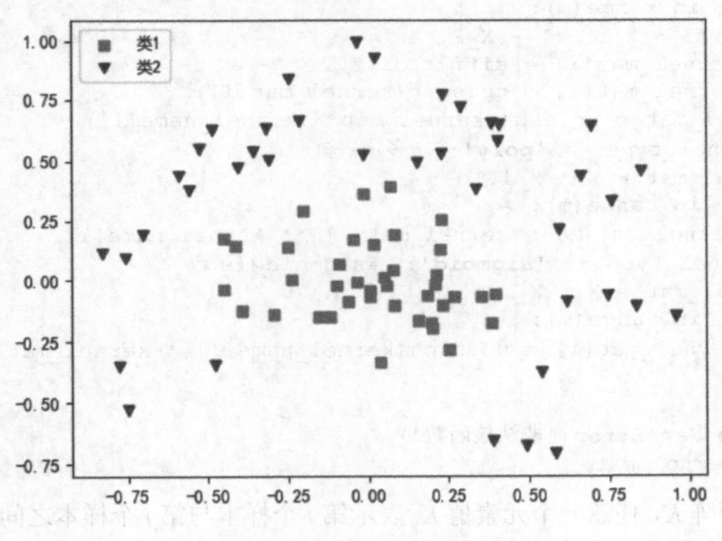

图 6-8 二维空间的线性不可分数据

为了算法实现方便，首先我们定义一个类结构，SVM 模型的类构造方法如下所示：

```
class SVMData:
    def __init__(self, data, class_label, kernel_mat, C, tol):
        self.X = data #样本数据
        self.y = class_label #样本标签
        self.C = C #惩罚参数

        self.rows = np.shape(data)[0] #样本个数
        self.lambdas = np.mat(np.zeros((self.rows, 1))) #拉格朗日乘子
        self.b = 0 #分割函数的截距
        self.tol = tol
        self.diffmat = np.mat(np.zeros((self.rows, 2))) #差值矩阵
```

```
        self.kernel_mat = np.mat(np.zeros((self.rows, self.rows)))
        for i in range(self.rows):
            self.kernel_mat[:,i] = kernel_value(self.X, self.X[i,:],
kernel_mat)
```

其中，kernel_value()函数用于根据指定的核函数 kernel_name 计算得到核函数矩阵。kernel_value()函数的具体实现如下：

```
def kernel_value(X, X_i, kernel_name): #X 是样本矩阵，X_i 是第 i 个样本对象
    m,n = np.shape(X)
    kernel_mat = np.mat(np.zeros((m,1)))
    kernel_type=kernel_name[0]
    if kernel_type == 'rbf': #径向基核函数
        for i in range(m):
            diff = X[i,:] - X_i
            kernel_mat[i] = diff * diff.T
        kernel_mat = np.exp(kernel_mat/(-1*kernel_name[1]**2))
    elif kernel_type == 'lin': #拉普拉斯核
        kernel_mat = X * X_i.T
    elif kernel_type == 'laplace':  #拉普拉斯核
        for i in range(m):
            diff = X[i, :] - X_i
            kernel_mat[i] = diff * diff.T
            kernel_mat[i] = np.sqrt(kernel_mat[i])
        kernel_mat = np.exp(-kernel_mat / kernel_name[1])
    elif kernel_type == 'poly':  #多项式核
        kernel_mat = X * X_i.T
        for i in range(m):
            kernel_mat[i] = kernel_mat[i] ** kernel_name[1]
    elif kernel_type == 'sigmoid':  #sigmoid 核函数
        kernel_mat = X * X_i.T
        for i in range(m):
            kernel_mat[i] = np.tanh(kernel_name[1] * kernel_mat[i] +
kernel_name[2])
    else:
        raise NameError('非法核函数')
    return kernel_mat
```

对于核函数矩阵 K，任意一个元素值 K_{ij} 表示第 i 个样本与第 j 个样本之间的核函数值。在定义完 SVM 的结构之后，最重要的就是要对模型参数进行训练，模型训练过程如下所示：

```
def svm_train(train_X, train_y, kname, C, tol, max_iter):
    mydata = SVMData(np.mat(train_X), np.mat(train_y).transpose(),kname, C,
tol)
    it = 0 #初始化迭代次数
    all_set = True #违反 KKT 条件的标识
    lambda_delta = 0
    #训练结束条件：达到最大迭代次数，或遍历了整个样本或 lambda 是否得到优化
    while(it < max_iter) and ((lambda_delta > 0) or (all_set)):
        lambda_delta  = 0
        if all_set:  #遍历所有对象
            for index in range(mydata.rows):
                lambda_delta += update (mydata,index)
                it += 1 #迭代次数加 1
```

```
        else:
            nonBound = np.nonzero((mydata.lambdas .A > 0) * (mydata.lambdas.A
< C))[0]
            #遍历所有非边界样本集
            for index in nonBound :
                lambda_delta += update (mydata,index)
            it += 1
        if all_set : #若没有违反 KKT 条件的 lambda
            all_set = False        #则终止迭代
        elif (lambda_delta == 0): #存在违反 KKT 条件的 lambdas
            all_set = True
        print("总迭代次数: %d" % it)
    return mydata.b, mydata.lambdas #返回截距值和 lambdas
```

根据输入的数据集、标签、核函数参数、惩罚参数 C、容忍度 toler、最大迭代数，反复执行以上代码，直到达到迭代最大次数或更新程度达到一定变化范围，停止迭代，返回参数 lambdas 和 b。

在每次迭代过程中，选择两个 lambda（λ_i 和 λ_j）进行优化，先选择一个 λ_i，然后固定 λ_i 之外的其他参数，求 λ_i 上的极值。

首先在不满足 KKT 条件的集合中选取 λ_i、λ_j，其次 SMO 采取了一种启发式方法，使选取的两变量对应的间隔越大越好，对它们更新会使目标函数值产生较大的变化。

```
def update(mydata,index):
    e_i = get_error(mydata, index)
    if ((mydata.y [index]*e_i <- mydata.tol) and (mydata.lambdas[index] <
mydata.C)) or ((mydata.y[index]*e_i > mydata.tol) and (mydata.lambdas[index] > 0)):
        j,e_j =select_ej(index, mydata, e_i)
        lambda_i = mydata.lambdas[index].copy()
        lambda_j = mydata.lambdas[j].copy()
        #根据对象 index、j 的类标号确定 KKT 条件的上界和下界
        if (mydata.y[index] != mydata.y[j]):
            low = max(0, mydata.lambdas [j] - mydata.lambdas[index])
            upper = min(mydata.C, mydata.C + mydata.lambdas[j] -
mydata.lambdas[index])
        else :
            low = max(0, mydata.lambdas[j] + mydata.lambdas[index] - mydata.C)
            upper = min(mydata.C, mydata.lambdas[j] + mydata.lambdas[index])

        if low==upper:
            print("上边界与下边界相等")
            return 0
        delta = 2.0 * mydata.kernel_mat[index,j] -
mydata.kernel_mat[index,index] - mydata.kernel_mat[j,j]
        if delta >= 0:#临界情况
            print("delta>=0")
            return 0
        #优化之后的第二个 lambdas 值
        mydata.lambdas[j] -= mydata.y[j]*(e_i - e_j)/delta
        mydata.lambdas[j] = tailor_lambda(mydata.lambdas[j], upper, low)
        update_err_matrix(mydata, j) #更新差值矩阵
        if (abs(mydata.lambdas[j] - lambda_j) < 0.00001): #优化后的 lambdas 值与
之前的值相比，变化太小
```

```
            print("步长太小")
            return 0
        mydata.lambdas[index] += mydata.y[j]*mydata.y[index]*(lambda_j - 
mydata.lambdas[j]) #优化第二个 lambdas
        update_err_matrix(mydata, index) #更新差值矩阵
        #计算截距 b
        b1 = mydata.b - e_i - mydata.y[index] * (mydata.lambdas[index] - lambda_i) 
* mydata.kernel_mat[index, index] - mydata.y[j] * (mydata.lambdas[j] - lambda_j) 
* mydata.kernel_mat[index, j]
        b2 = mydata.b - e_j - mydata.y[index] * (mydata.lambdas[index] - lambda_i) 
* mydata.kernel_mat[index, j] - mydata.y[j] * (mydata.lambdas[j] - lambda_j) * 
mydata.kernel_mat[j, j]
        if (mydata.lambdas [index]>0) and ( mydata.lambdas[index]< mydata.C):
            mydata.b = b1
        elif (mydata.lambdas [j]>0) and (mydata.lambdas [j]< mydata.C):
            mydata.b = b2
        else :
            mydata.b = (b1 + b2)/2.0
        return 1
    else :
        return 0
```

在得到模型参数 lambdas 和 b 之后，就可以利用该模型参数在测试集上评估分类的准确率了。

```
#利用测试样本进行评测
error_count = 0
test_dat_mat=np.mat(test_data)
test_label_mat = np.mat(test_label).transpose()
rows,cols = np.shape(test_dat_mat)
for i in range(rows):
    kernel_eval = kernel_value(sv_sample,test_dat_mat[i,:],('rbf', k))
    pre=kernel_eval.T * np.multiply(sv_label,lambdas[sv_index]) + b #预测值
    if np.sign(pre)!=np.sign(test_label[i]):
        error_count += 1
accuracy=100*(1 - float(error_count) / rows)
print("准确率: %% %f" % (accuracy))
```

程序运行结果如下：

```
总迭代次数: 141
[ 0  1  2  5  6  7 12 19 20 23 34 36 37 38 41 43 45 46 51]
有 19 个支持向量
准确率: % 100.000000
```

6.4 SVM 回归

SVM 也可以用于解决回归问题。假定训练数据集 $D=\{(x_1,y_1),(x_2,y_2),\ldots,(x_N,y_N)\}$，回归模型就是要让 $\hat{y}_i = f(x)$ 与 y 尽可能接近，以确定 w 和 b 的值。一般的回归模型采用的是用均方误差作为损失函数，当 $f(x)$ 与 y 完全相等时，不产生损失，但 SVM 回归算法采用的是 $\varepsilon-$insensitive

误差函数，它能容忍 $f(x)$与 y 之间最多有 ε 的偏差，其定义为：

$$E_{\varepsilon}(\hat{y}_i - y_i) = \begin{cases} 0, & if\ |\hat{y}_i - y_i| < \varepsilon \\ |\hat{y}_i - y_i| - \varepsilon, & \text{其他} \end{cases} \qquad \text{（式 6-43）}$$

即当 $f(x)$与 y 之间的差别绝对值超过 ε 时才会计算损失。支持向量回归模型如图 6-9 所示。

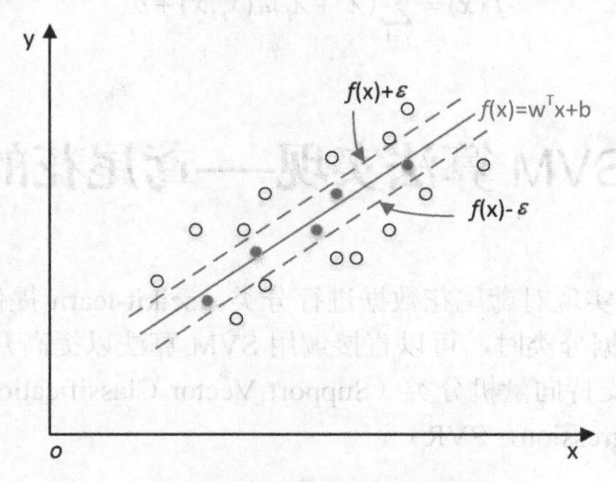

图 6-9　支持向量回归模型

$f(x)-\varepsilon$ 与 $f(x)+\varepsilon$ 之间的区域称为街道或管道区域。最小化误差函数的优化目标为：

$$\min_{w,b} = C\sum_{i=1}^{N} E_{\varepsilon}(\hat{y}_i - y_i) + \frac{\|w\|^2}{2} \qquad \text{（式 6-44）}$$

由于上述目标函数含有绝对值，可将其转化为约束优化问题，常见的方法是为每个样本引入两个松弛变量 $\xi_i \geqslant 0$ 、$\hat{\xi}_i \geqslant 0$ 。

当样本点真实值 y_i 位于管道区域上方时， $y_i > w^T x_i + b + \varepsilon$ 。

当样本点真实值 y_i 位于管道区域下方时， $y_i < w^T x_i + b - \varepsilon$ 。

支持向量回归的优化问题可以写成：

$$\min_{w,b,\xi_i,\hat{\xi}_i} = C\sum_{i=1}^{N}(\xi_i + \hat{\xi}_i) + \frac{\|w\|^2}{2} \qquad \text{（式 6-45）}$$

$$s.t., y_i - f(x_i) \leqslant \varepsilon + \hat{\xi}_i$$

$$f(x_i) - y_i \leqslant \varepsilon + \xi_i$$

$$\xi_i \geqslant 0, \hat{\xi}_i \geqslant 0$$

引入拉格朗日乘子 $\mu_i \geqslant 0, \hat{\mu}_i \geqslant 0, \lambda \geqslant 0, \hat{\lambda} \geqslant 0$ ，则拉格朗日函数为：

$$L(w,b,\lambda,\hat{\lambda},\xi,\hat{\xi},\mu,\hat{\mu}) = C\sum_{i=1}^{N}(\xi_i + \hat{\xi}_i) + \frac{\|w\|^2}{2} - \sum_{i=1}^{N}\mu_i\xi_i - \sum_{i=1}^{N}\hat{\mu}_i\hat{\xi}_i$$

$$\sum_{i=1}^{N}\lambda_i(f(x_i)-y_i-\varepsilon-\xi_i)+\sum_{i=1}^{N}\hat{\lambda}_i(y_i-f(x_i)-\varepsilon-\hat{\xi}_i) \quad \text{（式 6-46）}$$

同样将其转化为对偶问题求解，最后得到 SVR 模型：

$$f(x)=\sum_{i=1}^{N}(\lambda_i+\hat{\lambda}_i)k(x_i,x)+b \quad \text{（式 6-47）}$$

6.5 SVM 算法实现——鸢尾花的分类

下面利用 SVM 算法实现对鸢尾花数据进行分类。scikit-learn 提供了 SVM 算法实现，在我们利用 SVM 算法对数据分类时，可以直接调用 SVM 算法以提高开发效率。

SVM 可分为两类：支持向量机分类（Support Vector Classification，SVC）和支持向量机回归（Support Vector Regression，SVR）。

6.5.1 sklearn 中的 SVC 参数介绍

scikit-learn 中的 SVM 支持向量机分类算法 SVC 定义如下：

```
    def SVC(C=1.0, kernel='rbf', degree=3,  gamma='auto_deprecated', coef0=0.0,
shrinking=True, probability=False, tol=1e-3, cache_size=200,
class_weight=None, verbose=False, max_iter=-1, decision_function_shape='ovr',
random_state=None)
```

主要参数含义如下：

（1）C：惩罚系数，大于 0 的浮点数，值越小，模型泛化性更强，默认值为 1.0。

（2）kernel：核函数选择，可选参数有 linear、poly、rbf、sigmoid、precomputed 以及自定义的核函数。

- linear：线性核函数。
- poly：多项式核函数。
- rbf：高斯核函数。
- sigmoid：sigmoid 核函数。
- precomputed：提供已经计算好的核函数矩阵。
- 自定义核函数：sklearn 会使用提供的核函数来进行计算。

如果不指定参数值，默认值为 rbf。

（3）gamma：核函数系数，float 类型，值为 1/n_features，默认值为 auto。

（4）coef0：核函数的常数项，float 类型，在核函数为 poly、sigmoid 时有效，默认值为 0.0。

（5）tol：停止迭代求解的阈值，浮点类型，默认值为 1e-3。

（6）max_iter：最大迭代次数，int 类型，默认值为-1（即无限制）。

（7）decision_function_shape：多分类的方案选择，决定了分类时，是一对多的方式来构建超平面还是一对一。有 ovo、ovr 两种方案，也可以设置为 None，默认值为 ovr。

- ovr：一对多法（one-versus-rest，ovr）。训练时依次把某个类别的样本归为一类，其他剩余的样本归为另一类，这样 k 个类别的样本就构造出了 k 个 SVM。
- ovo：一对一法（one-versus-one，ovo）。在任意两类样本之间设计一个 SVM，因此 k 个类别的样本就需要设计 k(k-1)/2 个 SVM。

（8）random_state：随机种子的设置。默认为 None，使用系统时间作为随机种子，每次结果会不同。

主要方法如下：

- predict：返回一个数组表示个测试样本的类别。
- predict_probe：返回一个数组表示测试样本属于每种类型的概率。
- decision_function：返回一个数组表示测试样本到对应类型的超平面距离。
- get_params：获取当前 SVM 函数的各项参数值。
- score：获取预测结果准确率。
- set_params：设置 SVC 函数的参数。
- clf.n_support_：各类的支持向量的个数。
- clf.support_：各类的支持向量在训练样本中的索引。
- clf.support_vectors_：全部支持向量。
- clf.coef_：每个特征的系数，仅在选择线性核函数有效。
- clf.dual_coef_：分类决策函数中每个支持向量的系数。

6.5.2 使用 SVC 对鸢尾花数据进行分类

1. 加载数据集

```
from sklearn.model_selection import train_test_split
from sklearn import svm
import numpy as np
import matplotlib.pyplot as plt
import matplotlib as mpl
from matplotlib import colors
from sklearn import model_selection
def load_data():
    data_set = []
    data_X = []
    data_y = []
    #加载数据集
    iris_file = open(r"iris.csv")
    #拆分数据集，取前 4 列为样本 X，第 5 列为标签 y
    for line in iris_file.readlines():
        line_data = line.strip().split(',')
```

```
        data_set.append(line_data)
        X.append(line_data[1:3])
        y.append(line_data[4])
    return X, y
```

2. 拆分数据集

```
def split_data(X, y):
#按照 7:3 的比例分割训练集和测试集
    X_train,X_test,y_train,y_test=model_selection.train_test_split (X,
                                        y,random_state=1,test_size=0.3)
    for index, item in enumerate(X_train):
        X_train[index] = list(map(float, item))
    for index, item in enumerate(X_test):
        X_test[index] = list(map(float, item))
    X_train=np.array(X_train)
    X_test=np.array(X_test)
    return X_train,X_test,y_train,y_test
```

3. 显示样本数据

```
def show_data(X_train,y_train):
    c0 = [i for i in range(len(y_train)) if y_train[i] == 'Iris-setosa']
    c1 = [i for i in range(len(y_train)) if y_train[i] == 'Iris-versicolor']
    c2 = [i for i in range(len(y_train)) if y_train[i] == 'Iris-virginica']
    plt.rcParams['font.sans-serif'] = ['SimHei'] #显示中文标签
    plt.rcParams['axes.unicode_minus'] = False
    plt.scatter(x=X_train[c0,0], y=X_train[c0,1], color='r',
                marker='s',label='Iris-virginica')
    plt.scatter(x=X_train[c1,0], y=X_train[c1,1], color='g', marker='o',
                label='Iris-setosa')
    plt.scatter(x=X_train[c2,0], y=X_train[c2,1], color='b',
                marker='v',label='Iris-versicolor')

    plt.xlabel("花萼宽度")
    plt.ylabel("花瓣长度")
    plt.title("各数据类型的散点图")
    plt.legend(loc='upper left')
    plt.show()
```

4. 主函数

```
if __name__=='__main__':
    data_X,data_y=load_data()
    X_train,X_test,y_train,y_test=split_data(data_X,data_y)
    show_data(X_train,y_train)

    #使用 linear 线性核函数，C 越大分类效果越好，但可能会过拟合
    linear_svm= svm.SVC(C=1,kernel='linear',
                 decision_function_shape='ovr').fit(X_train,y_train)
    #使用 rbf 径向基核函数，gamma 值越小，分类界面越连续；gamma 值越大，分类界面越“散”，
分类效果越好，但有可能会过拟合。
    rbf_svm = svm.SVC(C=1, kernel='rbf', gamma=1).fit(X_train,y_train)
    #使用 poly 多项式核函数
    poly_svm = svm.SVC(kernel='poly').fit(X_train,y_train)

    #打印使用不同核函数进行分类时，训练集和测试集分类的准确率
```

```
    print("linear 线性核函数-训练集：",linear_svm.score(X_train, y_train))
    print("linear 线性核函数-测试集：", linear_svm.score(X_test, y_test))
    print("rbf 径向基核函数-训练集：",rbf_svm.score(X_train, y_train))
    print("rbf 径向基函数-测试集：",rbf_svm.score(X_test, y_test))
    print("poly 多项式核函数-训练集：",poly_svm.score(X_train, y_train))
    print("poly 多项式核函数-测试集：",poly_svm.score(X_test, y_test))

    #查看预测结果
    print(linear_svm.predict(X_train))
    print(rbf_svm.predict(X_train))
    print(poly_svm.predict(X_train))
```

分类结果的散点图如图 6-10 所示。

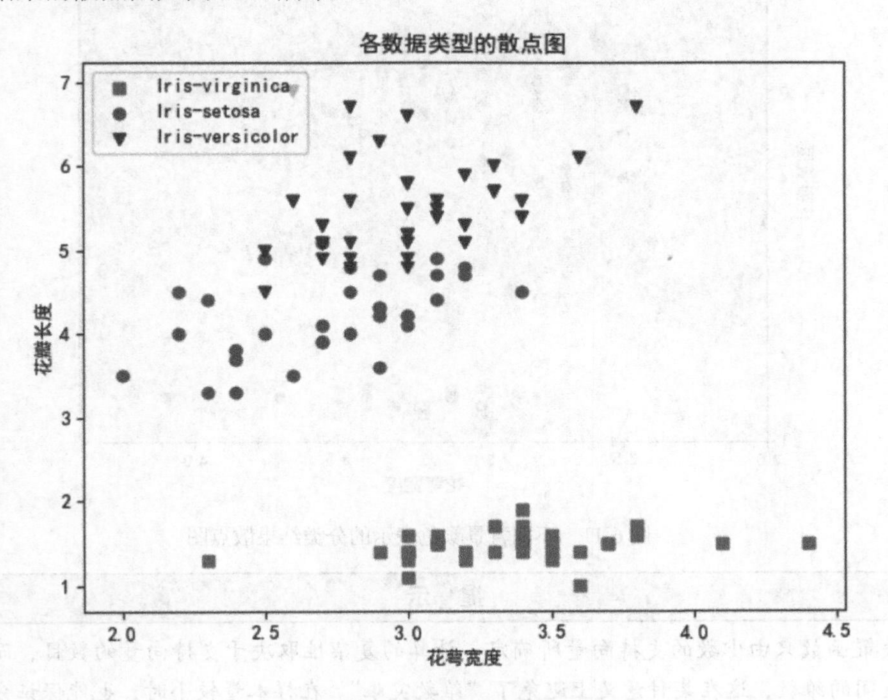

图 6-10　鸢尾花分类结果散点图

5. 显示分类后的样本点

```
#确定坐标轴范围，x、y 轴分别表示两个特征
x1_min, x1_max = X_train[:, 0].min(), X_train[:, 0].max()
x2_min, x2_max = X_train[:, 1].min(), X_train[:, 1].max()
x1, x2 = np.mgrid[x1_min:x1_max:200j, x2_min:x2_max:200j]  #生成网格采样点
grid_test = np.stack((x1.flat, x2.flat), axis=1)
print("grid_test = \n", grid_test)
grid_hat = clf1.predict(grid_test)          #预测分类值
class_label={b'Iris-setosa':0, b'Iris-versicolor':1, b'Iris-virginica':2}
for i in range(len(grid_hat)):
    if grid_hat[i] == "Iris-setosa":
        grid_hat[i] = 0
    elif grid_hat[i] =='Iris-versicolor':
        grid_hat[i]=1
```

```
        else:
            grid_hat[i]=2
    grid_hat= list(map(int, grid_hat))
    grid_hat=np.array(grid_hat)
    print("grid_hat = \n", grid_hat)
    grid_hat = grid_hat.reshape(x1.shape)
```

用不同背景色表示的鸢尾花分类结果散点图如图 6-11 所示。

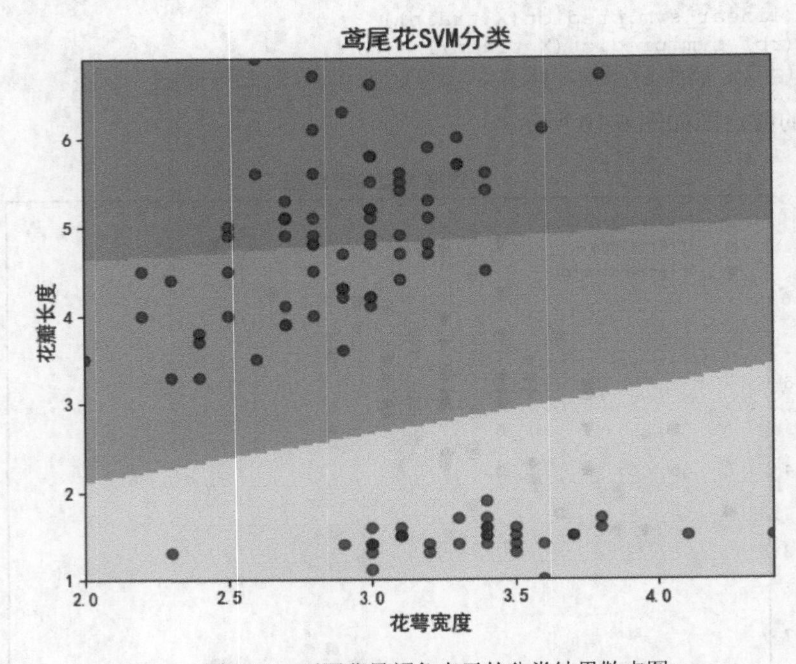

图 6-11　不同背景颜色表示的分类结果散点图

提　示
由于决策函数只由少数的支持向量所确定，计算的复杂性取决于支持向量的数目，而不是样本空间的维数，这在某种意义上避免了“维数灾难”。在样本量较小时，也能保证分类的准确率，且具有较好的泛化能力。

6.6　本章小结

本章首先介绍了感知机模型及算法实现，分析了感知机与 SVM 算法的区别，然后介绍了线性可分、线性不可分的 SVM 算法思想、推导过程及算法实现，接着介绍了 SVM 回归。最后，通过调用 sklearn 中的 SVC 模块对鸢尾花数据进行了分类及可视化。SVM 有严格的数学理论支持，可解释性强，通过引入最大间隔，大幅地提高了分类精确率；通过引入核技巧，可有效解决非线性分类/回归任务；由于决策函数只由少数的支持向量所确定，可大幅降低计算的复杂性，避免了“维数灾难”。对于小样本数据，也能保证分类的准确率，且具有较好的泛化能力。同时，SVM 也存在一些缺点，如训练时间长，当支持向量的数量较大时，预测计算复杂度较高，对缺失数据敏感。

6.7 习　题

一、选择题

1. SVM（支持向量机）与 LR（逻辑回归）的数学本质上的区别是什么？

A. 是否支持多分类　　B. 损失函数

C. 是否有核技巧　　D. 以上均不是

2. 支持向量指的是（　　）。

A. 能够被正确分类的数据样本点

B. 离超平面最近的点，决定分类面范围的数据样本

C. 超平面上的点

D. 样本点到超平面的垂直向量

3. 关于支持向量机 SVM，下列说法错误的是（　　）。

A. L2 正则项，作用是最大化分类间隔，使得分类器拥有更强的泛化能力

B. Hinge 损失函数，作用是最小化经验分类错误

C. 当参数 C 越小时，分类间隔越大，分类错误越多，趋于欠学习

D. 分类间隔为 $1/\|w\|$，$\|w\|$代表向量的模

4. 关于支持向量机的描述，错误的是（　　）。

A. 可用于解决分类问题，也能解决回归问题

B. 是一种生成式模型

C. 是一种监督学习方法

D. 能利用核函数对非线性数据分类

5. 在 SVM 中，使间隔最大化的目的是（　　）。

A. 分类误差更低　　B. 降低时间复杂度

C. 支持向量个数最少　　D. 减少迭代次数

二、综合分析题

1. 利用 skearn 提供的 SVR 算法，通过随机生成一些样本点，实现回归预测，并绘制出相应的曲线。

2. 已知正例样本点 $x_1=(2,4)^T$、$x_2=(6,7)^T$、$x_3=(8,6)^T$，负例样本点 $x_4=(3,1)^T$、$x_5=(5,1)^T$、$x_6=(10,2)^T$，试求最大间隔分隔超平面和分类决策函数，并在图上画出分隔超平面、间隔边界以及支持向量。

第7章

决策树

决策树（Decision Tree，DT）是一种常用的机器学习算法，可用于处理分类和回归问题，既可以用来高效地对未知的数据进行分类，也可以用来做预测。决策树通过学习得到一个树形结构的模型，它表示的是对象属性与对象值之间的一种映射关系。树中每个结点表示某个对象，每个分叉路径代表某个可能的属性值，而每个叶结点则对应从根结点到该叶结点所经历的路径所表示的对象的值。决策树的生成算法有 ID3、C4.5 和 CART 等。目前决策树已经被成功应用于商业、医学、金融分析、分子生物学等领域。

7.1 决策树构造基本原理

决策树学习算法就是一棵树的构造过程，它通过不断地选择最优特征，并根据该特征对训练数据进行分割，即对特征空间进行划分，使得各个子数据集有一个最好的分类的过程。一棵决策树包含一个根结点、若干个内部结点和若干个叶结点，根结点包含样本全集，其他每个结点对应一个属性测试，叶结点对应于决策结果，从根结点到各个叶结点的路径对应了一个判定测试序列。

决策树的构造就是划分数据集的过程，其目标是将无序数据变得更加有序，信息论中的信息熵和信息增益是度量信息纯度的重要方法，是决策树构造属性划分的重要理论基础。

1. 信息熵

信息熵（Information Entropy）是香农于 1948 年提出的、用于度量样本集合纯度的概念，它表示事物的信息量大小和它的不确定性存在的关系。通常情况下，我们要搞清楚一件非常不确定的事情，或者我们一无所知的事情，需要了解大量信息。熵度量了事物的不确定性，越不确定的事物，其熵就越大。

假设样本集合为 D，第 k 类样本所占比例为 p_k（k=1,2,…,K），则 D 的信息熵表示为:

$$\mathrm{Ent}(D) = -\sum_{k=1}^{K} p_k \log_2 p_k \qquad (式 7-1)$$

$\mathrm{Ent}(D)$的值越小，则D的纯度越高。若D有两类样本，即K=2，当两类样本的数量一样时，则$p_k = \frac{1}{2}$，表示熵越大。此时，$\mathrm{Ent}(D) = -(\frac{1}{2}\log_2\frac{1}{2} + \frac{1}{2}\log_2\frac{1}{2}) = 1$；当只有一类样本时，$\mathrm{Ent}(D) = -(1\log_2 1 + 0\log_2 0) = 0$，熵的取值最小；当熵取值最大为1时，是分类效果最差的状态；当熵取值最小为0时，是完全分类的理想状态。

（1）当D只含一类样本时，$\mathrm{Ent}(D)$=0（最小值），此时样本的纯度最高。

（2）当D中所有类所占比例相同时，$\mathrm{Ent}(D) = \log_2 K$，此时取值最大，样本的纯度最低。

2. 信息增益

假设离散属性a有H个可能的取值，若使用a来对样本集D进行划分，则会产生H个分支结点，设第k个分支结点上的样本数为$|D^k|$，根据式7-1可得到该分支结点上的信息熵，考虑到不同分支结点上的样本数不同，给第k个分支结点赋予相应的权值$\frac{|D^k|}{|D|}$，于是可得到a作为样本集D划分属性所得到的信息增益为：

$$\mathrm{Gain}(D,a) = \mathrm{Ent}(D) - \sum_{k=1}^{K} \frac{|D^k|}{|D|} \mathrm{Ent}(D^k) \qquad (式 7-2)$$

注 意

信息增益越大，则表示用属性a进行划分所获得的“纯度提升”越大，因此，通常采用信息增益选择决策树的属性进行划分。著名的ID3算法就是以信息增益为准则选择属性划分。

7.2 决策树构造过程

在现实生活中，我们经常会谈到关于相亲的话题。当女儿大学毕业参加工作后，母亲看到女儿这么大年龄还没有男朋友，急于给女儿介绍，下面就是母亲和女儿的一段对话：

母亲：刚在楼下遇到刘阿姨，给我提到她有个朋友的儿子刚刚博士毕业，想要介绍给你，你们见见面吧？

女儿：多大年龄了？

母亲：27岁。

女儿：有工作了吗？

母亲：有，在一家银行上班。

女儿：有房子吗？

母亲：还没有买。

女儿：收入高吗？

母亲：听说年收入12万元以上吧。

女儿：长得帅不帅？

母亲：看了照片，还比较帅。

女儿：那好，那就见面聊聊吧。

其实母亲和女儿的这段对话就是一个是否见面的不断决策的过程，图7-1所示更加直观地给出了决策过程。

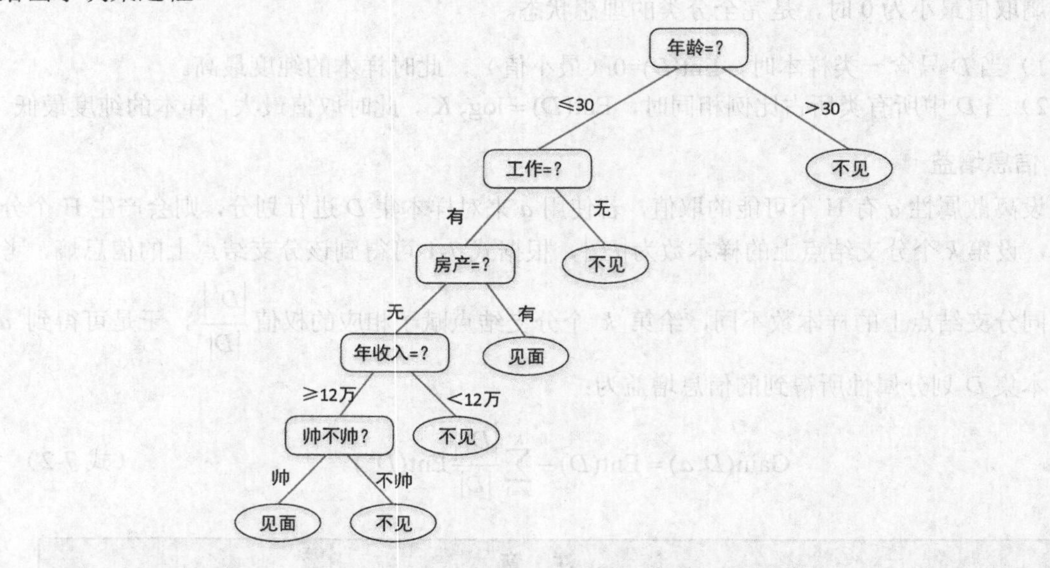

图7-1 是否见面的决策过程

我们可以将以上相亲对话过程表示成表7-1所示的相亲对象样本数据，利用决策树算法学习一棵能预测是否见面的决策树。

表7-1 相亲对象样本数据表

序号	年龄	工作	房产	婚姻	年收入（万元）	是否见面
1	28	有	有	单身	13	是
2	32	有	有	单身	12	是
3	35	有	无	离婚	14	否
4	38	有	有	单身	10	是
5	39	有	无	离婚	16	否
6	28	无	有	单身	11	否
7	29	无	无	单身	9	否
8	27	有	有	单身	9.5	是
9	26	无	有	单身	9	是
10	36	有	无	单身	16	否
11	41	有	有	离婚	19	否
12	37	有	有	离婚	21	否
13	39	有	无	离婚	25	否

（续表）

序号	年龄	工作	房产	婚姻	年收入（万元）	是否见面
14	26	无	有	单身	12	是
15	28	有	无	单身	16	是
16	32	有	有	单身	21	是
17	31	有	有	单身	15	是
18	33	有	有	离婚	11	是

构造决策树的过程就是对样本数据进行属性划分的过程，表 7-1 中年龄和年收入两个属性的取值类别过多，直接构造决策树会造成树的分支过多，这就需要对这两个属性值进行简单的处理。为了方便属性划分，我们可以将年龄属性分为“≤35”和“>35”两种类别，年收入分为“≥12 万元”和“<12 万元”两类。

由于只有“见面”和“不见面”两种可能，因此，K=2。在决策树学习开始时，根结点包含 D 中的所有样本，其中，正例占 $p_1=\frac{10}{18}$，负例占 $p_2=\frac{8}{18}$，根据公式 7-1 可得到根结点的信息熵为：

$$\mathrm{Ent}(D)=-\sum_{k=1}^{2}p_k\log_2 p_k=-\left(\frac{10}{18}\log_2\frac{10}{18}+\frac{8}{18}\log_2\frac{8}{18}\right)\approx 0.991 \quad （式 7-3）$$

接下来就要计算出当前属性集合{年龄，工作，房产，婚姻，年收入}中每个属性的信息增益，以属性“年龄”为例，它有两个取值：{≤35 岁, >35 岁}，如果使用该属性对 D 进行划分，则得到 2 个子集：D^1(≤35 岁)和 D^2(>35 岁)。于是，子集 D^1 包含序号为{1,2,3,6,7,8,9,14,15,16,17,18}的 12 个样本，其中，正例占 $p_1=\frac{9}{12}$，负例占 $p_2=\frac{3}{12}$；子集 D^2 包含序号为{4,5,10,11,12,13}的 6 个样本，其中，正例占 $p_1=\frac{1}{6}$，负例占 $p_2=\frac{5}{6}$。根据公式 7-1 可得到经过对“年龄”划分后 2 个分支结点的信息熵为：

$$\begin{aligned}\mathrm{Ent}(D)&=-\sum_{k=1}^{2}p_k\log_2 p_k=-\left(\frac{9}{12}\log_2\frac{9}{12}+\frac{3}{12}\log_2\frac{3}{12}\right)\approx 0.811\\ \mathrm{Ent}(D)&=-\sum_{k=1}^{2}p_k\log_2 p_k=-\left(\frac{1}{6}\log_2\frac{1}{6}+\frac{5}{6}\log_2\frac{5}{6}\right)\approx 0.650\end{aligned} \quad （式 7-4）$$

因此，根据公式 7-2 可得到属性为“年龄”的信息增益为：

$$\begin{aligned}\mathrm{Gain}(D,\text{年龄})&=\mathrm{Ent}(D)-\sum_{k=1}^{2}\frac{|D^k|}{|D|}\mathrm{Ent}(D^k)\\ &=0.991-\left(\frac{12}{18}\times 0.811+\frac{6}{18}\times 0.650\right)\approx 0.234\end{aligned} \quad （式 7-5）$$

类似地，可以计算出其他属性的信息增益：

$\mathrm{Gain}(D,\text{工作})=0.00257$

$\text{Gain}(D,\text{房产}) = 0.234$

$\text{Gain}(D,\text{婚姻}) = 0.234$

$\text{Gain}(D,\text{年收入}) = 0.0183$

显然，属性“年龄”“房产”“婚姻”信息增益一样大，我们选取“年龄”作为划分属性，图 7-2 给出了基于“年龄”对根结点进行划分的结果。

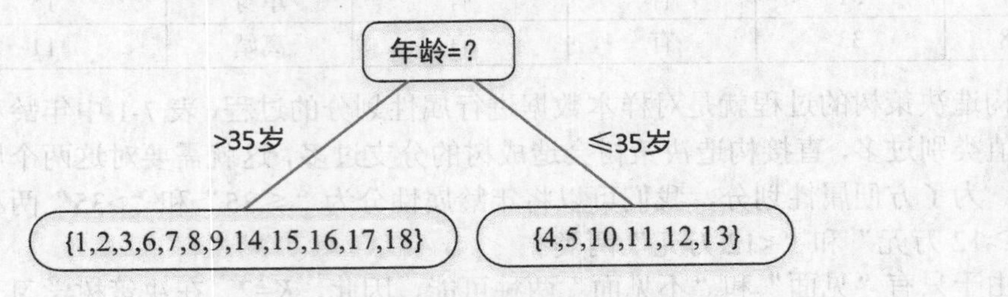

图 7-2　基于“年龄”对根结点进行划分的结果

其中，左右两棵子树结点包含的是“>35 岁”和“≤35 岁”的分支结点对应的序号。

接下来，利用决策树算法继续对每个分支结点做进一步划分，重复执行类似的操作，可以得到决策树如图 7-3 所示。

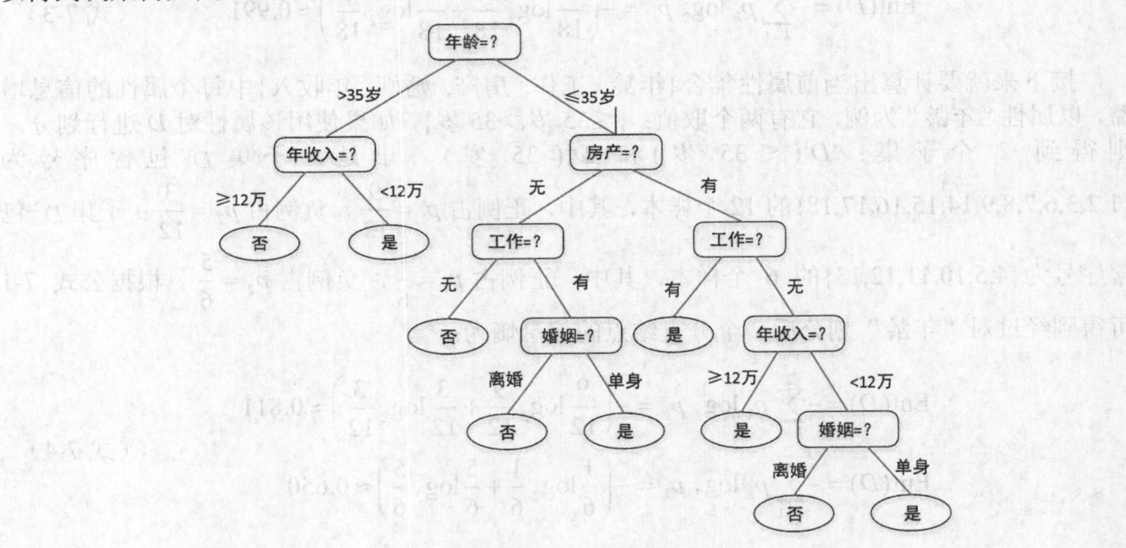

图 7-3　是否相亲的决策树

以上其实是利用了经典的 ID3 算法构造决策树的过程。

提　示
ID3 算法是由 Ross Quinlan 于 1975 年提出的一种分类预测算法，它采用贪心策略构造决策树，其主要思想起源于概念学习系统。决策树可以是二叉树，也可以是多叉树。树状模型更加接近人的思维方式，具有可解释性。决策树可以用于解决分类问题，也可以用于解决回归问题。

7.3 决策树学习算法思想及实现

决策树的构造采用的是“分而治之”的策略，从根结点开始，依次对每个结点代表的属性进行划分，最终产生一棵泛化能力强的决策树。其中，根结点代表整个样本集，其他非叶结点是划分的子集，叶结点为决策结果，从根结点到叶结点的路径就是一个类别判定序列。

ID3 决策树学习算法步骤描述如下：

步骤01 对当前样例集合，计算每个属性的信息增益。

步骤02 选择信息增益最大的属性 f_i 进行划分。

步骤03 把在 f_i 处取值相同的样例划归为同一子集。

步骤04 若子集只含有单个属性，则分支为叶子结点，标记属性值的类别。

步骤05 对每个子集重复执行步骤（1）~（4），直到递归调用结束。

根据 ID3 决策树学习算法思想及决策树构造过程，在相亲数据集的基础上实现决策树算法。

1. 加载数据集

```
def load_data(file_name):
    f=open(file_name,'r',encoding="utf-8")
    all_data=f.readlines()    #读取数据
    attr_name=all_data[0].strip().split('\t')    #拆分表头得到各属性的名称
    print(attr_name)
    attr_name=attr_name[0:-1]
    print(attr_name)

    data_set=[]
    for row_data in all_data[1:]:
        row_data=row_data.strip().split('\t')    #以退格键为分隔符拆分每一行
        data_set.append(row_data)
    return data_set,attr_name
```

2. 计算信息熵

```
def get_entropy(dataset):
    category={}
    for f in dataset:
        label=f[-1]
        if label not in category:
            category[label]=0
        category[label]+=1
    n=len(dataset)
    entropy=0
    for i in category:
        prob=float(category[i])/n
        entropy-=prob*log(prob,2)
    return entropy
```

3. 寻找最优属性划分

根据得到的信息熵，计算每个属性的信息增益，并得到最优属性划分。

```
def choose_best_split(data_set):
    attr_num=len(data_set[0])                  #属性个数
    example_entropy=get_entropy(data_set)      #计算样本集的信息熵
    max_info_gain=0.0
    max_feature_index=-1
    for i in range(attr_num-1):
        feature_value=[ p[i] for p in data_set] #取出每个属性的所有值
        feature=set(feature_value)              #每个属性对应的值
        attr_entropy=0
        for v in feature:
            subset=split_dataset(dataset,i,v)
            entropy=get_entropy(subset)         #取出每个属性的信息熵
            prob=len(subset)/float(len(data_set))
            attr_entropy+=prob*entropy
        info_gain=example_entropy-attr_entropy
        print("infor=",info_gain)
        if info_gain>max_info_gain:
            max_info_gain=info_gain
            max_feature_index=i
    return max_feature_index
```

4. 约减最优属性

在选择好最优属性后，需要对剩下的其余样本属性进行组合，作为子树集合，在下一次调用时用于计算信息熵以及选择下一个最优属性。

```
def split_dataset(data_set,index,feature_value):
    subset=[]
    for data in data_set:
        if data[index]==feature_value:
            reduced_feature=data[:index]
            reduced_feature.extend(data[index+1:])
            subset.append(reduced_feature)
    return subset
```

5. 约减最优属性

```
def create_decmaking_tree(data_train,labels):  #labels 为属性标签
    #当所有样例的类别一致时，返回类别
    data_label=[data[-1] for data in data_train]
    data_label_set=list(set(data_label))
    if len(data_label_set)==1:
        return data_label_set[0]

    #当没有可划分的属性时，选择最多的标签作为数据集标签
    if len(data_train[0])==1:
        return main_class(data_train)

    #选择最佳划分属性进行划分
    best_feature=choose_best_split(data_train)
    print("best",best_feature)
    best_fea_label=labels[best_feature]
```

```
    decision_tree={best_fea_label:{}}
    labels.remove(labels[best_feature])

    feature_value=[data[best_feature] for data in data_train]
    feature_set=set(feature_value)
    for f in feature_set:
        sub_label_set=labels[:]
    decision_tree[best_fea_label][f]=create_decmaking_tree
      (split_dataset(data_train,best_feature,f),sub_label_set)
    return decision_tree
```

6. 测试函数

```
if __name__=='__main__':
    file_name='xiangqindata.txt'
    mydata,featname=load_data(file_name)
    decision_tree=create_decmaking_tree(mydata,featname)
    print(json.dumps(decision_tree, ensure_ascii=False))
```

程序输出结果如下：

```
{"年龄": {"小于35": {"房产": {"无": {"工作": {"无": "否", "有": {"婚姻": {"单身": "是", "离婚": "否"}}}}, "有": {"工作": {"无": {"年收入": {"大于12万": "是", "小于12万": {"婚姻": {"离婚": "否", "单身": "是"}}}}, "有": "是"}}}}, "大于35": {"年收入": {"大于12万": "否", "小于12万": "是"}}}}
```

提　示

决策树模型的优点为：（1）可读性好，具有描述性，有助于人工分析；（2）效率高，决策树只需要一次构建，就可以反复使用，每次预测的最大计算次数不超过决策树的深度。

7.4 决策树算法实现——泰坦尼克号幸存者预测

泰坦尼克号数据集记录了1912年泰坦尼克号轮船撞击冰山沉没事件中一些乘客和船员的个人信息和存活情况，包含train.csv和test.csv两个数据集，其中：

- train.csv是训练数据集，包含特征信息和存活与否的标签。
- test.csv是测试数据集，仅包含特征信息。

1. 查看样本数据

在使用决策树建立模型之前，我们可以先查看下数据样本的情况。

```
train = pd.read_csv('train.csv')
pd.set_option('display.max_columns', 10)  #给最大列设置为10列
print(train.head(5))
print(train.info())
```

输出结果如下：

```
   PassengerId  Survived  Pclass  ...     Fare Cabin  Embarked
0            1         0       3  ...   7.2500   NaN         S
1            2         1       1  ...  71.2833   C85         C
2            3         1       3  ...   7.9250   NaN         S
3            4         1       1  ...  53.1000  C123         S
4            5         0       3  ...   8.0500   NaN         S

[5 rows x 12 columns]
```

```
<class 'pandas.core.frame.DataFrame'>
RangeIndex: 891 entries, 0 to 890
Data columns (total 12 columns):
 #   Column       Non-Null Count  Dtype
---  ------       --------------  -----
 0   PassengerId  891 non-null    int64
 1   Survived     891 non-null    int64
 2   Pclass       891 non-null    int64
 3   Name         891 non-null    object
 4   Sex          891 non-null    object
 5   Age          714 non-null    float64
 6   SibSp        891 non-null    int64
 7   Parch        891 non-null    int64
 8   Ticket       891 non-null    object
 9   Fare         891 non-null    float64
 10  Cabin        204 non-null    object
 11  Embarked     889 non-null    object
dtypes: float64(2), int64(5), object(5)
memory usage: 83.7+ KB
```

可以看出，train.csv 中包含 12 个字段，分别是 PassengerId（乘客 ID）、Survived（是否获救）、Pclass（乘客类别）、Name（姓名）、Sex（性别）、Age（年龄）、Sibsp（兄弟姐妹/配偶同船人数）、Parch（父母/子女同船人数）、Ticket（票号）、Fare（票价）、Cabin（客舱号）、Embarked（出发港）。

2. 数据清洗

Age、Cabin、Embarked 字段存在缺失值，且缺失值不是太多。Age 为数值型，代表年龄，使用均值填充。

```
X['Age'].fillna(X['Age'].mean(),inplace=True)
print(X.info())
```

填充后的字段信息如下：

```
<class 'pandas.core.frame.DataFrame'>
RangeIndex: 891 entries, 0 to 890
Data columns (total 3 columns):
 #   Column  Non-Null Count  Dtype
---  ------  --------------  -----
 0   Pclass  891 non-null    int64
 1   Age     891 non-null    float64
 2   Sex     891 non-null    object
dtypes: float64(1), int64(1), object(1)
memory usage: 21.0+ KB
```

Embarked 字段取值为 S、C 和 Q，为便于处理，将其转换为 0、1、2。Sex 字段取值为 male 和 female，将其转换为 0 和 1。

```
labels = X_data["Embarked"].tolist()  #["S", "C", "Q"]
X_data['Embarked'] = X_data['Embarked'].apply(lambda x: labels.index(x))
X_data['Embarked'].fillna(X_data['Embarked'].mean, inplace=True)
X_data["Sex"] = (X_data["Sex"] == "male").astype("int")  #先得到布尔值，再将布尔值转成 0 或 1
```

转换后的数据样本如下：

```
   Pclass  Sex        Age  SibSp  Parch     Fare  Embarked
0       3    1  22.000000      1      0   7.2500         0
1       1    0  38.000000      1      0  71.2833         1
2       3    0  26.000000      0      0   7.9250         0
3       1    0  35.000000      1      0  53.1000         0
4       3    1  35.000000      0      0   8.0500         0
```

3. 特征选择

通过数据探索，我们可以发现 PassengerId、Name 字段对分类意义不大，Cabin 缺失值太多，Ticket 毫无规律，可以舍弃。我们选择剩余的字段 Pclass、Sex、Age、SibSp、Parch 和 Fare 对乘客的生存情况进行预测。

```
#选择特征值和标签
X_data = train[['Pclass', 'Sex', 'Age', 'SibSp', 'Parch', 'Fare', 'Embarked']]
y_label = train['Survived']
```

4. 特征和标签的提取

将数据样本分隔成特征数据和标签数据，并利用 fit_transfrom 将特征向量转换成特征矩阵。

```
#将数据集分隔为训练集和测试集
X_train,X_test,y_train,y_test =
train_test_split(X_data,y_label,test_size=0.25)
dict = DictVectorizer(sparse=False)
X_train = dict.fit_transform(X_train.to_dict(orient="records"))
X_test = dict.transform(X_test.to_dict(orient="records"))
```

5. 决策树建模

利用 ID3 算法构建决策树，即先创建 DecisionTreeClassifier 对象，然后利用 X_train 和

y_train 进行训练。

```
#用决策树进行预测
decision_model= DecisionTreeClassifier()
decision_model.fit(X_train,y_train)
```

DecisionTreeClassifier 是决策树分类函数，它的构造函数原型如下：

```
class sklearn.tree.DecisionTreeClassifier(criterion='gini', splitter='best',
max_depth=None, min_samples_split=2, min_samples_leaf=1,
min_weight_fraction_leaf=0.0, max_features=None, random_state=None,
max_leaf_nodes=None, min_impurity_decrease=0.0, class_weight=None,
ccp_alpha=0.0)[source]
```

其参数说明如下：

（1）criterion：特征选择方式，取值为 gini 或 entropy，分别表示基尼系数和信息熵。

（2）splitter：属性特征的划分依据，其值取决于 criterion 的选择。splitter 有两个取值：best 和 random。best 的取值依据 criterion 的选择，在所有特征中找最好的分隔属性，适合样本量不大的情况。random 表示最优的随机划分属性，一般在数据量非常大时使用。

（3）max_features：在选择最优的划分属性结点时，设置允许搜索的最大特征个数。None 表示选择所有的特征，log2 表示选择 log2(n_features)个特征，sqrt 表示选择 sqrt(n_features)个特征，auto 表示自动特征数量。

（4）max_depth：决策树的最大深度，取值为 int 类型或 None，决策树的深度越大，越容易过拟合，树的深度一般设置为 5~20。

（5）min_samples_split：结点分隔时的最小样本数量，当样本数量可能小于此值时，结点将不再在划分，默认值为 2。

（6）min_samples_leaf：叶子结点最少的样本数，若某叶子结点数目小于样本数，则会和兄弟结点一起被剪枝，默认值为 1。

（7）min_weight_fraction_leaf：叶子结点所有样本权重的最小值，默认值为 0.0。

（8）max_leaf_nodes：最大叶子结点数，默认是“None”，即不限制最大的叶子结点数。

（9）class_weight：样本各类别的权重，取值有 Banlanced 和 None。

（10）min_impurity_split：结点的不纯度。如果某结点的不纯度（基尼系数，信息增益）小于这个阈值，则该结点不再生成子结点，即为叶子结点。

其主要方法如下：

（1）fit(X,y)：训练模型，X 为样本数据，y 为标签。

（2）predict(X)：模型预测，将 X 作为测试样本，返回预测结果。

（3）score(X,y[,sample_weight])：模型预测的准确率。

6. 模型预测与评估

使用训练好的决策树模型在 X_test 上进行预测。

```
#预测准确率
print(decision_model.predict(X_test))
print("预测准确率：",decision_model.score(X_test,y_test))
```

输出结果如下：

```
预测的准确率： 0.7309417040358744
准确率： 0.8161434977578476
```

完整的算法代码如下：

```
import pandas as pd

import matplotlib.pyplot as pltfrom sklearn.ensemble import
RandomForestClassifier
from sklearn.feature_extraction import DictVectorizer
from sklearn.model_selection import train_test_split,
GridSearchCV,cross_val_score
from sklearn.tree import DecisionTreeClassifier

def decision_tree():
    #加载数据
    train = pd.read_csv('train.csv')
    #pd.set_option('display.max_columns', 10)  #为最大列设置为10列
    print(train.head(5))
    print(train.info())
    #处理数据，找出特征值和目标值
    #特征选择
    features = ['Pclass', 'Sex', 'Age', 'SibSp', 'Parch', 'Fare', 'Embarked']
    X_data = train[['Pclass','Age','Sex','Embarked']]
    X_data=train[features]
    y_label = train['Survived']
    print(len(y_label))
    #缺失值处理
    X_data['Age'].fillna(X_data['Age'].mean(),inplace=True)
    print(X_data.info())
    labels = X_data["Embarked"].tolist()
    X_data['Embarked'] = X_data['Embarked'].apply(lambda x: labels.index(x))
    X_data['Embarked'].fillna(X_data['Embarked'].mean, inplace=True)
    X_data["Sex"] = (X_data["Sex"] == "male").astype("int")  #先获取bool值，
再将bool值转换成0和1

    #将数据集分割为训练集和测试集
   X_train,X_test,y_train,y_test =
            train_test_split(X_data,y_label,test_size=0.25)
    dict = DictVectorizer(sparse=False)
    X_train = dict.fit_transform(X_train.to_dict(orient="records"))

    print(X_train)
    X_test = dict.transform(X_test.to_dict(orient="records"))
    #用决策树进行预测
    decision_model = DecisionTreeClassifier()
    decision_model.fit(X_train,y_train)
    #预测准确率
    print(decision_model.predict(X_test))
    print("预测的准确率：",decision_model.score(X_test,y_test))

    rf = RandomForestClassifier(n_jobs=-1)
    param = {"n_estimators":[100,200,300,400,700,1000],
```

```
"max_depth":[6,9,18,26,35]}
        #网络搜索与交叉验证
        grid_cv = GridSearchCV(rf,param_grid=param,cv=2)
        grid_cv.fit(X_train,y_train)
        print("准确率：",grid_cv.score(X_test,y_test))
        return X_train,y_train

    def show _curve(X,y):
        score_train = []
        score_test = []
        for i in range(10):
            dt = DecisionTreeClassifier(random_state=25 , max_depth=i + 1
                                        , criterion="entropy" )
            dt = dt.fit(X, y)  #训练过程
            s_train = dt.score(X, y)  #训练集得分
            s_test = cross_val_score(dt, X, y, cv=10).mean()  #测试集得分
            score_train.append(s_train)
            score_test.append(s_test)

        plt.plot(range(1, 11), score_train, color="red", label="train")
        plt.plot(range(1, 11), score_test, color="blue", label="test")
        plt.xticks(range(1, 11))
        plt.legend()
        plt.show()
    if __name__ == '__main__':
        X_train,y_label=decision_tree()
        show _curve(X_train,y_label)
```

程序运行结果如下：

```
预测的准确率： 0.7713004484304933
准确率： 0.7982062780269058
```

运行结果如图 7-4 所示。

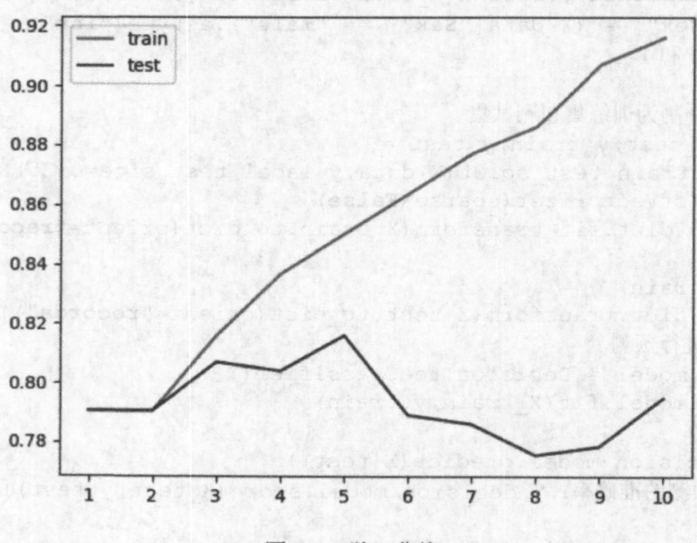

图 7-4　学习曲线

7.5 本章小结

决策树是一种有监督的非参数学习算法，它采取自顶向下的方式通过属性划分构造决策树，每一步都选择当前状态下最优的属性特征对训练数据进行分割。决策树运行效率高、不需要任何领域知识和参数假设，但易出现过拟合问题、忽略属性相关性。常用的决策树算法中，ID3、C4.5 是基于信息增益作为属性选择的度量方式，CART 是基于基尼指数作为属性选择的度量方式。ID3 算法不能处理带有缺失值的数据集，因此在算法挖掘之前需要对数据集中的缺失值进行预处理。

7.6 习 题

一、选择题

1. 在构建决策树时，需要计算每个数据属性划分的得分，选择得分最高的数据属性进行划分，这个计算数据属性的得分是（ ）。

A. 信息熵　　B. 信息增益

C. 条件熵　　D. 预剪枝

2. 针对西瓜数据集，在决策树开始学习时，只有根结点，包含所有数据样例，正例所占比例为 $p_1=\frac{8}{17}$，负例所占比例为 $p_2=\frac{9}{17}$，则根结点的信息熵为（ ）。

A. 0.881　　B. 0.998

C. 1　　D. 0.722

3. 关于决策树的表述，（ ）是不正确的。

A. 决策树是有监督的学习算法

B. 决策树属于非参数学习算法

C. 采用自顶而下递归构造决策树

D. 在每一步选择中都采取在当前状态下最好/最优的选择

E. 决策树只能用于解决二分类问题

4. （ ）不是决策树的优点。

A. 速度快，计算量较小，沿着树根向下一直走到叶结点，所经过的路径能唯一确定分类结果

B. 不需要任何领域的知识和参数假设

C. 挖掘出来的分类规则准确性高，便于理解

D. 不容易过拟合

5. 为了避免决策树的过拟合问题，可采用（ ）解决。

A. 属性划分　　B. 剪枝

C. 降维处理　　D. 以上都可以

二、算法设计题

1. 根据表 7-2 所示的西瓜数据集，计算决策树中每个结点的信息增益，构造决策树，并编写构造决策树的算法。

表 7-2 西瓜数据集

序号	色泽	根蒂	敲声	纹路	脐部	触感	好瓜/坏瓜
1	青绿	蜷缩	浊响	清晰	凹陷	硬滑	好瓜
2	乌黑	蜷缩	沉闷	清晰	凹陷	硬滑	好瓜
3	乌黑	蜷缩	浊响	清晰	凹陷	硬滑	好瓜
4	青绿	蜷缩	沉闷	清晰	凹陷	硬滑	好瓜
5	浅白	蜷缩	浊响	清晰	凹陷	硬滑	好瓜
6	青绿	稍蜷	浊响	清晰	稍凹	软粘	好瓜
7	乌黑	稍蜷	浊响	稍糊	稍凹	软粘	好瓜
8	乌黑	稍蜷	浊响	清晰	稍凹	硬滑	好瓜
9	乌黑	稍蜷	沉闷	稍糊	稍凹	硬滑	坏瓜
10	青绿	硬挺	清脆	清晰	平坦	软粘	坏瓜
11	浅白	硬挺	清脆	模糊	平坦	硬滑	坏瓜
12	浅白	蜷缩	浊响	模糊	平坦	软粘	坏瓜
13	青绿	稍蜷	浊响	稍糊	凹陷	硬滑	坏瓜
14	浅白	稍蜷	沉闷	稍糊	凹陷	硬滑	坏瓜
15	乌黑	稍蜷	浊响	清晰	稍凹	软粘	坏瓜
16	浅白	蜷缩	浊响	模糊	平坦	硬滑	坏瓜
17	青绿	蜷缩	沉闷	稍糊	稍凹	硬滑	坏瓜

2. 使用决策树算法对鸢尾花数据进行分类，并给出分类的准确率。

第8章

线性回归

线性回归（Linear Regression）是对一个或多个自变量和因变量之间关系进行建模的一种回归分析，用于确定两种或两种以上变量间相互依赖的定量关系的一种统计分析方法。回归分析（Regression Analysis）是一种监督学习方法，在大量观测数据的基础上，利用数理统计方法建立因变量与自变量之间的回归关系函数表达式。回归分析是一种预测建模技术，用于描述连续性变量的分布，通过建立回归方程帮助人们预测事物变化规律。

8.1 回归分析概述

回归（Regression）是由英国著名生物学家兼统计学家高尔顿（Francis Galton，1822—1911，生物学家达尔文的表弟）在研究人类遗传问题时提出来的。在《遗传的身高向平均数方向的回归》一文中，他通过观察1078对夫妇的身高数据，以每对夫妇的平均身高作为自变量，取他们的一个成年儿子的身高作为因变量，分析出儿子的身高 y 与父亲的身高 x 大致可归纳为以下关系：

$$Y=0.8567+0.516X$$

假如父母辈的平均身高为1.75米，则预测子女的身高为1.7597米。

这种趋势及回归方程表明父母身高每增加一个单位时，其成年儿子的身高平均增加0.516个单位。这就是回归一词最初在遗传学上的含义。

后来，“线性回归”的术语却因此沿用下来，作为根据一种变量预测另一种变量或多种变量关系的描述方法。

回归分析通过研究一个或多个自变量与因变量的关系，建立自变量与因变量的数学模型，从而利用该模型进行预测。根据自变量与因变量的个数，回归分析可分为一元回归分析、多元回归分析、逻辑回归分析等。根据自变量与因变量的函数表达式可分为线性回归和非线性回归分析。线性回归是回归分析中最基本的分析方法，对于非线性回归，可借助数学手段将其转换为线性回归来解决。

线性回归的数学公式可表示为：

$$y=\sum_{i=1}^{n} w_i x_i + b \qquad \text{（式 8-1）}$$

其中，w_i 为回归模型参数，b 为偏置。例如，生成随机数对应的散点图与拟合的直线如图 8-1 所示。

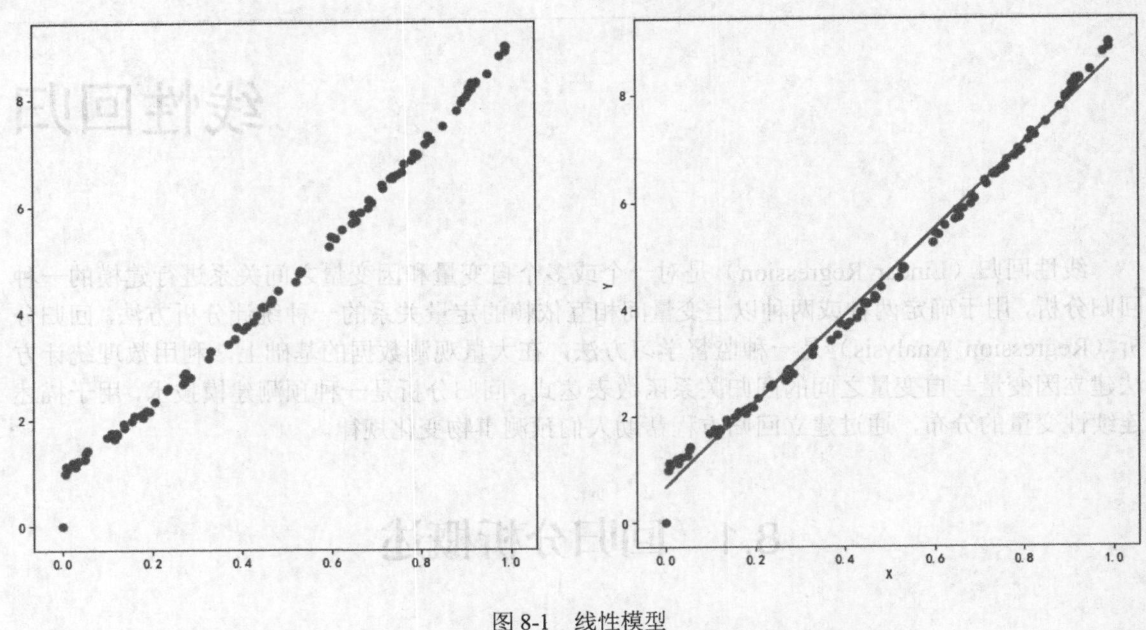

图 8-1　线性模型

8.2　单变量线性回归

单变量线性回归也称为一元线性回归，它是一种根据自变量 x 与因变量 y 的相关关系建立 x 与 y 的线性回归方程来进行预测的方法。本节将主要介绍梯度下降法和牛顿法求解线性回归问题。

8.2.1　梯度下降法求解线性回归原理与实现

在求解线性回归问题中，梯度下降法是最常用的方法。它主要是通过对建立起的预测函数与实际值误差函数求偏导，不断训练以学习 w 和 b。

1. 梯度下降法求解线性回归问题的原理

假设数据集 $D=\{(x_1,y_1),(x_2,y_2),(x_3,y_3),\ldots,(x_m,y_m)\}$，它的线性模型就是试图通过该数据集学习一个线性方程以进行预测：

$$h(X)=w_1x_1+w_2x_2+w_3x_3+\ldots+w_kx_k+b \quad \text{（式 8-2）}$$

其中，k 表示特征数目，当只有一个因变量 x 时，称为一元线性回归。当存在多个因变量时，就成为多元线性回归。该线性方程可写成向量形式：

$$h(X)=W^TX+b \quad \text{（式 8-3）}$$

其中，$W=\begin{pmatrix} w_1 \\ w_2 \\ w_3 \\ \vdots \\ w_k \end{pmatrix}$。

我们的目的是使真实函数值与预测函数值误差最小化，从而最好地将样本数据集进行拟合，更好地预测新的数据。为了学习到参数 W 和 b，可用最小二乘逼近来拟合，预测函数 $h(x)$ 与 y 之间的差值平方和为：

$$J(W,b)=\underset{(W,b)}{\arg\min}\sum_{i=1}^{m}(h(x_i)-y_i)^2 \quad \text{（式 8-4）}$$

下面使用梯度下降法分别对 W 和 b 求偏导来求解参数 W 和 b：

$$\frac{\partial J(W,b)}{\partial W}=2\left(W\sum_{i=1}^{m}x_i^2-\sum_{i=1}^{m}(y_i-b)x_i)\right) \quad \text{（式 8-5）}$$

$$\frac{\partial J(W,b)}{\partial b}=2\left(mb-\sum_{i=1}^{m}(y_i-wx_i)\right) \quad \text{（式 8-6）}$$

令公式 8-5 和公式 8-6 等于零，可得到 W 和 b 的迭代求解：

$$W^{(i+1)}=W^{(i)}-\alpha\frac{1}{m}\sum_{j=1}^{m}(h(x_j^{(i)})-y_j^{(i)}) \quad \text{（式 8-7）}$$

$$b^{(i+1)}=b^{(i)}-\alpha\frac{1}{m}\sum_{j=1}^{m}(h(x_j^{(i)}-y_j^{(i)}) \quad \text{（式 8-8）}$$

其中，α为学习率。

提 示

面对大规模数据集，建议使用随机梯度下降算法，因为它不需要遍历所有的数据集，因此可提升收敛速度。随机梯度下降算法不会精确地收敛到全局的最小值，但是会逼近最小值，通常达到这个精度就可以了。

2. 一元线性回归问题的梯度下降法算法实现

下面随机生成 100 条数据，根据这些数据利用以上线性回归训练过程可求解出 w 和 b，并进行可视化。

```
#准备数据
x =  np.zeros(100)
y = np.zeros(100)
for i in range(1,100):
        x[i] = random.random() * 1
        y[i] = random.random() * 0.2 - 0.1 + 6 * x[i]

#学习参数 w 和 b
def Optimization(x,y,w,lr,iter):
        m = len(x)
        alpha = lr
        h = 0
        for i in range(iter):
            sum0 = 0.0
            sum1 = 0.0
            for j in range(m):
                h = w[0] + w[1] * x[j]
                sum1 += (h - y[j]) * x[j]
                sum0 += (h - y[j])
            w[0] -= alpha * sum0 / m
            w[1] -= alpha * sum1 / m
        return w
#数据可视化
fig=plt.figure()
ax1=fig.add_subplot(1,3,1)
ax2=fig.add_subplot(1,3,2)
ax3=fig.add_subplot(1,3,3)
ax1.scatter(x, y, marker='o')
x1 = np.arange(0,1,0.1)
y1 = theta[0] + x1 * theta[1]
ax2.scatter(x, y, marker='o')
ax2.plot(x1, y1,c='r')
```

也可直接使用系统提供的线性回归函数拟合：

```
clf = LinearRegression()
x2=x.reshape(len(x),1)
y2=y.reshape(len(y),1)
clf.fit(x2,y2)
pre=clf.predict(x2)
ax3.scatter(x2, y2, marker='o')
ax3.plot(x2, pre,c='r')
```

程序运行结果如图 8-2 所示。

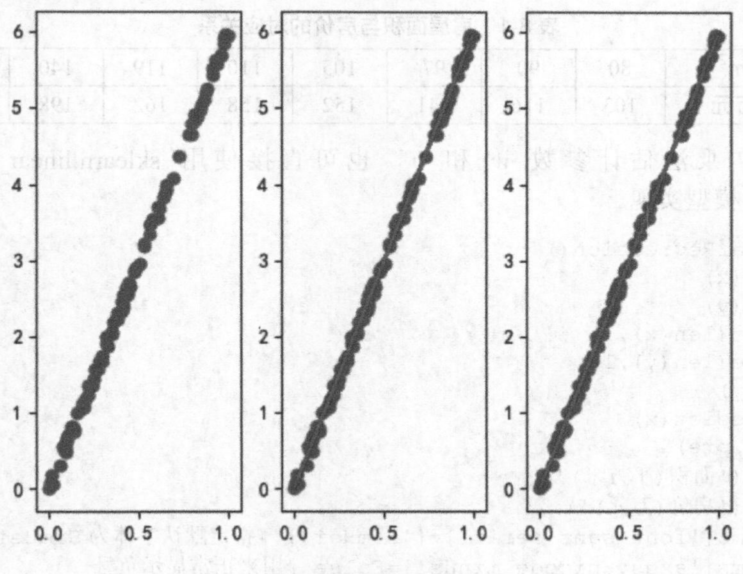

图 8-2　单变量线性回归

LinearRegression 是 sklearn.linear_model 模块中的回归模型，主要通过调用 LinearRegression 函数、fit 函数和 predict 函数来训练和预测模型。

① LinearRegression(copy_X=True, fit_intercept=True, n_jobs=1, normalize=False)

各参数含义如下：

- copy_X：布尔型，默认为 True。表示是否对 X 复制。如果选择 False，则直接对原始数据进行覆盖，即经过中心化、标准化后，把新数据覆盖到原始数据上。
- fit_intercept：布尔型，默认为 True。表示是否对训练数据进行中心化。如果是 True，则表示对输入的训练数据进行中心化处理；如果是 False，则输入数据已经中心化处理，后面的过程不再进行中心化处理。
- n_jobs：整型，默认为 1。表示计算时设置的任务个数，如果设置为-1，则表示使用所有的 CPU。该参数对于目标个数大于 1 且规模足够大的问题有加速作用。
- normalize：布尔型，默认为 False。表示是否对数据进行标准化处理。

② fit(X,y[,n_jobs])

该函数主要是用来训练模型参数，对训练集 X，y 进行训练，分析模型参数，填充数据集。其中 X 为数据的属性，y 为所属类型。

返回值分为两个部分：coef_和 intercept_，其中 coef_存储 LinearRegression 模型的回归系数。intercept_存储 LinearRegression 模型的回归截距。

③ predict(X)

该函数主要是利用训练模型预测，使用训练得到的估计器或模型对输入的 X 数据集进行预测，返回结果为预测值。数据集 X 通常划分为训练集和测试集。

【例 8-1】根据表 8-1 所示的房屋面积和房价之间的对应关系，建立线性回归模型。

表 8-1　房屋面积与房价的对应关系

面积（m^2）	80	90	97	105	110	119	140	180
房价（万元）	103	116	141	152	158	162	198	235

利用最小二乘法估计参数 w 和 b，也可直接使用 sklearn.linear_model 提供的 LinearRegression 模型实现。

```
clf = LinearRegression()
x=np.array(x)
y=np.array(y)
x=x.reshape(len(x),1)
y=y.reshape(len(y),1)
clf.fit(x,y)
pre=clf.predict(x)
plt.plot(x,pre)
plt.xlabel('面积(平方米)')
plt.ylabel('房价(万元)')
mpl.rcParams['font.sans-serif']=['SimHei'] #指定默认字体为 SimHei
mpl.rcParams['axes.unicode_minus']=False #用来正常显示负号
plt.show()
```

输出结果如图 8-3 所示。

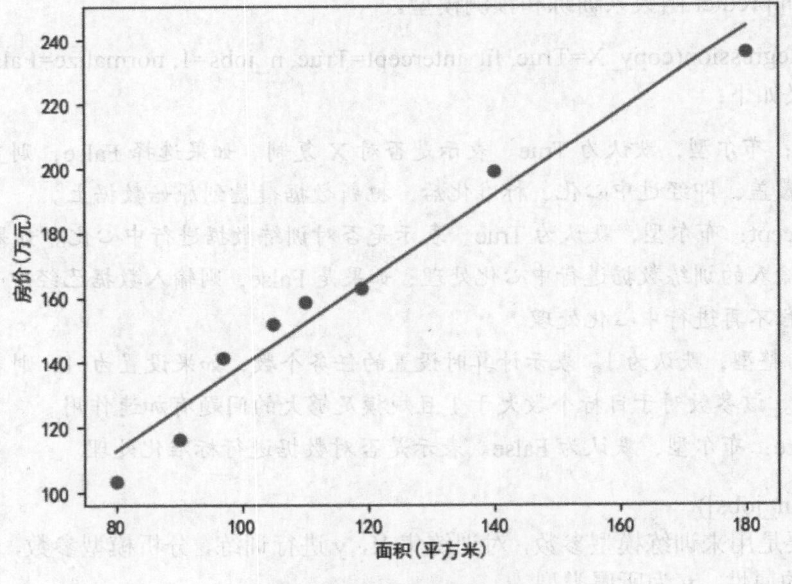

图 8-3　预测房价的线性回归

8.2.2 牛顿法求解线性回归原理与实现

除了梯度下降法，牛顿法也是机器学习中用得比较多的一种优化算法。牛顿法的基本思想是利用 x_0 处的一阶导数（梯度）和二阶导数（Hessen 矩阵）对目标函数进行二次函数近似，然后把二次模型的极小点作为新的迭代点，并不断重复这一过程，直至求得满足精度的近似极小值。

1. 牛顿法求解线性回归问题的原理

假设要求 $f(x)$ 的解，二阶泰勒展开式为：

$$f(x)=f(x_0)+f'(x_0)(x-x_0)+\frac{1}{2}f''(x_0)(x-x_0)^2 \quad \text{（式 8-9）}$$

此时，将非线性优化问题 $\min f(x)$ 近似为二次函数的最优化求解问题：

$$\min\{f(x_0)+f'(x_0)(x-x_0)+\frac{1}{2}f''(x_0)(x-x_0)^2\} \quad \text{（式 8-10）}$$

对公式 8-10 的求解转化为对函数求导：

$$f'(x_0)+f''(x_0)(x-x_0)^2=0 \quad \text{（式 8-11）}$$

可得到 x_k 与 x_{k+1} 之间的关系：

$$x_{k+1}=x_k-\frac{1}{f''(x_k)}f'(x_k) \quad \text{（式 8-12）}$$

最优化求解问题的迭代形式为 $x_{k+1}=x_k-kf'(x_k)$，其中 k 为系数，$f'(x_k)$ 为函数值上升的方向，$-f'(x_k)$ 为下降的方向。求目标函数的最小值，只要每次迭代沿着函数值下降的方向就会逼近最优值，牛顿法每次迭代的步长为 $\frac{1}{f''(x_k)}$。

当函数有多个变量时，上面的一阶导数就是梯度，二阶导数就是 Hessian 矩阵，除号的含义就变成求矩阵的逆阵，上述迭代公式为：

$$x_{k+1}=x_k-[\mathrm{H}f(\mathrm{x}_k)]^{-1}\nabla f(x_k) \quad \text{（式 8-13）}$$

其中，H 是 Hessian 矩阵，定义如下：

$$H=\begin{bmatrix} \frac{\partial^2 f}{\partial x_1^2} & \frac{\partial^2 f}{\partial x_1 x_2} & \cdots & \frac{\partial^2 f}{\partial x_1 x_n} \\ \frac{\partial^2 f}{\partial x_2 x_1} & \frac{\partial^2 f}{\partial x_2^2} & \cdots & \frac{\partial^2 f}{\partial x_2 x_n} \\ \vdots & \vdots & \ddots & \vdots \\ \frac{\partial^2 f}{\partial x_n x_1} & \frac{\partial^2 f}{\partial x_n x_2} & \cdots & \frac{\partial^2 f}{\partial x_n^2} \end{bmatrix} \quad \text{（式 8-14）}$$

2. 牛顿法求解线性回归问题的算法实现

根据随机生成的一组数据，利用牛顿法对该数据进行线性拟合，并可视化。

```
def get_data():
    x = np.zeros(100)
    y = np.zeros(100)
    for i in range(1, 100):
```

```
        x[i] = np.random.random() * 1
        y[i] = np.random.random() * 0.2 - 0.2 + 3 * x[i]
    return x,y
def get_regression(X, y, iters, sigma=0.2, delta=0.3):
    cols = np.shape(X)[1]
    W = np.mat(np.zeros((cols, 1)))
    c=0
    while c <= iters:
        diff = get_one_order_derivativ(X,W)  #一阶导数
        diff2 = get_two_order_derivative(X)  #二阶导数
        q = -diff2.I * diff
        change = get_min_step(X, y, W, diff, q, sigma, delta)
        W = W + pow(sigma, change) * q
        err=get_error(X,y,W)[0,0]
        c=c+1
    return W,err
if __name__ == "__main__":
    #得到数据
    X0, y0 =get_data()
    show_figure(X0, y0)
    one=np.ones((1, len(X0)), dtype=int).tolist()[0]
    one=np.array(one)
    X0=np.array(X0)
    X0 = [[one[i], X0[i]] for i in range(len(one))]
    X1 = np.array(X0)[:, 1]
    X, y = np.mat(X0), np.mat(y0).T
    w,err = get_regression(X, y, 100)
    print('误差:',err)
    print("X: ", X1, "y:", y0)
    fig = plt.figure()
    ax1 = fig.add_subplot(1, 2, 1)
    ax2 = fig.add_subplot(1, 2, 2)
    ax1.scatter(X1, y0, marker='o')
    w1 = list(map(float, w[0][0]))
    w2 = list(map(float, w[1][0]))
    w = w1 + w2
    y1 = w[0] + X1 * w[1]
    ax2.scatter(X1, y0, marker='o')
    ax2.plot(X1, y1, c='r')
    plt.show()
```

程序运行结果如图 8-4 所示。

$w1$ 和 $w2$ 的取值分别为[−0.10467065779678915, 3.003520091454951]。牛顿法的速度相当快，而且能高度逼近最优值。牛顿法最突出的优点是收敛速度快，具有局部二阶收敛性。

此外，还可以直接调用 statsmodels 模块中的 OLS（Ordinary Least Square，普通最小二乘法）进行回归分析。

```
est = sm.OLS(y, X).fit()  #无截距项
y_pre = est.predict(X)
print(est.summary())  #回归结果
print(est.params)  #系数
```

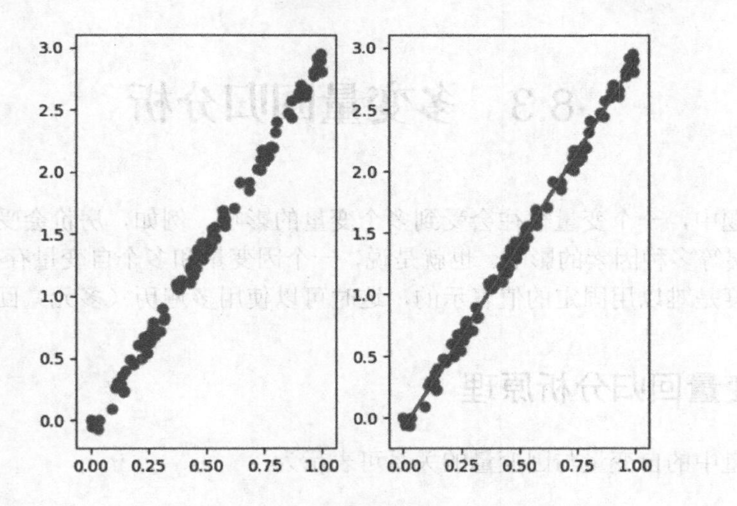

图 8-4 利用牛顿法求解线性回归问题

输出结果如下：

```
                            OLS Regression Results
==============================================================================
Dep. Variable:                      y   R-squared:                       0.995
Model:                            OLS   Adj. R-squared:                  0.995
Method:                 Least Squares   F-statistic:                 1.898e+04
Date:                Tue, 02 Aug 2022   Prob (F-statistic):          5.43e-114
Time:                        18:07:00   Log-Likelihood:                 146.11
No. Observations:                 100   AIC:                            -288.2
Df Residuals:                      98   BIC:                            -283.0
Df Model:                           1
Covariance Type:            nonrobust
==============================================================================
                 coef    std err          t      P>|t|      [0.025      0.975]
------------------------------------------------------------------------------
const         -0.0626      0.012     -5.343      0.000      -0.086      -0.039
x1             2.9372      0.021    137.753      0.000       2.895       2.979
==============================================================================
Omnibus:                        4.181   Durbin-Watson:                   1.925
Prob(Omnibus):                  0.124   Jarque-Bera (JB):                2.329
Skew:                          -0.104   Prob(JB):                        0.312
Kurtosis:                       2.282   Cond. No.                         4.68
==============================================================================

Notes:
[1] Standard Errors assume that the covariance matrix of the errors is correctly specified.
[-0.06257054  2.93717588]
```

这与牛顿法回归得到的系数非常接近。

8.3 多变量回归分析

在实际问题中，一个变量往往会受到多个变量的影响。例如，房价会受到房屋面积大小、地理位置、楼层等多种因素的影响。也就是说，一个因变量和多个自变量存在依赖关系，这些因素的影响程度是难以用固定的值表示的，这时可以使用多遍历（多元）回归分析。

8.3.1 多变量回归分析原理

对于多变量中的自变量与因变量的关系可表示为：

$$h(X)=\theta^T X=\theta_0 x_0+\theta_1 x_1+\theta_2 x_2+\ldots+\theta_n x_n \tag{式 8-15}$$

若将以上关系用向量表示，公式为：

$$y=\begin{bmatrix} y_1 \\ y_2 \\ \vdots \\ y_n \end{bmatrix}, X=\begin{bmatrix} 1 & x_{11} & \cdots & x_{1p} \\ 1 & x_{21} & \cdots & x_{2p} \\ \vdots & \vdots & \vdots & \vdots \\ 1 & x_{n2} & \cdots & x_{np} \end{bmatrix}, \varepsilon=\begin{bmatrix} \varepsilon_1 \\ \varepsilon_2 \\ \vdots \\ \varepsilon_n \end{bmatrix}, \beta=\begin{bmatrix} \beta_0 \\ \beta_1 \\ \vdots \\ \beta_p \end{bmatrix} \tag{式 8-16}$$

则多元线性回归方程就变成了：

$$y=X\beta+\varepsilon \tag{式 8-17}$$

其中，X 一般称为设计矩阵。

多元线性回归通常有两种求解方法：解析法求解和梯度下降法。

（1）解析法求解

利用最小二乘法最小代价函数：

$$J(\Theta)=\frac{1}{2}\sum_{i=1}^{n}(h_\theta(x^{(i)})-y^{(i)})^2=\frac{1}{2}(X\theta-Y)^T(X\theta-Y) \tag{式 8-18}$$

将上式展开可得：

$$\begin{aligned} J(\Theta)&=\frac{1}{2}(X\theta-Y)^T(X\theta-Y) \\ &=\frac{1}{2}(\theta^T X^T-Y^T)(X\theta-Y) \\ &=\frac{1}{2}(\theta^T X^T X\theta-\theta^T X^T Y^T-Y^T X\theta+Y^T Y) \end{aligned} \tag{式 8-19}$$

对公式（8-19）中的参数 θ 求偏导，则有：

$$\frac{\partial J(\theta)}{\partial \theta}=\frac{1}{2}(2X^T X\theta - X^T Y - X^T Y)=0 \qquad （式 8-20）$$

从而有：

$$\theta=(X^T X)^{-1} X^T Y \qquad （式 8-21）$$

（2）梯度下降法求解

对公式（8-18）中的参数求偏导，为简化求解过程，设样本数为 1，则有：

$$\begin{aligned}\frac{\partial J(\theta)}{\partial \theta} &= \frac{\partial}{\partial \theta}\frac{1}{2}(h_\theta(x)-y)^2 \\ &= 2*\frac{1}{2}*(h_\theta(x)-y)\frac{\partial}{\partial \theta}(h_\theta(x)-y) \\ &= (h_\theta(x)-y)\frac{\partial}{\partial \theta}(\theta_0 x_0+\theta_1 x_1+\ldots+\theta_n x_n - y) \\ &= (h_\theta(x)-y)x \end{aligned} \qquad （式 8-22）$$

因此，可得迭代公式：

$$\theta_j=\theta_j-\eta(h_\theta - y)*x_j \qquad （式 8-23）$$

其中，η 为学习率。将上式推导到 m 维，则有：

$$\theta_j=\theta_j-\eta\sum_{i=1}^{m}(h_\theta(x^{(i)})-y^{(i)})*x_j^{(i)} \qquad （式 8-24）$$

在最小二乘的解析过程中，需要对矩阵求逆。因为有些矩阵没有逆矩阵，只能使用近似矩阵来代替，所以结果的精度会降低。另外，随着维度的增加，矩阵求逆会导致计算量大大增加，求解速度变慢。因此，在数据量特别大的情况下，一般会使用梯度下降求解法。

8.3.2　多变量线性回归算法实现

下面结合具体应用，分别利用解析法和梯度下降法的算法思想，模拟求解多变量线性回归问题。

1．解析法求解多变量线性回归问题的算法实现

多元线性回归方程和简单线性回归方程类似，不同的是由于因变量个数的增加，求取参数的个数也相应增加，推导和求取过程也不一样。

【例 8-2】根据表 8-2 所示的运输里程、运输次数与运输总时间的对应关系，利用解析法建立多元线性回归模型。

表 8-2 运输里程、运输次数与运输总时间的关系

运输里程（公里）	运输次数	运输总时间（小时）
100	4	9.3
50	3	4.8
100	4	8.9
100	2	6.5
50	2	4.2
80	2	6.2
75	3	7.4
65	4	6.0
90	3	7.6
90	2	6.1

根据表 8-2 中的数据，利用解析法实现多元线性回归模型算法。

```
import numpy as np
from sklearn import datasets,linear_model

#定义训练数据
data = np.array([[100,4,9.3],[50,3,4.8],[100,4,8.9],
        [100,2,6.5],[50,2,4.2],[80,2,6.2],
        [75,3,7.4],[65,4,6],[90,3,7.6],[90,2,6.1]])
print(data)
X = data[:,:-1]
Y = data[:,-1]
print(X,Y)
'''使用解析法进行多变量回归分析'''
#构造 X 和 Y
X_one = np.ones(len(X))
X0=np.vstack(np.ones((len(X),1))) #10*1
X=np.hstack((X0,X))
print(X)
#求解模型参数 W
X_T = np.transpose(X)  #将 X 转置
X_TX=np.matmul(X_T,X)  #计算 X_T* X
X_TX_inv = np.linalg.inv(X_TX)  # 计算(X_T* X) ^ (-1)
X_TX_inv_X_T = np.matmul(X_TX_inv, X_T)  # 计算(X_T * X) ^ (-1)* X_T
W = np.matmul(X_TX_inv_X_T, Y)  # 计算(X_T * X) ^ (-1) * X_T * Y, 即 W
print(W)
#预测
y_pre = np.matmul(X, W)
print(y_pre)
#使用指定的数据进行预测
x_test = np.array([[1,102,6],[1,100,4]])
y_test = np.matmul(x_test,W)
print(y_test)
'''使用 LinearRegression 进行多变量回归分析'''
#训练数据
regr = linear_model.LinearRegression()
regr.fit(X,Y)
```

```
print('coefficients(b1,b2...):',regr.coef_)
print('intercept(b0):',regr.intercept_)

#预测
x_test = np.array([[1,102,6],[1,100,4]])
y_test = regr.predict(x_test)
print(y_test)
```

程序运行结果如下：

```
[-0.86870147  0.0611346   0.92342537]
[10.90757981  8.93845988]
coefficients(w1,w2...): [0.0611346  0.92342537]
intercept(w0): -0.868701466781709
[10.90757981  8.93845988]
```

为了验证解析法回归结果，我们将其与 LinearRegression 模块的回归结果进行了对比。从程序的运行结果可以看出，利用解析法和直接调用 LinearRegression 模块训练得到的参数 W 一样，预测结果也相同。这里的 matmul(X,Y)是求矩阵 X 与 Y 的乘积，inv(X)是求矩阵 X 的逆矩阵。

2．梯度下降法求解多变量线性回归问题的算法实现

【例 8-3】根据曲线 y=10+4×x1+2×x2 随机生成 1000 条数据，利用梯度下降算法拟合该曲线。

首先随机生成 1000 条数据，然后根据梯度下降算法不断学习得到参数 a[1]、a[2]和 a[3]，从而绘制出多元线性回归模型的曲面。

```
import random
import numpy as np
import matplotlib.pyplot as plt
from mpl_toolkits.mplot3d import Axes3D
 #计算双变量线性回归的代价函数值 h(x) =a1 + a2 * x1 + a3 * x2
def J(x1,x2,y,a):
   J_value = np.sum((a[1] + a[2] * x1 + a[3] * x2 - y) ** 2) / 2000
   return  J_value
 #随机生成数据 1000 个，曲线为 y = 10 + 4 * x1 + 2*x2
 x1 = np.zeros(1000)
 x2 = np.zeros(1000)
 x1=x1.reshape(1000,1)
 x2=x2.reshape(1000,1)
 for i in range(1,1000):
    x1[i] = random.random() * 1
    x2[i]= random.random() * 1
    y = 10 + 4 * x1 + 2 * x2 + random.random()* 2 - 1
 #变量线性拟合，令 h(x) =a1 + a2 * x1 + a3 * x2
 a = np.zeros(4)
 #梯度下降
 #学习率为 0.1
 alpha = 0.1
 pre_j = 0
 while np.abs(J(x1, x2, y, a) - pre_j) > 0.00001:
    pre_j = J(x1, x2, y, a)
    a[1] = a[1] - alpha / 1000 * sum(a[1] + a[2] * x1 + a[3] * x2 - y)
```

```
    a[2]= a[1] - alpha / 1000 * sum((a[1] + a[2] * x1 + a[3]* x2 - y) * x1)
    a[3]= a[1] - alpha / 1000 * sum((a[1]+ a[2] * x1 + a[3] * x2 - y) * x2)
#可视化
temp_x1 = np.arange(0, 1, 0.1)
temp_x2= np.arange(0, 1, 0.1)
xx1, xx2 = np.meshgrid(temp_x1, temp_x2)    #转换成二维的矩阵坐标
h_x = a[1] + a[2] * xx1 + a[3] * xx2
fig = plt.figure()
ax1=plt.subplot(1,2,1)
ax11 = fig.add_subplot(121, projection='3d')
ax11.scatter(x1, x2, y)
ax2=plt.subplot(1,2,2)
ax22 = fig.add_subplot(122, projection='3d')
ax22.scatter(x1, x2, y)
ax22.plot_surface(xx1, xx2, h_x)
plt.show()
```

程序运行结果如图 8-5 所示。

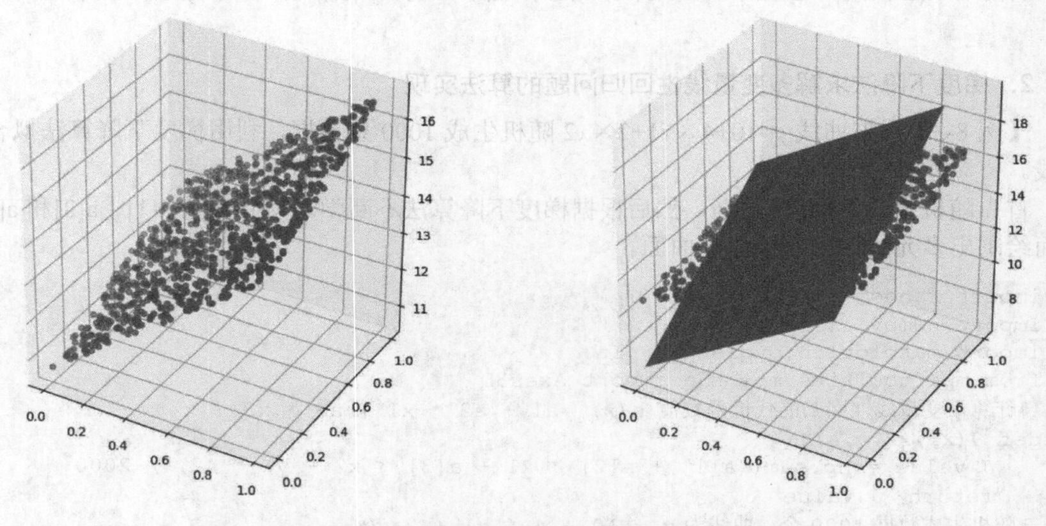

图 8-5 利用梯度下降算法建立的多元线性回归模型

为了观测出每次迭代时产生的代价值变化趋势，可通过以下代码绘制出代价函数与梯度下降迭代的关系。

```
#绘制损失函数
xlen=len(costvalue)
x=[i for i in range(xlen)]
fig=plt.figure()
plt.plot(x,costvalue,'g-')
plt.xlabel('迭代次数')
plt.ylabel('代价')
mpl.rcParams['font.sans-serif']=['SimHei'] #指定默认字体为 SimHei
mpl.rcParams['axes.unicode_minus']=False #用来正常显示负号
plt.show()
```

代价函数与梯度下降迭代的关系如图 8-6 所示。

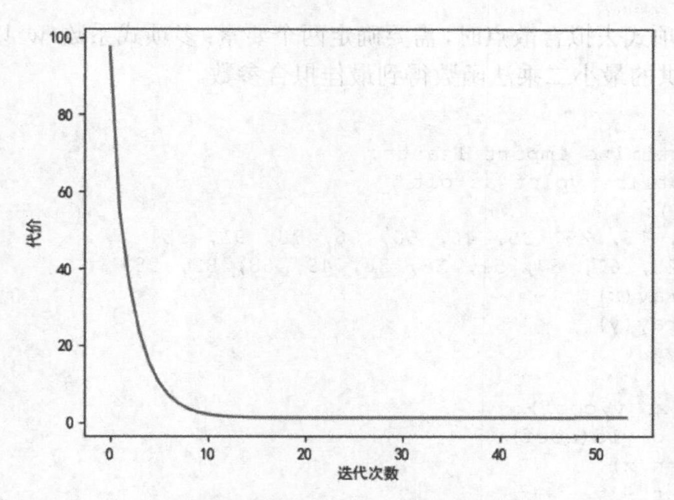

图 8-6 代价函数与梯度下降迭代次数的关系

8.4 多项式回归分析

多项式回归是线性回归模型的一种，假设存在一个函数，只有一个自变量，即只有一个特征属性，满足多项式函数如下：

$$h_M(W,X) = w_0 + w_1 x + w_2 x^2 + \dots + w_M x^M = \sum_{j=0}^{M} w_j x^j \quad (式 8\text{-}25)$$

其损失函数为：

$$\text{Loss}(W) = \frac{1}{2}\sum_{i=1}^{N}\sum_{j=0}^{M}(w_j x_i^j - y_i)^2 \quad (式 8\text{-}26)$$

损失函数值越小，则模型拟合的越好：

$$\begin{bmatrix} N & \sum x_i & \sum x_i^2 & \cdots & \sum x_i^M \\ \sum x_i & \sum x_i^2 & \sum x_i^3 & \cdots & \sum x_i^{M+1} \\ \sum x_i^2 & \sum x_i^3 & \sum x_i^4 & \cdots & \sum x_i^{M+2} \\ \vdots & \vdots & \vdots & \vdots & \vdots \\ \sum x_i^M & \sum x_i^{M+1} & \sum x_i^{M+2} & \cdots & \sum x_i^{2M} \end{bmatrix} \begin{pmatrix} w_0 \\ w_1 \\ w_2 \\ \vdots \\ w_m \end{pmatrix} = \begin{bmatrix} \sum y_i \\ \sum x_i y_i \\ \sum x_i^2 y_i \\ \vdots \\ \sum x_i^M y_i \end{bmatrix} \quad (式 8\text{-}27)$$

也可以利用多元线性回归思想，令 $x_2 = x_2^2$ 、 $x_3 = x_3^2$ 、…、 $x_n = x_n^M$ ，这样就可以将多项式回归问题转化为多元线性回归模型求解：

$$h_\theta(x) = \theta_0 + \theta_1 x_1 + \theta_2 x_2 + \dots + \theta_M x_M \quad (式 8\text{-}28)$$

将求解出的参数 θ_0 、 θ_1 、 θ_2 、…、 θ_M ，代入多项式即可得到拟合的曲线。

【例 8-4】根据给定的数据集 x = [6, 9, 15, 29, 35, 46, 60, 66, 73, 91, 95]，y = [16, 25, 61, 67, 51, 38, 36, 49, 68, 82, 98]，拟合出多项式回归曲线。

当我们使用多项式去拟合散点时，需要确定两个要素：多项式系数 w 以及多项式阶数 m。这里采用 SciPy 提供的最小二乘法函数得到最佳拟合参数。

```
import numpy as np
from scipy.optimize import leastsq
import matplotlib.pyplot as plt
def get_data():
    x = [6, 9, 15, 29, 35, 46, 60, 66, 73, 91, 95]
    y = [16, 25, 61, 67, 51, 38, 36, 49, 68, 82, 98]
    x = np.array(x)
    y = np.array(y)
    return x,y

def err_func(x, y,coef):
    y_fun=np.poly1d(coef)
    y_hat=y_fun(x)
    err = y_hat - y
    return err

def fit_poly(n):
    para = np.random.randn(n)
    w = leastsq(err_func, para, args=(np.array(x), np.array(y)))
    return w[0]  #返回多项式系数

show_fig(x,y):
    x_temp = np.linspace(0, 100, 1000)
    ax1 = plt.subplot(2, 2, 1)
    ax1.plot(x_temp, fit(x_temp,fit_poly(3)), 'b')
    ax1.scatter(x, y,c='r')
    ax1.set_title("最高次数:2")
    ax1 = plt.subplot(2, 2, 2)
    ax1.plot(x_temp, fit(x_temp,fit_poly(4)), 'b')
    ax1.scatter(x, y,c='r')
    ax1.set_title("最高次数:3")

    ax1 = plt.subplot(2, 2, 3)
    ax1.plot(x_temp, fit(x_temp,fit_poly(5)), 'b')
    ax1.scatter(x, y,c='r')
    ax1.set_title("最高次数:4")

    ax1 = plt.subplot(2, 2, 4)
    ax1.plot(x_temp, fit(x_temp,fit_poly(6)), 'b')
    ax1.scatter(x, y,c='r')
    ax1.set_title("最高次数:5")
    plt.show()

if __name__=='__main__':
    x,y=get_data()
    show_fig(x,y)
```

多项式回归模型如图 8-7 所示。

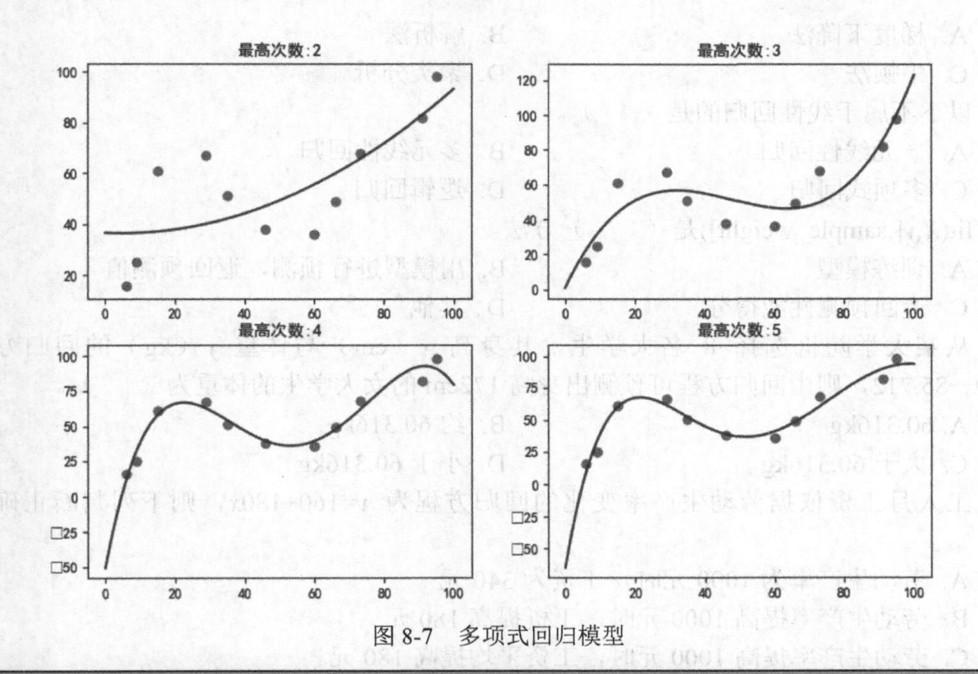

图 8-7　多项式回归模型

思政元素

通过学习本章的线性回归问题的不同解决思路，使学生养成从不同角度考虑问题的习惯，培养学生的思维能力和开拓创新精神。针对不同的解决方法，应思考各自的优缺点，理解不同方法的使用场合。在日常生活中，很多问题可能是之前没有遇到过的，除了不断掌握新知识外，还需要能灵活使用现有知识，发扬积极进取、开拓创新的拓荒牛精神。

8.5　本章小结

回归分析是广泛应用的统计学分析方法，其通过建立因变量 y 与影响它的自变量 x_i 建立回归模型，进而预测因变量的发展趋势。线性回归是最简单的回归分析模型，其实现方式主要有梯度下降法、牛顿法、解析法等，非线性回归问题可转换为线性回归问题进行求解。多项式回归是一种特殊的线性回归模型，可通过将其转换为多元线性回归问题求解。

8.6　习　题

一、选择题

1. 线性回归的目标是求解 w 和 b，使得 $f(x)$与 y 尽可能接近。（　　）不是求解线性回归问题的基本方法。

A. 梯度下降法　　B. 解析法
C. 牛顿法　　D. 聚类分析

2. 以下不属于线性回归的是（　）。
A. 一元线性回归　　B. 多元线性回归
C. 多项式回归　　D. 逻辑回归

3. fit(*X*,*y*[,sample_weight])是（　）方法。
A. 训练模型　　B. 用模型进行预测，返回预测值
C. 返回预测性能得分　　D. 其他

4. 从某大学随机选择 8 名大学生，其身高 x（cm）与体重 y（kg）的回归方程为 y=0.849x−85.712，则由回归方程可预测出身高 172cm 的女大学生的体重为（　）。
A. 60.316kg　　B. 约 60.316kg
C. 大于 60.316kg　　D. 小于 60.316kg

5. 工人月工资依据劳动生产率变化的回归方程为 y=160+180x，则下列判断正确的是（　）。
A. 劳动生产率为 1000 元时，工资为 340 元
B. 劳动生产率提高 1000 元时，工资提高 180 元
C. 劳动生产率提高 1000 元时，工资平均提高 180 元
D. 劳动生产率为 2000 元时，工资为 520 元

二、算法分析题

1. 编写算法，某种水泥在凝固时放出的热量 Y（cal/g）与水泥中 4 种化学成分 X_1、X_2、X_3 和 X_4 有关，现已经测出 13 组数据如表 8-3 所示，希望从中选出主要的变量，建立 Y 与它们之间的线性回归方程并可视化。

表 8-3　水泥凝固时放出的热量与几种化学成分的对应关系

序号	X_1	X_2	X_3	X_4	Y
1	8	28	9	51	80.3
2	2	30	16	45	78.5
3	12	36	18	43	82.1
4	15	43	21	52	77.6
5	11	45	15	55	76.9
6	21	38	19	60	73.2
7	20	39	22	58	70.5
8	19	36	21	55	76.2
9	3	22	21	54	72.1
10	8	29	36	56	76.3
11	18	30	41	58	78.2
12	20	26	42	59	77.1
13	9	21	32	52	75.2

2. 下面是我国 7 个城市 2000 年的人均国内生产总值（Gross Domestic Product，GDP）与人均消费水平的统计数据，如表 8-4 所示。

表 8-4　人均国内生产总值与人均消费水平的统计数据

城市	人均 GDP（元）	人均消费水平（元）
北京	22460	7326
辽宁	11226	4490
上海	34547	11546
江西	4851	2396
河南	5444	2208
贵州	2662	1608
陕西	4549	2035

请按以下要求完成任务：

（1）以人均 GDP 作为自变量，人均消费水平作为因变量，绘制散点图。
（2）分析因变量与自变量的关系，估计回归方程，并绘制出回归方程曲线。
（3）若某地区人均 GDP 为 5000 元，请预测其人均消费水平。

第9章

逻辑回归

逻辑回归（Logistic Regression，LR）是用于解决分类问题的经典模型，它在线性回归模型的基础上加一个sigmoid函数，将线性回归的输出结果压缩在0到1之间。线性回归模型输出连续的预测值，逻辑回归输出非线性离散的预测值，用于解决分类问题。由于逻辑回归算法复杂度低、易于实现，广泛应用于计算广告、经济预测、流行病学的预测等领域。

9.1 sigmoid函数与逻辑回归模型

逻辑回归虽然名字有“回归”二字，但它只是利用了线性回归的思路，其实是一种应用广泛的分类算法。

逻辑回归是在线性回归算法的基础上，通过引入sigmoid函数对事件的发生概率进行预测。换句话说，在线性回归得到预测值的基础上，利用sigmoid函数将该预测值转换到一个[0,1]之间的概率，根据概率值进行分类。

线性回归的鲁棒性很差，直接利用线性回归模型和阶跃函数进行分类，容易受到噪点的影响。为了提高分类器的鲁棒性，需要降低线性回归模型的敏感性，通过在线性模型中引入一个sigmoid函数，可以有效提高分类的效果。sigmoid函数定义如下：

$$g(z)=\frac{1}{1+e^{-z}} \tag{式9-1}$$

基于线性函数的逻辑回归分类模型定义为：

$$h_\theta(x)=g(\theta^T x)=\frac{1}{1+e^{-\theta^T x}} \tag{式9-2}$$

sigmoid函数曲线如图9-1所示。

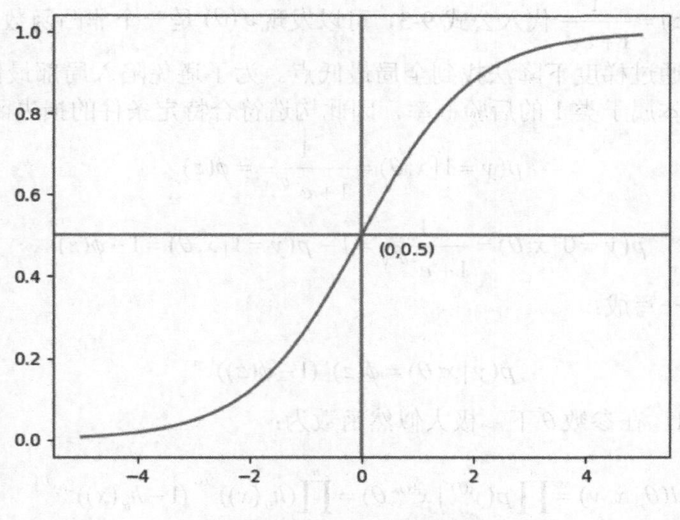

图 9-1 sigmoid 函数曲线

从图 9-1 所示的 sigmoid 函数曲线可以看出，输出结果即预测值被限定在范围[0,1]之间。在 x=0 时，$h_\theta(x)$ 的取值十分敏感；在 x>>0 或 x<<0 处，$h_\theta(x)$ 的取值都不敏感；将预测值限定为(0,1)，$h_\theta(x)$ 函数的曲线代码如下：

```
import numpy as np
import matplotlib.pyplot as plt
def sigmoid(x):
    y = 1.0/ (1.0+ np.exp(-x))
    return y

plot_x = np.linspace(-5, 5, 100)
plot_y = sigmoid(plot_x)
plt.plot(plot_x, plot_y)
plt.axhline(y=0.5, color='r', linestyle='-')
plt.axvline(x=0,color='r',linestyle='-')
plt.text(0.3,0.45,'(0,0.5)')
plt.show()
```

9.2 梯度下降与推导过程

阶跃函数告诉我们，当得到拟合曲线的函数值时是如何计算最终的类标号的。但是核心问题仍然是这个曲线如何拟合。既然是回归函数，我们就模仿线性回归，用误差的平方和当作代价函数。代价函数如公式 9-3 所示：

$$J(\theta)=\frac{1}{n}\sum_{i=1}^{n}\frac{1}{2}\left(h(z_i)-y_i\right)^2 \qquad \text{（式 9-3）}$$

其中，$z_i=w^T x_i+w_0$，y_i 是 x_i 的真实标签。

如果直接将 $g(z)=\dfrac{1}{1+e^{-z}}$ 代入公式 9-3，可以发现 $J(\theta)$ 是一个非凸函数，非凸函数有不止一个极值点，无法通过梯度下降法找到全局最低点。为了避免陷入局部最低点，我们可以将 $h(z)$ 的取值看作样本属于类 1 的后验概率，因此构造符合特定条件的损失函数：

$$p(y=1\mid x;\theta)=\frac{1}{1+e^{-\theta^T x}}=\phi(z) \qquad （式 9-4）$$

$$p(y=0\mid x;\theta)=\frac{1}{1+e^{-\theta^T x}}=1-p(y=1\mid x,\theta)=1-\phi(z) \qquad （式 9-5）$$

以上两式可统一写成：

$$p(y\mid x;\theta)=\phi(z)^y(1-\phi(z))^{1-y} \qquad （式 9-6）$$

其中，y=0 或 1。在参数 θ 下，极大似然函数为：

$$l(\theta\mid x,y)=\prod_{i=1}^{n}p(y^{(i)}\mid x^{(i)};\theta)=\prod_{i=1}^{n}(h_\theta(x))^{y^{(i)}}(1-h_\theta(x))^{1-y^{(i)}} \qquad （式 9-7）$$

其对数似然函数为：

$$l(\theta)=\log(l(\theta\mid x,y)=\sum_{i=1}^{n}y^{(i)}\log(h(x^{(i)}))+(1-y^{(i)})\log(1-h(x^{(i)})) \qquad （式 9-8）$$

求逻辑回归模型 $h_\theta(x)$，也就是求 $\theta^*=\arg\min\limits_{\theta}(l(\theta))$。一般情况下，代价函数写成以下形式：

$$J(\theta)=-\frac{1}{n}\left(\sum_{i=1}^{n}y^{(i)}\log(h(x^{(i)}))+(1-y^{(i)})\log(1-h(x^{(i)}))\right) \qquad （式 9-9）$$

则对 $J(\theta)$ 进行梯度下降求解：

$$\begin{aligned}
\frac{\partial J(\theta)}{\partial\theta_j}&=-\frac{1}{n}\frac{\partial}{\partial\theta_j}\left(\sum_{i=1}^{n}(y^{(i)}\log(h(x^{(i)}))+(1-y^{(i)})\log(1-h(x^{(i)})))\right)\\
&=-\frac{1}{n}\sum_{i=1}^{n}\left(\frac{y^{(i)}}{h(x^{(i)})}-(1-y^{(i)})\frac{1}{1-h(x^{(i)})}\right)\frac{\partial h(x^{(i)})}{\partial\theta_j}\\
&=-\frac{1}{n}\sum_{i=1}^{n}\left(\frac{y^{(i)}}{g(\theta^T x^{(i)})}-(1-y^{(i)})\frac{1}{1-g(\theta^T x^{(i)})}\right)\frac{\partial(g(\theta^T x^{(i)}))}{\partial\theta_j} \qquad （式 9-10）\\
&=-\frac{1}{n}\sum_{i=1}^{n}\left(\frac{y^{(i)}}{g(\theta^T x^{(i)})}-(1-y^{(i)})\frac{1}{1-g(\theta^T x^{(i)})}\right)g(\theta^T x^{(i)})(1-g(\theta^T x^{(i)}))\frac{\partial\theta^T x^{(i)}}{\partial\theta_j}\\
&=-\frac{1}{n}\sum_{i=1}^{n}\left(y^{(i)}(1-g(\theta^T x^{(i)})-(1-y^{(i)})g(\theta^T x^{(i)}))\right)x_j
\end{aligned}$$

$$=-\frac{1}{n}\sum_{i=1}^{n}\left(y^{(i)}(1-h_\theta(\theta^T x^{(i)})\right)x_j$$

因此，有：

$$\theta_j=\theta_j+\frac{\lambda}{n}\sum_{i=1}^{n}\left(y^{(i)}-h_\theta(\theta^T x^{(i)})\right)x_j^{(i)} \qquad \text{（式 9-11）}$$

其中，λ是迭代步长。

9.3　参数学习向量化

为了提高参数θ更新的效率和编码效率，可将公式 9-11 改写为向量形式，即参数学习的向量化。参数学习可用向量表示为：

$$\theta=\theta+\lambda\sum_{i=1}^{n}\left(y^{(i)}-h_\theta(\theta^T x^{(i)})\right)x^{(i)} \qquad \text{（式 9-12）}$$

λ为常量，故可以将$\frac{\lambda}{n}$替换为λ。Σ表示要根据样本的个数确定循环求和的次数，为了去掉求和符号，需要对样本和标签用向量进行表示：

$$X=\begin{pmatrix}x^{(1)}\\x^{(2)}\\\vdots\\x^{(n)}\end{pmatrix}=\begin{bmatrix}x_0^{(1)} & x_1^{(2)} & \cdots & x_n^{(1)}\\x_0^{(2)} & x_1^{(2)} & \cdots & x_n^{(2)}\\\vdots & \vdots & \ddots & \vdots\\x_0^{(n)} & x_1^{(n)} & \cdots & x_n^{(n)}\end{bmatrix},y=\begin{pmatrix}y^{(1)}\\y^{(2)}\\\vdots\\y^{(n)}\end{pmatrix} \qquad \text{（式 9-13）}$$

其中，X的每一行表示样本，每一列表示特征。若用 A 表示线性输出，则：

$$A=X\theta=\begin{bmatrix}x_0^{(1)} & x_1^{(2)} & \cdots & x_n^{(1)}\\x_0^{(2)} & x_1^{(2)} & \cdots & x_n^{(2)}\\\vdots & \vdots & \ddots & \vdots\\x_0^{(n)} & x_1^{(n)} & \cdots & x_n^{(n)}\end{bmatrix}\bullet\begin{pmatrix}\theta_0\\\theta_1\\\vdots\\\theta_n\end{pmatrix}=\begin{bmatrix}\theta_0x_0^{(1)}+\theta_1x_1^{(1)}+\cdots+\theta_nx_n^{(1)}\\\theta_0x_0^{(2)}+\theta_1x_1^{(2)}+\cdots+\theta_nx_n^{(2)}\\\vdots\\\theta_0x_0^{(n)}+\theta_1x_1^{(n)}+\cdots+\theta_nx_n^{(n)}\end{bmatrix} \qquad \text{（式 9-14）}$$

其中，$\theta=\begin{pmatrix}\theta_0\\\theta_1\\\vdots\\\theta_n\end{pmatrix}$，真实标签与经过 sigmoid 函数变换后的预测标签的误差表示为：

$$E=y-h_\theta(X)=\begin{pmatrix}g(y^{(1)}-A^{(1)})\\g(y^{(2)}-A^{(2)})\\\vdots\\g(y^{(n)}-A^{(n)})\end{pmatrix}=\begin{bmatrix}e^{(1)}\\e^{(2)}\\\vdots\\e^{(n)}\end{bmatrix}=y-g(A) \qquad \text{（式 9-15）}$$

因此，有：

$$\begin{pmatrix}\theta_0\\ \theta_1\\ \vdots\\ \theta_n\end{pmatrix}=\begin{pmatrix}\theta_0\\ \theta_1\\ \vdots\\ \theta_n\end{pmatrix}+\lambda\begin{bmatrix}x_0^{(1)} & x_1^{(2)} & \cdots & x_n^{(1)}\\ x_0^{(2)} & x_1^{(2)} & \cdots & x_n^{(2)}\\ \vdots & \vdots & \ddots & \vdots\\ x_0^{(n)} & x_1^{(n)} & \cdots & x_n^{(n)}\end{bmatrix}\bullet E=\theta+\lambda X^T E \quad \text{（式 9-16）}$$

综上所述，向量化的逻辑回归算法描述如下：

输入：训练样本 X、标签 y、学习步长 λ、迭代次数、初始化参数 θ。
过程：

（1）当 $i<=N$ 时，重复执行以下步骤，直至当前均值向量不再更新：
① 计算 $A=X\theta$。
② 计算误差 $E=y-g(A)$。
③ 更新 θ，使 $\theta=\theta+\lambda XE$。

（2）当 $i>N$ 时，停止迭代，输出参数 θ 的值。
输出：参数 θ 的值。
逻辑回归参数学习算法实现如下：

```
def LR_train(X, y, lamb, iters):
    '''利用梯度下降法训练 LR 模型
    参数: X:特征
        y:标签
        lamb:学习率
        iters:最大迭代次数

    '''
    n = np.shape(X)[1]  #特征个数
    theta = np.mat(np.ones((n, 1)))  #初始化权重向量
    it = 0
    while it <= iters:

        g_a = sigmoid(X * theta)
        err = y - g_a
        theta = theta + lamb * X.T * err  #更新权重
        it += 1
    return theta,err
```

9.4 逻辑回归的 Python 实现——乳腺良性与恶性肿瘤的预测

乳腺癌已成为威胁当代人类健康的主要疾病之一，是世界各地女性常见的癌症，据权威医学资料统计，全球大约每 13 分钟就有一个女性死于乳腺癌。通过尽早对患者进行临床治疗，尽早发现可大大改善预后和生存机会。利用机器学习对乳腺癌患者数据进行学习，建立机器学

习模型可有效降低医生的工作量，乳腺癌的诊断成为机器学习的主要应用领域之一。下面我们根据历史女性乳腺癌患者数据集（医学指标）http://archive.ics.uci.edu/ml/machine-learning-databases/breast-cancer-wisconsin/breast-cancer-wisconsin.data 构建逻辑回归分类模型进行良性/恶性乳腺癌肿瘤预测。

1. 查看数据

利用 Pandas 在线下载样本数据，原始数据的下载地址为：https://archive.ics.uci.edu。该数据共包含 699 条样本，每个样本有 11 列数据，其中第 1 列是 id，第 2~10 列是与肿瘤相关的特征，第 11 列表示肿瘤类型。

```
import pandas  as pd
import numpy as np
#获取数据
cols_names = ['Sample code number', 'Clump Thickness', 'Uniformity of Cell Size',
'Uniformity of Cell Shape', 'Marginal Adhesion', 'Single Epithelial Cell Size',
'Bare Nuclei', 'Bland Chromatin', 'Normal Nucleoli', 'Mitoses', 'Class']
data = pd.read_csv("https://archive.ics.uci.edu/ml/machine-learning
-databases/breast-cancer-wisconsin/breast-cancer-wisconsin.data",
names=cols_names)
print(data.head())
```

程序运行结果如图 9-2 所示。

	Sample code number	Clump Thickness	Uniformity of Cell Size	Uniformity of Cell Shape	Marginal Adhesion	Single Epithelial Cell Size	Bare Nuclei	Bland Chromatin	Normal Nucleoli	Mitoses	Class
0	1000025	5	1	1	1	2	1	3	1	1	2
1	1002945	5	4	4	5	7	10	3	2	1	2
2	1015425	3	1	1	1	2	2	3	1	1	2
3	1016277	6	8	8	1	3	4	3	7	1	2
4	1017023	4	1	1	3	2	1	3	1	1	2

图 9-2 查看数据

从样本的结果可以看出，每个样本由 11 列组成，分别是 Sample code number（样本编号）、肿瘤特征的 9 个特征（Clump Thickness、Uniformity of Cell Size、Uniformity of Cell Shape、Marginal Adhesion、Single Epithelial Cell Size、Bare Nuclei、Bland Chromatin、Normal Nucleoli、Mitoses）及 Class（肿瘤的种类）。

2. 缺失值处理

使用 data.info()查看各属性特征信息，其结果如图 9-3 所示。

```
<class 'pandas.core.frame.DataFrame'>
RangeIndex: 699 entries, 0 to 698
Data columns (total 11 columns):
 #   Column                       Non-Null Count  Dtype
---  ------                       --------------  -----
 0   Sample code number           699 non-null    int64
 1   Clump Thickness              699 non-null    int64
 2   Uniformity of Cell Size      699 non-null    int64
 3   Uniformity of Cell Shape     699 non-null    int64
 4   Marginal Adhesion            699 non-null    int64
 5   Single Epithelial Cell Size  699 non-null    int64
 6   Bare Nuclei                  699 non-null    object
 7   Bland Chromatin              699 non-null    int64
 8   Normal Nucleoli              699 non-null    int64
 9   Mitoses                      699 non-null    int64
 10  Class                        699 non-null    int64
dtypes: int64(10), object(1)
memory usage: 60.2+ KB
```

图 9-3 查看样本缺失情况

其中，Bare Nuclei 非空数据 699 条，但其数据类型为 object，与其他数据类型不同，查看该属性信息。

```
data['Bare Nuclei'].unique()
```

其结果如下：

```
array(['1', '10', '2', '4', '3', '9', '7', '?', '5', '8', '6'],
dtype=object)
```

由于“？”的存在，导致数据类型为 object。数据共包含 16 个缺失值，将缺失值先转换为 NaN，然后再进行删除。

```
data = data.replace(to_replace="?", value=np.NaN)
data = data.dropna()
```

查看是否还有缺失值情况，如图 9-4 所示。

```
Sample code number             False
Clump Thickness                False
Uniformity of Cell Size        False
Uniformity of Cell Shape       False
Marginal Adhesion              False
Single Epithelial Cell Size    False
Bare Nuclei                    False
Bland Chromatin                False
Normal Nucleoli                False
Mitoses                        False
Class                          False
dtype: bool
```

图 9-4 查看样本缺失值情况

3. 选择特征

取第 2~10 列样本数据作为特征，第 11 列作为标签。并对特征和标签划分为训练集和测试集。

```
X= data.iloc[:, 1:10]
```

```
y = data["Class"]
#分割数据
X_train, X_test, y_train, y_test = train_test_split(X, y, random_state=0)
print(X_train,X_test,y_train,y_test)
```

训练集和测试集样本特征如图 9-5、图 9-6 所示。

	Clump Thickness	Uniformity of Cell Size	Uniformity of Cell Shape	Marginal Adhesion	Single Epithelial Cell Size	Bare Nuclei	Bland Chromatin	Normal Nucleoli	Mitoses
502	4	1	1	2	2	1	2	1	1
474	5	1	1	1	2	1	1	1	1
358	8	10	5	3	8	4	4	10	3
410	1	1	1	1	2	1	2	1	1
210	8	10	10	10	5	10	8	10	6
...	...	...	...	...	...	...	...	...	...
506	8	10	10	10	7	5	4	8	7
517	1	1	1	1	1	1	2	1	1
372	4	1	2	1	2	1	2	1	1
370	4	3	2	1	3	1	2	1	1
134	3	1	1	1	3	1	2	1	1

512 rows × 9 columns

图 9-5　训练集样本特征

	Clump Thickness	Uniformity of Cell Size	Uniformity of Cell Shape	Marginal Adhesion	Single Epithelial Cell Size	Bare Nuclei	Bland Chromatin	Normal Nucleoli	Mitoses
115	1	1	1	1	2	5	1	1	1
392	3	1	1	1	2	1	2	1	1
316	5	5	5	2	5	10	4	3	1
519	4	7	8	3	4	10	9	1	1
313	1	1	1	1	2	1	1	1	1
...	...	...	...	...	...	...	...	...	...
458	5	1	2	1	2	1	1	1	1
165	4	1	1	1	2	2	3	2	1
331	5	1	1	1	2	1	3	1	2
80	2	2	2	1	1	1	7	1	1
94	2	1	1	1	2	1	3	1	1

171 rows × 9 columns

图 9-6　测试集样本特征

4. 数据标准化

在建立模型之前，需要对各维数据进行标准化，即量纲的统一。

```
#数据的标准化
data_standard=StandardScaler()
X_train=data_standard.fit_transform(X_train)
X_test=data_standard.transform(X_test)
```

5. 模型训练

在对数据的缺失值进行填充、划分和标准化后，利用逻辑回归函数对样本进行训练，从而得到逻辑回归模型。

```
LR_model=LogisticRegression()
LR_model.fit(X_train,y_train)
#逻辑回归的模型参数：回归系数和偏置
print("模型的回归系数：{}".format(LR_model.coef_))
print("模型的回归偏置：{}".format(LR_model.intercept_))
```

sklearn 库提供了逻辑回归模型，其函数定义如下：

```
sklearn.linear_model.LogisticRegression(penalty='l2', dual=False,
tol=0.0001, C=1.0, fit_intercept=True, intercept_scaling=1, class_weight=None,
random_state=None, solver='liblinear', max_iter=100, multi_class='ovr', verbose=0,
warm_start=False, n_jobs=1)
```

各主要参数说明如下：

（1）penalty：正则化系数，可选参数为'l1'、'l2'。

（2）dual：取值为布尔类型，表示求解形式。参数值依赖于 penalty 的取值，若为 True，则求解对偶形式；若为 False，则求解原始形式。

（3）C：浮点数类型，它指定了正则化系数的倒数。值越小，则正则化越大。建议取值为 10。

（4）fit_intercept：布尔类型，表示是否需要截距。如果为 False，则不会计算 b 值（模型会假设你的数据已经中心化）。

（5）intercept_scaling：浮点类型，只有当 solver='liblinear'时才有意义。

（6）random_state：整数或者一个 RandomState 实例，或者 None。

- 如果为整数，则它指定了随机数生成器的种子。
- 如果为 RandomState 实例，则指定了随机数生成器。
- 如果为 None，则使用默认的随机数生成器。

（7）solver：一个字符串，指定了求解最优化问题的算法，取值有以下几种情况：

- 'newton-cg'：使用牛顿法。
- 'lbfgs'：使用 L-BFGS 拟牛顿法。
- 'liblinear'：使用 liblinear。
- 'sag'：使用 Stochastic Average Gradient descent 算法。

对于小规模数据集，liblearner 比较适用；对于大规模的数据集，sag 比较适用。newton-cg、lbfgs、sag 只处理 penalty='l2'的情况。

（8）max_iter：整型，指定最大迭代数。

（9）multi_class：字符串类型，指定对于多分类问题的策略，取值如下：

- 'ovr'：采用 one-vs-rest 策略。
- 'multinomial'：直接采用多分类逻辑回归策略，sklearn 采用的是 sofmax 函数的方法。

（10）verbose：用于开启/关闭迭代中间输出的日志。

（11）warm_start：布尔类型。若为 True，则使用前一次训练结果继续训练，否则从头开始训练。

（12）n_jobs：整型。指定并行任务时的 CPU 数量。-1 表示使用所有可用的 CPU。

6. 模型评估

利用测试样本对训练的模型进行测试，预测模型的准确率。

```
score=LR_model.score(X_test,y_test)
print("采用逻辑回归预测的准确率是:{}".format(score))
```

采用逻辑回归预测的准确率是：0.9824561403508771。

这个准确率还是比较高的，其实我们并不关注预测的准确率，而是癌症患者有没有被全部检测出来。

9.5 评估方法

准确率为 98.2%，准确率其实已经很高了，但是如果这种癌症本身的发病率只有 0.1%，即使我们训练模型直接预测所有人都是健康的，准确率也能达到 99.9%，该算法模型预测的准确率还不如直接预测所有人健康的方法有效。对于这种健康和患癌症病人的数量差别很大的情况，用准确率评价方法并不合适。对于肿瘤的预测，我们希望建立的模型在保证准确率的前提下，对患有恶性肿瘤的病人能够准确筛选出来，这就是召回率（recall/查全率），即恶性肿瘤患者被诊断出的概率，与之对应的评价指标还有精确率（Precission），指的是被诊断为恶性肿瘤，确认患有的概率是多少。

在介绍召回率和准确率之前，先来了解一下混淆矩阵（Confusion Matrix）。对于二分类来说，其混淆矩阵为二行二列的，如表 9-1 所示。

表 9-1　混淆矩阵

真实值	预测值	
	0	0
1	TP	FN
0	FP	TN

其中，TP、FP、FN 和 TN 的含义如下：

（1）TP，即 True Postive，为真正例，样本的真实类别是正例，且模型预测的结果也是正例。

（2）FP，即 False Positive，为假正例，样本的真实类别是负例，但模型预测的结果为正例。

（3）FN，即 False Negative，为假负例，样本的真实类别是正例，但模型预测的结果为负例。

（4）TN，即 True Negative，为真负例，样本的真实类别是负例，且模型预测的结果也是负例。

假如某医院一天内有 100 人体检身体，其中乳腺肿瘤筛查结果如表 9-2 所示。

表 9-2　乳腺肿瘤筛查结果

真实值	预测值	
	0	0
1	95	2
0	1	2

通常衡量一个算法的好坏，可从精确率（Precision）、召回率（Recall）、准确率（Accuracy）、F1-score 等几个指标去考量。

1. 精确率与召回率

精确率是指分类正确的正样本占预测为正的样本个数的比例，在信息检索领域称为查准率。计算方法为：

$$\text{precision} = \frac{TP}{TP + FP} \quad \text{（式 9-17）}$$

2. 召回率

召回率是指分类正确的正样本占真正的正样本个数的比例，在信息检索领域称为查全率。计算方法为：

$$\text{recall} = \frac{TP}{TP + FN} \quad \text{（式 9-18）}$$

3. 准确率

准确率是指分类正确的样本占总样本个数的比例。计算方法为：

$$\text{accuracy} = \frac{TP + TN}{TP + TN + FP + FN} \quad \text{（式 9-19）}$$

4. F1-score

F1-score 是综合考虑精确率和召回率的一个评价指标。计算方法为：

$$F1 - \text{score} = \frac{2 \times \text{precision} \times \text{recall}}{\text{precision} + \text{recall}} \quad \text{（式 9-20）}$$

根据表 9-2，可得精确率 $= \frac{95}{95+1} \approx 98.96\%$，召回率 $= \frac{95}{95+2} \approx 97.94\%$，准确率 $= \frac{95+2}{95+2+1+2} = 97\%$，$F1 - \text{score} = \frac{2 \times 0.9896 \times 0.9794}{0.9896 + 0.9794} \approx 98.45\%$。

下面通过类比生活中的实例来说明这几个评估指标的含义。假设一家医院新开发了一套乳腺癌 AI 诊断系统，要想评估其性能的好坏。可假设病人真正得了癌症属于 Positive（正例），没有得癌症属于 Negative（负例）。

如果使用精确率指标对系统进行评估，那么测评的问题就是：在这些人中，到底有多少人真正得了癌症？

如果使用召回率指标对系统进行评估，那么测评的问题就是：在这些癌症患者中，到底有多少人能被成功检测出？

如果使用准确率指标对系统进行评估，那么测评的问题就是：在一堆癌症病人和正常人中，有多少人被系统正确预测出了结果（患癌或未患癌）？

在什么情况下应该注重召回率，什么情况下应该注重精确率呢？乳腺癌筛查和垃圾邮件处理正好能分别反映出召回率和精确率两个指标的重要性。

在乳腺癌症筛选过程中，应当尽量避免 False Negative（FP），表示的是患了癌症但没有被诊断出癌症，这种情况最应该避免。我们宁可把健康人误诊为癌症（FP），也不能让真正的癌症患者没有被检测出来（FN）而耽误治疗。这个乳腺癌诊断系统应尽可能考虑召回率，哪怕牺牲一部分精确率也是值得的。

而对于垃圾邮件检测，假设垃圾邮件属于正例，正常邮件属于负例，我们最不能接受的情况就是把正常邮件识别为垃圾邮件（FP），我们可以接受把垃圾邮件标记为正常邮件（FN）。这时垃圾邮件处理系统应该是尽可能提高精确率。

5. ROC 曲线与 AUC

在分类模型中，ROC（Receiver Operating Characteristic Curve，受试者工作特征曲线）曲线和 AUC（Area Under ROC Curve，ROC 曲线下的面积）经常作为衡量一个模型泛化性能的指标。ROC 曲线的横坐标和纵坐标分别是假正例率（False Positive Rate，FPR）和真正例率（True Positive Rate，TPR），其定义如下：

$$\mathrm{FPR}\frac{\mathrm{FP}}{\mathrm{TN}+\mathrm{FP}} \quad \text{（式 9-21）}$$

$$\mathrm{TPR}=\frac{\mathrm{TP}}{\mathrm{TP}+\mathrm{FN}} \quad \text{（式 9-22）}$$

针对三文鱼和鲈鱼的样本数据，利用逻辑回归分析模型进行分类的 ROC 曲线如图 9-7 所示。绘制 ROC 曲线的核心代码如下：

```
    X,y=load_dataset(r'fish.xls')
    x_train, x_test, y_train, y_test = train_test_split(X, y,
test_size=0.5,random_state=3)
    LR_model = LogisticRegression ()
    LR_model.fit(x_train,y_train)
    #模型评估，这里采用准确率的方法
    score=LR_model.score(x_test,y_test)
    print("采用逻辑回归预测的准确率是:{}".format(score))
    y_predict=LR_model.predict(x_test)
    auc=metrics.roc_auc_score(y_test,y_predict)
    print("AUC 指标: ",auc)
    fpr=[]
    tpr=[]
    fpr_test,tpr_test,th_test =
metrics.roc_curve(y_test,LR_model.predict_proba(x_test)[:,1],pos_label=1)
    fpr.append(fpr_test)
    tpr.append(tpr_test)
    fpr_train,tpr_train,thersholds = metrics.roc_curve(y_train,LR_model.
predict_proba(x_train)[:,1],pos_label=1) #训练集
```

```
    print('假阳率\t真阳率\t阈值')
    for i, value in enumerate(thersholds):
        print("%f %f %f" % (fpr_train[i], tpr_train[i], value))
    plt.plot(fpr_train, tpr_train, 'k--', label='ROC (面积 = {0:.2f})'.format(auc),
lw=1)
    plt.plot([0, 1], [0, 1], color='navy', lw=2, linestyle='--')
    plt.xlabel('假正率')
    plt.ylabel('真正率')
    plt.title('ROC 曲线')
    plt.legend(loc="lower right")
    plt.rcParams['font.sans-serif'] = ['SimHei']  #显示中文
    plt.rcParams['axes.unicode_minus'] = False
    plt.show()
```

其运行结果如下：

```
    采用逻辑回归预测的准确率是:0.932
    AUC 指标:  0.9313844774590163
    假阳率      真阳率      阈值
    0.000000 0.000000 1.999999
    0.000000 0.003906 0.999999
    0.000000 0.386719 0.998518
    0.000000 0.394531 0.998450
    0.000000 0.410156 0.998128
    0.000000 0.417969 0.998095
    0.000000 0.488281 0.995066
    0.000000 0.503906 0.994993
    …
```

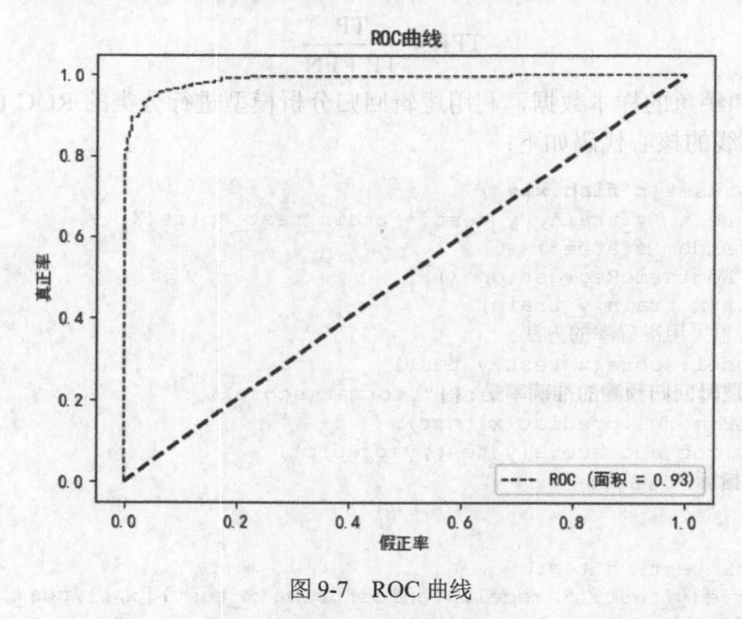

图 9-7　ROC 曲线

ROC 曲线直观地显示了模型的好坏，要想定量分析，就要看 AUC 的取值，AUC 的取值就是 ROC 曲线下的面积。真实情况下，ROC 曲线一般在 y=x 斜线的上方，所以 AUC 的取值一般在 0.5~1，AUC 值越大说明模型的性能越好。

注意：根据计算 AUC 的值并绘制 ROC 曲线时，假设我们创建了一个模型：

```
model= sklearn.linear_model.LogisticRegression()
```

用 model.predict()方法得到的是类别标签，例如，二分类则预测的标签为 0 和 1，不会得到逻辑回归的预测概率。为了得到逻辑回归的预测概率，需要用到 model.predict_proba(X_test)方法，这个方法返回的是 $m \times n$ 列的数组，m 为样本数，n 为类别数，每个样本的所有类别概率之和为 1。

提　示

ROC 曲线的绘制：在实际的分类模型中，我们最终只能得到一个 FPR 和 TPR，如何绘制出 ROC 曲线？给定 k 个正例和 k 个反例，根据模型的预测结果对样例排序，首先设置阈值为 1，也就是把所有样本都预测为反例，FPR 和 TPR 都为 0，这时在（0,0）处画出一个点；然后依次设置阈值为每个样例的预测值，从而将各个样例划为正例，计算 FPR 和 TPR，再逐个画出各个点，直到所有样例都划为正例，这样就绘制出一条 ROC 曲线。

根据以上分析，前面建立的乳腺癌预测逻辑回归模型在 AUC、精确率、召回率、f1-score 指标上的结果如下：

```
    y_predict=LR_model.predict(X_test)
    #分类报告,'Benign','Malignant'良性和恶性, f1_score 综合评判精确率和召回率的分数
    print(classification_report(y_test,y_predict,target_names=['Benign','Malig
nant']))
    roc_auc_score(y_test,y_predict)
    print("AUC 指标: ",roc_auc_score(y_test,y_predict))
    precision    recall    f1-score   support
    Benign      0.97    1.00      0.99       111
    Malignant     1.00      0.95      0.97       60

    accuracy                         0.98       171
    macro avg     0.99      0.97      0.98       171
    weighted avg   0.98      0.98      0.98       171
    AUC 指标:  0.975
```

提　　示

在模型评估过程中，准确率不是唯一评估算法模型好坏的唯一指标，尽管准确率非常重要，但当 FP 的成本代价很高时，也就是为了尽量避免 FP 时，应该着重考虑提高精确率。当 FN 的成本代价很高，希望尽量避免 FN 时，应该着重考虑提高召回率。垃圾邮件检测和乳腺癌筛查就是两个代表性的例子。

9.6　本章小结

本章主要介绍了逻辑回归算法思想，它是研究二值型（只能输出 0 和 1）输出分类的一种多变量分析方法。本章首先介绍了逻辑回归算法模型；然后讲解了利用梯度下降学习模型参数，

以及参数学习向量化，并给出了参数学习向量化的算法实现；接下来以一个综合案例：乳腺良性和恶性肿瘤的预测为例说明逻辑回归算法的分类和预测；最后给出了常用的模型评估方法。逻辑回归不仅可以用于解决二分类问题，还可以应用于解决多分类问题。

9.7 习 题

一、选择题

1. 逻辑回归算法（ ）。

A. 属于分类算法 B. 对极值问题不敏感

C. 能很好地处理样本特征之间的相关性 D. 不容易欠拟合

2. 以下属于逻辑回归算法的优点是（ ）。

A. 实施简单，非常高效（计算量小、存储占用低），可以在大数据场景中使用。

B. 可以使用 online learning 的方式轻松更新参数，不需要重新训练整个模型

C. 参数代表每个特征对输出的影响，可解释性强

D. 容易过拟合，精度不高

3. 对于逻辑回归算法，不可以解决过拟合问题的是（ ）。

A. 减少特征 B. 正则化

C. 增加数据量 D. 增加特征

4. 逻辑回归属于（ ）。

A. 概率型线性回归 B. 概率型非线性回归

C. 非概率型线性回归 D. 非概率型非线性回归

5. 下列描述中，不正确的是（ ）。

A. 逻辑回归擅长整体分析，决策树擅长局部分析

B. 特征空间越大，性能越好

C. 逻辑回归擅长线性数据，决策树擅长非线性

D. 逻辑回归对极值敏感，SVM 对极值不敏感

6. 逻辑回归算法的适用场景不包括（ ）。

A. 样本线性可分 B. 特征空间不是很大的情况

C. 输出类别服从高斯混合分布 D. 预测事件发生的概率

二、算法分析题

1. 编写算法，使用 scikit-learn 库中的 LogisticRegression 模块对鸢尾花数据集进行分类，并可视化分类结果。

2. 编写算法，使用 scikit-learn 库中的 LogisticRegression 模块对西瓜集数据进行分类，并可视化分类结果。

第10章

人工神经网络

人工神经网络（Artificial Neural Networks，ANN），也称为神经网络（Neural Networks，NN），它是通过模拟人类神经系统的工作原理而建立的模型，由于具有强大的学习能力而被广泛应用于各个领域。如今的神经网络已经是一个庞大的、多学科交叉的研究领域。

10.1 从感知机到多层感知机

人工神经网络发展并不是近几年的事情，它的产生可以追溯到 1943 年 W. S. McCulloch 和 W. H. Pitts 提出的 McCulloch-Pitts 神经元模型，即 M-P 神经元模型。M-P 神经元模型如图 10-1 所示。

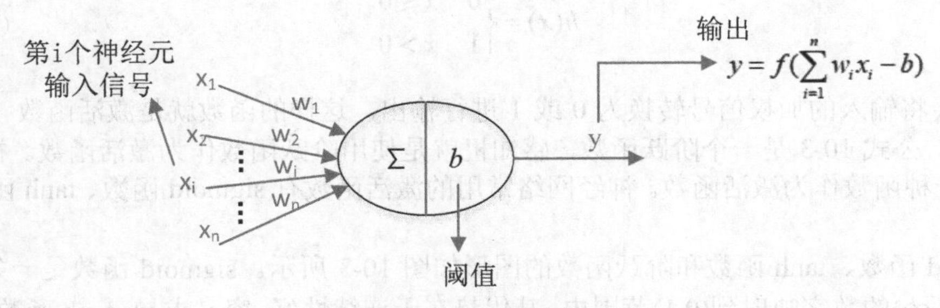

图 10-1 M-P 神经元模型

其中，$x_1,x_2,\ldots,x_n$ 表示 n 个输入信号，$w_1,w_2,\ldots,w_n$ 表示 n 个输入信号的权重，b 表示对输入信号的平移，$f(\cdot)$ 表示神经元对输入信号的变换函数，y 为模型的输出。输出一般可以表示为：

$$y = f(\sum_{i=1}^{n} w_i x_i - b) \quad \text{（式 10-1）}$$

$f(\cdot)$通常称为激活函数（或激励函数），b 称为偏置。人工神经网络的产生实际上是人工智能的一个分支——联结主义学派，该学派认为人工智能的发展起源于仿生学，通过模拟人类大脑的学习方式来实现机器智能。我们将人类大脑的学习过程可以看成是神经元之间的连接、信息传递的过程。基于此，人工神经网络模型的基本单元就是神经元（Neuron），然而我们所学的神经网络还是与人类大脑之间的结构存在相当大的差距，并且人们对大脑的工作方式并不熟悉。因此，我们在学习神经网络时，可以不用过多关注生物学意义的神经网络工作原理。

在图 10-1 所示的 M-P 神经元模型中，神经元接收到 n 个输入信号后，将这些输入信号加权后与阈值 b 进行比较，然后通过激活函数处理，产生神经元的输出。

1. 激活函数

回顾一下之前学习的感知机，假设有两个输入信号 x_1 和 x_2，经过感知机处理后，输出结果为 y，其网络结构如图 10-2 所示。

图 10-2　感知机网络结构

其数学表达式为：

$$y=\begin{cases}0 & w_1x_1+w_2x_2+b\leqslant 0\\ 1 & w_1x_1+w_2x_2+b>0\end{cases} \quad （式 10-2）$$

w_1 和 w_2 为各个输入信号的权重，用于控制各个信号的重要程度，b 为偏置。当输入信号加权后，值小于或等于 0，则输出 0，否则输出 1。我们引入函数 $h(x)$，将公式 10-2 改写为以下形式：

$$h(x)=\begin{cases}0 & x\leqslant 0\\ 1 & x>0\end{cases} \quad （式 10-3）$$

$h(x)$ 会将输入的加权信号转换为 0 或 1 进行输出，这样的函数就是激活函数（Activation Function）。公式 10-3 是一个阶跃函数，感知机就是使用阶跃函数作为激活函数。神经网络使用的另外一种函数作为激活函数。神经网络常用的激活函数有 sigmoid 函数、tanh 函数、ReLU 函数。

sigmoid 函数、tanh 函数和阶跃函数的图形如图 10-3 所示。sigmoid 函数是一条平滑的曲线，将(-∞,+∞)的数字映射到(0,1)范围内，其优势在于连续性好，容易求导；tanh 函数与 sigmoid 函数类似，只是其映射范围为(−1,1)，包含了一半负数；阶跃函数以 0 为界限，输出发生急剧变化，只能输出 0 和 1。sigmoid 函数和阶跃函数都是非线性函数，而为了发挥多层网络叠加的优势，激活函数必须使用非线性函数。

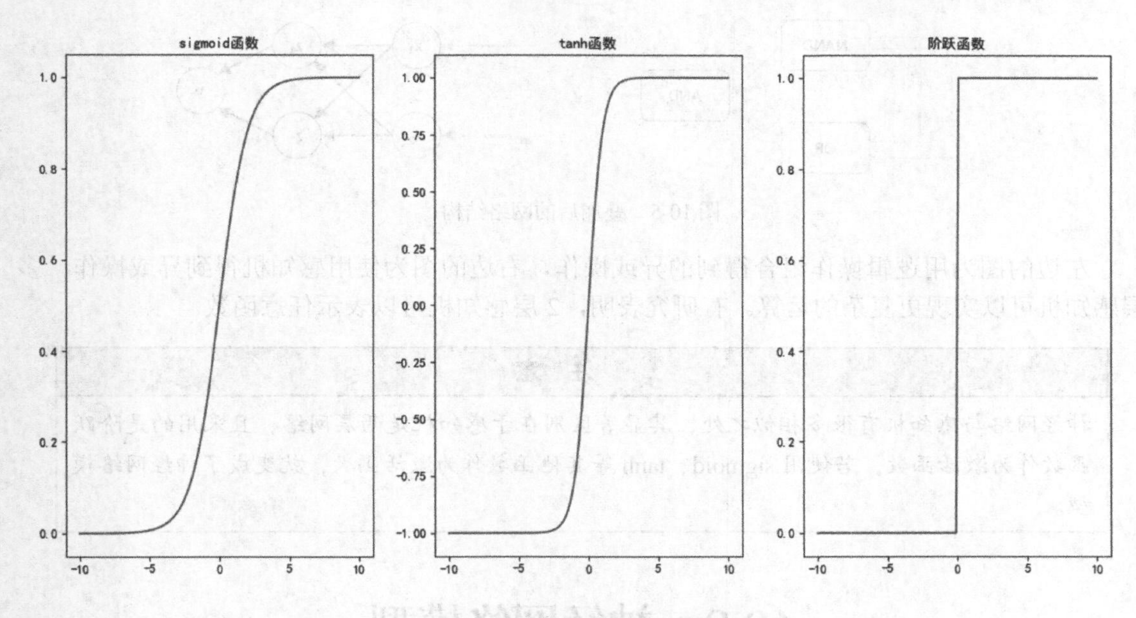

图 10-3 几种激活函数的图形

2. 异或运算

单层感知机只有两层神经元，即输入神经元和输出神经元，可以很容易实现对两类样本的线性划分，逻辑与、逻辑或、逻辑与非就是属于线性可分问题。感知机的局限性就在于只能对线性可分的样本进行分类，而对于图 10-4 所示的异或问题就显得无能为力。但是，可以通过对逻辑与、逻辑或、逻辑与非进行叠加后来实现逻辑异或运算，如图 10-5 所示。

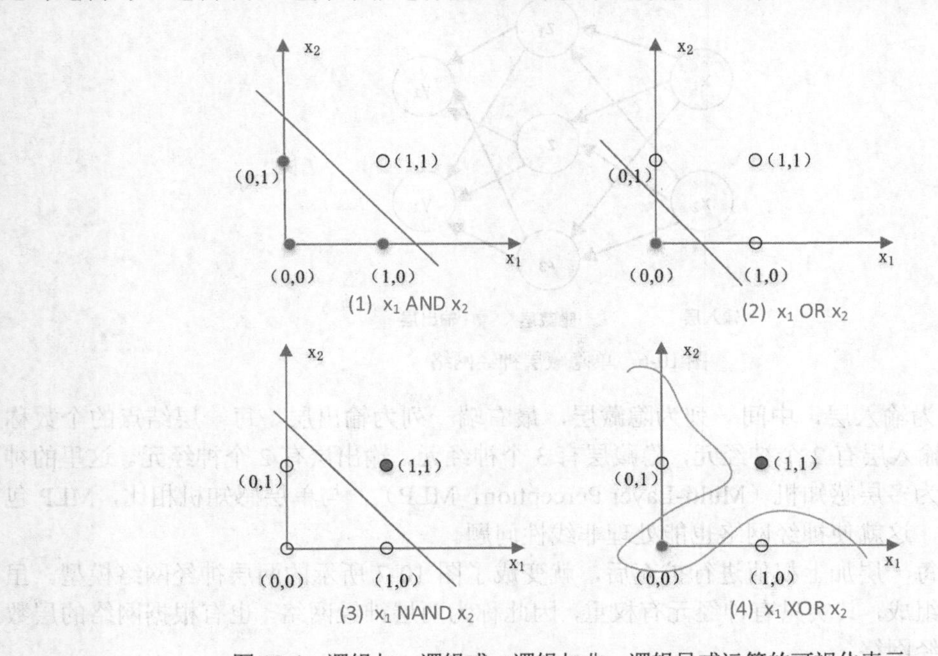

图 10-4 逻辑与、逻辑或、逻辑与非、逻辑异或运算的可视化表示

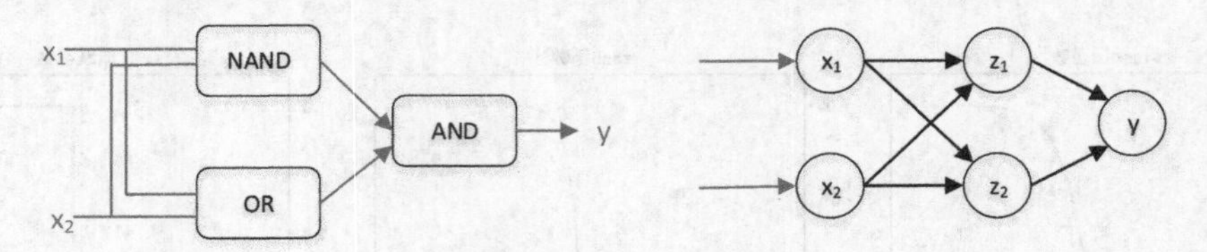

图 10-5　叠加后的网络结构

左边的图为用逻辑操作组合得到的异或操作，右边的图为使用感知机得到异或操作。多层感知机可以实现更复杂的运算。有研究表明，2 层感知机可以表示任意函数。

> **注　意**
>
> 神经网络与感知机有很多相似之处，其显著区别在于感知机是两层网络，且采用的是阶跃函数作为激活函数，若使用 sigmoid、tanh 等其他函数作为激活函数，就变成了神经网络模型。

10.2　神经网络模型

尽管使用感知机可以表示更复杂的运算，但是设置合适的输入和输出的权值是一件非常烦琐的工作。神经网络可以自动从数据中学习到合适的权值，正好解决这个问题。一个单隐藏层的神经网络模型如图 10-6 所示。

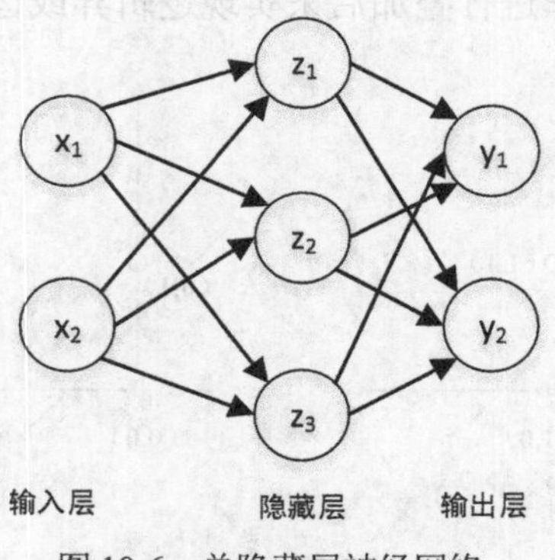

图 10-6　单隐藏层神经网络

最左端一列为输入层，中间一列为隐藏层，最右端一列为输出层。每一层结点的个数称为神经元个数。输入层有 2 个神经元，隐藏层有 3 个神经元，输出层有 2 个神经元。这里的神经网络模型也称为多层感知机（Multi-Layer Perception，MLP），与单层感知机相比，MLP 包含了多个隐藏层，这就使神经网络也能处理非线性问题。

将神经网络每一层加上权值进行扩充后，就变成了图 10-7 所示的两层神经网络模型。虽然该模型由 3 层组成，其实只有神经元有权重，因此称为两层神经网络，也有根据网络的层数将其称为 3 层神经网络。

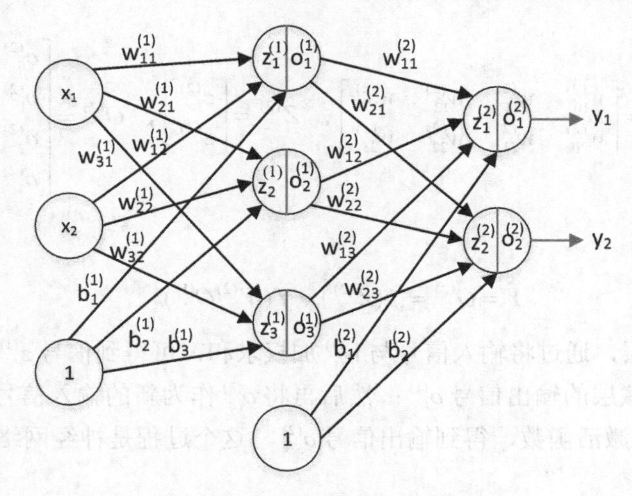

图 10-7 两层神经网络模型

经过输入层后，隐藏层的输出可通过以下公式得到：

$$o_1^{(1)} = f(z_1^{(1)}) = f(w_{11}^{(1)}x_1 + w_{12}^{(1)}x_2 + b_1^{(1)}) \quad \text{（式 10-4）}$$

$$o_2^{(1)} = f(z_2^{(1)}) = f(w_{21}^{(1)}x_1 + w_{22}^{(1)}x_2 + b_2^{(1)}) \quad \text{（式 10-5）}$$

$$o_3^{(1)} = f(z_3^{(1)}) = f(w_{31}^{(1)}x_1 + w_{32}^{(1)}x_2 + b_3^{(1)}) \quad \text{（式 10-6）}$$

若令 $x_0 = 1$，$w_{10}^{(1)} = b_1^{(1)}$，$w_{20}^{(1)} = b_2^{(1)}$，$w_{30}^{(1)} = b_3^{(1)}$，则上式就变为：

$$o_1^{(1)} = f(z_1^{(1)}) = f(w_{10}^{(1)}x_0 + w_{11}^{(1)}x_1 + w_{12}^{(1)}x_2) \quad \text{（式 10-7）}$$

$$o_2^{(1)} = f(z_2^{(1)}) = f(w_{20}^{(1)}x_0 + w_{21}^{(1)}x_1 + w_{22}^{(1)}x_2) \quad \text{（式 10-8）}$$

$$o_3^{(1)} = f(z_3^{(1)}) = f(w_{30}^{(1)}x_0 + w_{31}^{(1)}x_1 + w_{32}^{(1)}x_2) \quad \text{（式 10-9）}$$

使用矩阵形式可以表示为：

$$O^{(1)} = \begin{bmatrix} o_1^{(1)} \\ o_2^{(1)} \\ o_3^{(1)} \end{bmatrix}, \quad Z^{(1)} = \begin{bmatrix} z_1^{(1)} \\ z_2^{(1)} \\ z_3^{(1)} \end{bmatrix}, \quad X = \begin{bmatrix} x_0 \\ x_1 \\ x_2 \end{bmatrix}, \quad W^{(1)} = \begin{bmatrix} w_{10}^{(1)} & w_{11}^{(1)} & w_{12}^{(1)} \\ w_{20}^{(1)} & w_{21}^{(1)} & w_{22}^{(1)} \\ w_{30}^{(1)} & w_{31}^{(1)} & w_{32}^{(1)} \end{bmatrix} \quad \text{（式 10-10）}$$

则有：

$$O^{(1)} = f(Z^{(1)}) = f(W^{(1)}X) \quad \text{（式 10-11）}$$

类似地，隐藏层到输出层的初始权值、偏置及输入为：

$$W^{(2)}=\begin{bmatrix} w_{10}^{(2)} & w_{11}^{(2)} & w_{12}^{(2)} & w_{13}^{(2)} \\ w_{20}^{(2)} & w_{21}^{(2)} & w_{22}^{(2)} & w_{23}^{(2)} \end{bmatrix},\ Z^{(2)}=\begin{bmatrix} z_1^{(2)} \\ z_2^{(2)} \end{bmatrix},\ O^{(2)}=\begin{bmatrix} o_0^{(2)} \\ o_1^{(2)} \\ o_2^{(2)} \\ o_3^{(2)} \end{bmatrix} \quad （式 10-12）$$

则有：

$$\hat{Y}=O^{(2)}=f(Z^{(2)})=f(W^{(2)}O^{(1)}) \quad （式 10-13）$$

从输入层到隐藏层，通过将输入信号与 $w_i^{(1)}$ 加权求和，可得到信号 $z_i^{(1)}$，将该信号输入到激活函数，可得到隐藏层的输出信号 $o_i^{(1)}$；然后再将 $o_i^{(1)}$ 作为新的输入信号，与 $w_i^{(2)}$ 加权求和得到信号 $z_i^{(2)}$，输入到激活函数，得到输出信号 $o_i^{(2)}$。这个过程是神经网络的一次正向迭代过程。

提　示

1985 年，Rumelhart 和 Hinton 等人提出的 BP 神经网络是神经网络算法的杰出代表，通过反向传播策略训练神经网络模型，从而奠定了神经网络的理论基础，以至于 BP 神经网络成为神经网络的代名词。现在的深度学习可以看作 BP 神经网络的增强版，解决了大量输入数据的问题，因此给它重新起了个新名字——深度学习。

10.3 BP 神经网络算法思想及实现

BP（Back Propagation，反向传播）是一种常见的神经网络算法。BP 神经网络算法分为正向传播和逆向误差反向传播两个阶段，在正向传播阶段，输入样本从输入层开始，经过隐藏层加权和激活函数处理后，信号正向传播到输出层。若输出层与实际输出结果不一致，则根据计算出的误差开始反向传播。在反向传播阶段，从隐藏层到输入层逐层传播，通过误差不断更新权值，重复执行以上过程，直到误差减少到设置的阈值或达到最大迭代次数为止。

10.3.1 BP 神经算法模型参数学习过程

BP 神经网络算法的原理与步骤如下：

假设有 n 个输入样本 $D=\{(x_1,y_1),(x_2,y_2),\dots,(x_n,y_n)\}$，每个特征向量 x_i 包含 m 个特征 $x_i=(d_1,d_2,\dots,d_m)$。现在要确定神经网络的映射函数：

$$z=f(x) \quad （式 10-14）$$

神经网络的输出要无限接近真实的标签值，就是要最小化预测误差，如果采用均方误差，则目标函数为：

$$E=\frac{1}{2n}\sum_{i=1}^{n}(h(x_i)-y_i)^2 \quad （式 10-15）$$

当然也可以采用其他方法优化目标函数，如交叉熵、对比损失。假设我们使用随机梯度下降来学习神经网络的参数，目标是要计算损失函数中关于神经网络中各层参数（权重 w 和偏置 b）的偏导数，以更新 w 和 b。

假设要对第 k 个隐藏层的参数 $w^{(k)}$ 和 $b^{(k)}$ 求偏导，若 $z^{(k)}$ 为第 k 层神经元的输入，则有：

$$z^{(k)}=w^{(k)}\bullet o^{(k-1)}+b^{(k)} \quad （式 10-16）$$

其中，$o^{(k-1)}$ 表示第 k-1 层神经元的输出，我们选择的激活函数为：

$$f(x)=\frac{1}{1+e^{-x}} \quad （式 10-17）$$

则根据链式法则，有：

$$\frac{\partial E}{\partial w^{(k)}}=\frac{\partial E}{\partial z^{(k)}}\bullet\frac{\partial z^{(k)}}{\partial w^{(k)}} \quad （式 10-18）$$

$$\frac{\partial E}{\partial b^{(k)}}=\frac{\partial E}{\partial z^{(k)}}\bullet\frac{\partial z^{(k)}}{\partial b^{(k)}} \quad （式 10-19）$$

对于图 10-7 所示的神经网络，$W^{(2)}$ 是一个 2×3 的矩阵，$b^{(2)}$ 是一个二维的列向量，则有：

$$\frac{\partial E}{\partial w_{ij}^{(2)}}=f(W^{(2)}o^{(k-1)}+b^{(2)}-y_i)f'(W^{(2)}o^{(k-1)}+b^{(2)})o_i \quad （式 10-20）$$

$$\frac{\partial E}{\partial b_i^{(2)}}=f(W^{(2)}o^{(k-1)}+b^{(2)}-y_i)f'(W^{(2)}o^{(k-1)}+b^{(2)}) \quad （式 10-21）$$

第 i 个输出结果为 y_i，则误差函数可以表示为：

$$E=\frac{1}{2}\sum_{i=1}^{n}(y_i-\hat{y}_i)^2 \quad （式 10-22）$$

下面通过一个实例来说明 BP 神经网络算法的计算过程。假设输入层、第一个隐藏层的权值 $W_1^{(1)}$、偏置 $b_1^{(1)}$ 初始取值如下：

$$W_1^{(1)}=\begin{bmatrix}1 & 1\\ 2 & 2\\ 3 & 3\end{bmatrix}，\ X=\begin{bmatrix}1\\ 2\end{bmatrix}，\ b_1^{(1)}=\begin{bmatrix}1\\ 2\\ 3\end{bmatrix} \quad （式 10-23）$$

BP 神经网络算法运算过程分为两步：前向传播和反向传播。

1. 前向传播

第一个隐藏层输入为：

$$z_1^{(1)}=w_{11}^{(1)}\times x_1+w_{12}^{(1)}\times x_2+1\times b_1^{(1)}=1\times1+1\times2+1\times1=4$$

$$z_2^{(1)} = w_{21}^{(1)} \times x_1 + w_{22}^{(1)} \times x_2 + 1 \times b_2^{(1)} = 2 \times 1 + 2 \times 2 + 1 \times 2 = 8 \quad \text{（式 10-24）}$$

$$z_3^{(1)} = w_{31}^{(1)} \times x_1 + w_{32}^{(1)} \times x_2 + 1 \times b_3^{(1)} = 3 \times 1 + 3 \times 2 + 1 \times 3 = 12$$

第一个隐藏层输出结果为：

$$o_1^{(1)} = f(z_1^{(1)}) = \frac{1}{1+e^{-z_1^{(1)}}} = \frac{1}{1+e^{-4}} \approx 0.9820138$$

$$o_2^{(1)} = f(z_2^{(1)}) = \frac{1}{1+e^{-z_2^{(1)}}} = \frac{1}{1+e^{-8}} \approx 0.9996646 \quad \text{（式 10-25）}$$

$$o_3^{(1)} = f(z_3^{(1)}) = \frac{1}{1+e^{-z_3^{(1)}}} = \frac{1}{1+e^{-12}} \approx 0.99999385$$

第二个隐藏层的初始权值 $W_2^{(1)}$ 和 $b_2^{(1)}$ 的取值为：

$$W_2^{(1)} = \begin{bmatrix} 1 & 2 & 3 \\ 1 & 2 & 3 \end{bmatrix}, \quad b_2^{(1)} = \begin{bmatrix} 1 \\ 2 \end{bmatrix}$$

$$\begin{aligned} z_1^{(2)} &= w_{11}^{(2)} \times o_1 + w_{12}^{(2)} \times o_2 + w_{13}^{(2)} \times o_3 + 1 \times b_1^{(2)} \\ &= 1 \times 0.9820138 + 2 \times 0.9996646 + 3 \times 0.99999385 + 1 \times 1 \\ &= 6.9813247 \end{aligned} \quad \text{（式 10-26）}$$

$$\begin{aligned} z_2^{(2)} &= w_{21}^{(2)} \times o_1 + w_{22}^{(2)} \times o_2 + w_{23}^{(2)} \times o_3 + 1 \times b_2^{(2)} \\ &= 1 \times 0.9820138 + 2 \times 0.9996646 + 3 \times 0.99999385 + 1 \times 2 \\ &= 7.9813247 \end{aligned}$$

则输出结果为：

$$o_1^{(2)} = f(z_1^{(2)}) = \frac{1}{1+e^{-z_1^{(2)}}} = \frac{1}{1+e^{-6.9813247}} \approx 0.9990718$$

$$o_2^{(2)} = f(z_2^{(2)}) = \frac{1}{1+e^{-z_2^{(2)}}} = \frac{1}{1+e^{-7.9813247}} \approx 0.9996583 \quad \text{（式 10-27）}$$

假设真实的输出值分别是 y_1=0.1，y_2=1，则平方和误差为：

$$E = \frac{1}{2}\left((0.9990718 - 0.1)^2 + (0.9996583 - 1)^2\right) \approx 0.404165 \quad \text{（式 10-28）}$$

2. 反向传播

BP 反向传播计算分为两个部分：（1）隐藏层到输出层的参数 W 和 b 的更新；（2）从输入层到隐藏层的参数 W 和 b 的更新。

首先求$w_{11}^{(2)}$，它与$o_1^{(2)}$有关，即$E=\frac{1}{2}(f(z_1^{(2)})-y_1)^2$，则：

$$\frac{\partial E}{\partial w_{11}^{(2)}}=\frac{1}{2}\times 2\times f(z_1^{(2)})\times f'(z_1^{(2)})\times o_1^{(1)}$$
$$=\frac{1}{2}\times 2\times 0.9990718\times 0.9990718\times(1-0.9990718)\times 0.9820138 \quad （式 10-29）$$
$$\approx 0.0009098$$

其中，$f'(x)=f(x)(1-f(x))$。更新$w_{11}^{(2)}$：

$$w_{11}^{(2)}=w_{11}^{(2)}+\Delta w=w_{11}^{(2)}-\eta\frac{\partial E}{\partial w_{11}^{(2)}}=1-0.1\times 0.0009098=0.999909 \quad （式 10-30）$$

然后用同样的方法更新$w_{21}^{(2)}$、$w_{12}^{(2)}$、$w_{22}^{(2)}$、$w_{13}^{(2)}$、$w_{23}^{(2)}$及$b_1^{(2)}$、$b_2^{(2)}$，并对第一隐藏层的权值和偏置进行更新。

10.3.2 BP神经网络算法实现

下面利用BP神经网络实现异或运算。异或运算可以总结为两个二进制数相同，其结果为0，否则为1，即0⊕0=0，0⊕1=1，1⊕0=1，1⊕1=0。

输入为4个样本，每个样本包含两个数x_1和x_2，如果增加一个偏置x_0，则每个输入样本包含3个数（x_0，x_1，x_2）；输出为1个数，其值为0或1。

假设神经网络包含一个隐藏层，则神经网络的输入层包含3个神经元，隐藏层包含4个神经元，输出层包含1个神经元。对于输入层，因为输入是4个样本，每个样本是3个元素，因此可以用一个4×3的矩阵表示；对于隐藏层，因为有4种可能输入，则需要设置4个神经元，即可以用一个3×4的矩阵表示；对于输出层，因为只有一个输出值，隐藏层输出是4个值，因此可以用一个4×1的矩阵表示，即一个4维的列向量。

1. 参数初始化

```
import numpy as np
def init_data():
#输入数据分别为偏置值、x1、x2
X = np.array([[1, 0, 0],
        [1, 0, 1],
        [1, 1, 0],
        [1, 1, 1]])
#标签
Y = np.array([[0, 1, 1, 0]])
#权值初始化，取值范围-1到1
W1= np.random.random((3, 4)) * 2 - 1
W2= np.random.random((4, 1)) * 2 - 1
alpha = 0.1
return X,Y,W1,W2,alpha
```

2. 前向传播与反向传播

（1）前向传播：根据输入数据和权值矩阵，计算$X\times W1$，并将其代入激活函数，得到输入层到隐藏层的输出 hidden_out；然后将其作为隐藏层到输出层的输入，再计算

hidden_out*W2，将其代入激活函数，得到输出层的输出 output_out。

（2）计算误差：根据输出层的输出 output_out 与真实标签 Y 的取值，得到输出层的误差 delta_output；根据隐藏层的输出 hidden_out 和隐藏层到输出层的权值矩阵 *W*2，得到隐藏层的误差 delta_hidden。输出层的误差为：

$$\delta_i^{(k)} = (y_i - o_i^{(k)}) f'(z_i^{(k)}) \quad （式 10-31）$$

隐藏层的误差为：

$$\delta_i^{(k-1)} = \sum_{i=1}^{n} \delta_i^{(k)} \cdot W_i^{(k-1)} \cdot f'(z_i^{(k-1)}) \quad （式 10-32）$$

则权值更新公式为：

$$W_i^{(k)} = W_i^{(k)} + \alpha o^{(k)} \delta_i^{(k+1)} \quad （式 10-33）$$

其中，α 为学习率，$o^{(k)}$ 为第 k 层神经元的输出。

（3）更新权值：先利用 delta_output 和 hidden_out 得到 *W*2 的变化量，然后更新 W2；根据输入层的 X 和 delta_hidden 得到 W1 的变化量，然后更新 *W*1。

```
def bp_train(X,Y,W1,W2,alpha):#输入层 3 个神经元，隐藏层 4 个神经元，输出层 2 个神经元
    #hidden_out：输入层到隐藏层的值
    hidden_out = sigmoid(np.dot(X, W1))  #隐藏层输出 4×4 的矩阵
    #output_out：隐藏层到输出层的值
    output_out = sigmoid(np.dot(hidden_out, W2))  #输出层输出 4×1 的向量

    #delta_output：输出层的误差信号
    delta_output = (Y.T - output_out) * dsigmoid(output_out)
    #delta_hidden：隐藏层的误差信号
    delta_hidden = delta_output.dot(W2.T) * dsigmoid(hidden_out)

    #delta_W1：输出层对隐藏层的权重改变量
    #delta_W2：隐藏层对输入层的权重改变量
    delta_W2 = alpha * hidden_out.T.dot(delta_output)
    delta_W1 = alpha * X.T.dot(delta_hidden)

    W2 = W2 + delta_W2
    W1 = W1 + delta_W1
    return W1,W2
```

其中，激励函数及导数实现如下：

```
def sigmoid(x): #激励函数
    return 1 / (1 + np.exp(-x))

def dsigmoid(x):#激励函数的导数
    return x * (1 - x)
```

3. 学习到参数 W1 和 W2

不断调用 bp_train()对参数 *W*1 和 *W*2 进行学习，经过若干次迭代后，返回 *W*1 和 *W*2。

```
#BP 神经网络模型
```

```
def bp_nn(X,Y,W1,W2,alpha,iter):
    for i in range(iter):
        W1,W2=bp_train(X,Y,W1,W2,alpha)
        if i % 1000 == 0:
            hidden_out = sigmoid(np.dot(X, W1))  #隐藏层输出为 4×4 的矩阵
            output_out = sigmoid(np.dot(hidden_out, W2))#输出层输出为 4×1 的向量
            print('当前误差:', np.mean(np.abs(Y.T - output_out)))
    return W1,W2
```

4. 测试样本

在获得模型参数 *W*1 和 *W*2 后，可通过调换样本顺序，测试输出结构是否正确。

```
def model_test(X,W1,W2):
    hidden_out = sigmoid(np.dot(X, W1))  #隐藏层输出为 4×4 的矩阵
    output_out = sigmoid(np.dot(hidden_out, W2))  #输出层输出为 4×1 的向量
    print('BP 神经网络模型测试结果: ')
    for sample in map(judge, output_out):
        print(sample,end=' ')
```

5. 主函数

```
if __name__ == '__main__':
    X,Y,W1,W2,alpha=init_data() #初始化数据及参数
    iter=5000
    W1,W2=bp_nn(X,Y,W1,W2,alpha,iter) #调用 BP 神经网络模型
    hidden_out = sigmoid(np.dot(X, W1))  #隐藏层输出为 4×4 的矩阵
    output_out = sigmoid(np.dot(hidden_out, W2))  #输出层输出为 4×1 的向量
    print('BP 神经网络输出: \n',output_out)
    print('BP 神经网络训练结果: ')
    for sample in map(judge, output_out):
        print(sample,end=' ')
    print()
    #测试数据
    X = np.array([[1, 1, 1],
         [1, 0, 1],
         [1, 0, 0],
         [1, 1, 0]])
    model_test(X,W1,W2)
```

其中，判断标签类别的实现如下：

```
def judge(x):
    if x >= 0.5:
        return 1
    else:
        return 0
```

程序输出结果如下：

```
当前误差: 0.4979871475935289
当前误差: 0.4914224281784273
当前误差: 0.47151583790209906
当前误差: 0.4190698283298026
当前误差: 0.3278370387152423
当前误差: 0.22971879287597258
```

```
当前误差: 0.16646360138218075
当前误差: 0.1303538006994346
当前误差: 0.10820928582709059
当前误差: 0.0934149541358422
BP 神经网络输出:
 [[0.07394936]
 [0.89675472]
 [0.94200876]
 [0.09623804]]
BP 神经网络训练结果:
0 1 1 0
BP 神经网络模型测试结果:
0 1 0 1 1
```

提 示

BP 神经网络的本质是实现了一个从输入到输出的映射过程，经过数学理论证明，3 层的神经网络可以无限逼近任何非线性连续函数。BP 神经网络在学习过程中自动获得数据间的合理规则，并用于更新网络之间的权值，因此，BP 神经网络模型有强大的自学习和自适应能力，也就是说，BP 神经网络擅长将学习成果应用于新知识，即拥有强大的泛化能力。

10.4 BP 神经网络算法实现——鸢尾花分类

鸢尾花（iris）数据集包含 4 个特征，1 个类别属性，共有 150 个样本。iris 是鸢尾植物，数据集中存储了其萼片和花瓣的长宽，共 4 个属性；鸢尾花分为 3 类：山鸢尾（setosa）、变色鸢尾（versicolor）和维吉尼亚鸢尾（virginica）。其属性及类别描述如表 10-1 所示。

表 10-1 鸢尾花属性特征及类别

属性特征	含 义	数据类型	species（类别）	
sepal_length	花萼长度	float	取值	含义
sepal_width	花萼宽度	float	0	山鸢尾（Isetosa）
petal_length	花瓣长度	float	1	变色鸢尾（versicolor）
petal_width	花瓣宽度	float	2	维吉尼亚鸢尾（virginica）

train.csv 是训练数据集，包含特征信息和存活与否的标签。

1. 查看样本数据

在使用决策树建立模型之前，我们可以先查看下数据样本的情况。

```
import matplotlib.pyplot as plt
import pandas as pd
import matplotlib.patches as mpatches
#载入数据集
iris = pd.read_csv('iris.csv')
all_data = iris.values
all_feature = all_data[1:, 0:5]
```

```
    for i in range(len(all_feature)):
        if all_feature[i,4]==0:
            plt.scatter(all_feature[i,0], all_feature[i,1], color='red', 
marker='s')
        elif all_feature[i,4]==1:
            plt.scatter(all_feature[i,0], all_feature[i,1], color='green', 
marker='o')
        else:
            plt.scatter(all_feature[i,0], all_feature[i,1], color='blue', 
marker='d')

    labels = ['setosa', 'versicolor', 'virginica']  #legend标签列表，上面的color
即是颜色列表
    color = ['red','blue','lightskyblue']         #legend颜色列表
    #用label和color列表生成mpatches.Patch对象，它将作为句柄来生成legend
    patches = [ mpatches.Patch(color=color[i], label="{:s}".format(labels[i]) ) 
for i in range(len(color)) ]
    plt.legend(handles=patches, loc=2)
    plt.rcParams['font.sans-serif'] = ['SimHei']
    plt.rcParams['axes.unicode_minus'] = False
    plt.show()
```

样本数据散点图显示结果如图10-8所示。

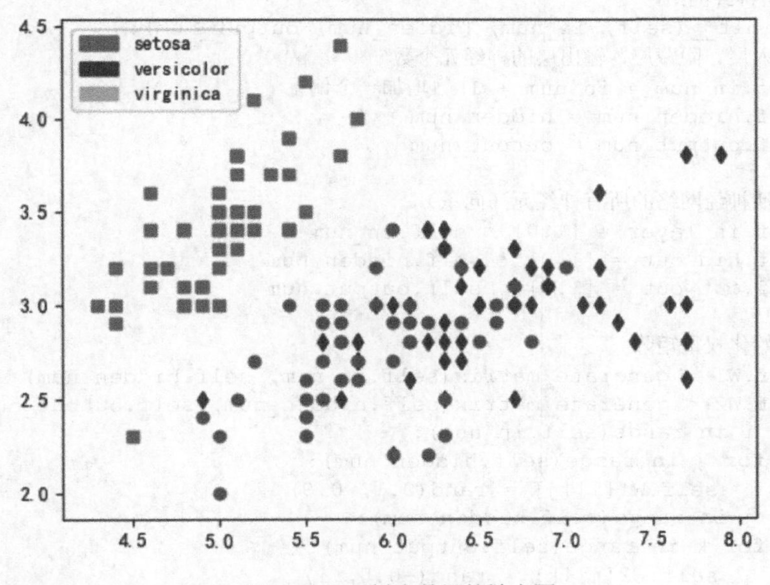

图10-8　iris样本数据的散点图

2. 样本标签数据处理

为了方便实现对样本数据的多分类，可对原样本标签进行预处理，即把原分类标签 0、1 和 2 分别转换为[1,0,0]、[0,1,0]和[0,0,1]。

```
    data = []
    for i in range(len(all_feature)):
        newdata = []
        newdata.append(list(all_feature[i]))
```

```
        if all_data[i][4] == 'setosa':
            newdata.append([1, 0, 0])
        elif all_data[i][4] == 'versicolor':
            newdata.append([0, 1, 0])
        else:
            newdata.append([0, 0, 1])
        data.append(newdata)

    #打乱数据，对数据进行随机排列
    random.shuffle(data)
    train = data[0:100]
    test = data[101:]
```

转换后的每一条样本数据分为两个部分，前 4 列为特征，后 3 列为标签。

3. 创建神经网络结构

假设要构建一个 3 层神经网络模型，即包含一个输入层、一个隐藏层及一个输出层网络结构，需要初始化各层的权值，为方便调用，我们可以定义一个 MyBPNetwork 类，通过输入层、隐藏层和输出层神经元个数，构建输入层到隐藏层和隐藏层到输出层的权值矩阵，然后再通过随机生成函数初始化权值矩阵。

```
class MyBPNetwork:
    """ 3 层神经网络 """
    def __init__(self, in_num, hidden_num, output_num):
        #输入层、隐藏层、输出层的神经元个数
        self.in_num = in_num + 1  #增加一个偏置
        self.hidden_num = hidden_num + 1
        self.output_num = output_num

        #激活神经网络的所有神经元（向量）
        self.in_layer = [1.0] * self.in_num
        self.hid_out = [1.0] * self.hidden_num
        self.out_out = [1.0] * self.output_num

        #初始化权重矩阵
        self.W1 = generate_matrix(self.in_num, self.hidden_num)
        self.W2 = generate_matrix(self.hidden_num, self.output_num)
        for i in range(self.in_num):
            for j in range(self.hidden_num):
                self.W1[i][j] = rand(0.1, 0.9)
        for j in range(self.hidden_num):
            for k in range(self.output_num):
                self.W2[j][k] = rand(-0.5, 1)
```

4. 神经网络模型参数训练

在完成模型的初始化之后，就可以利用样本数据通过 BP 神经网络学习算法对各层参数进行训练。

```
def train(self, sample_data, iter=1000, alpha=0.1):
    #alpha: 学习率
    for it in range(iter):
        err = 0.0
        for f in sample_data:
```

```
            feature = f[0]
            labels = f[1]
            self.update(feature)
            err = err + self.back_propagate(labels, alpha)
        if it % 100 == 0:
            print('error: %-.8f' % err)
```

模型参数训练分为两个过程：前向传播过程和反向传播过程。前向传播就是从输入层出发到隐藏层，隐藏层到输出层的信号传播。

```
    def update(self, feature):
        if len(feature) != self.in_num - 1:
            raise ValueError('与输入层神经元个数不相等！')

        #激活输入层
        for i in range(self.in_num - 1):
            self.in_layer[i] = feature[i]

        #激活隐藏层
        for j in range(self.hidden_num):
            z = 0.0
            for i in range(self.in_num):
                z = z + self.in_layer[i] * self.W1[i][j]
            self.hid_out[j] = sigmoid(z)

        #激活输出层
        for k in range(self.output_num):
            z = 0.0
            for j in range(self.hidden_num):
                z = z + self.hid_out[j] * self.W2[j][k]
            self.out_out[k] = sigmoid(z)

        return self.out_out
```

在得到输出信号后，计算出输出信号与真实标签的误差，根据误差从输出层到隐藏层、隐藏层到输出层逐层更新权值。

```
    def back_propagate(self, y_label, alpha):
        """ 反向传播 """
        #计算输出层的误差
        delta_output = [0.0] * self.output_num
        for index in range(self.output_num):
            err = y_label[index] - self.out_out[index]
            delta_output[index] = dsigmoid(self.out_out[index]) * err

        #计算隐藏层的误差
        delta_hidden = [0.0] * self.hidden_num
        for i in range(self.hidden_num):
            err = 0.0
            for j in range(self.output_num):
                err = error + delta_output[j] * self.W2[i][j]
            delta_hidden[i] = dsigmoid(self.hid_out[i]) * err

        #更新输出层权重
        for i in range(self.hidden_num):
```

```
            for j in range(self.output_num):
                delta_value = delta_output[j] * self.hid_out[i]
                self.W2[i][j] = self.W2[i][j] + alpha * delta_value

        #更新输入层权重
        for i in range(self.in_num):
            for j in range(self.hidden_num):
                delta_value = delta_hidden[j] * self.in_layer[i]
                self.W1[i][j] = self.W1[i][j] + alpha * delta_value

        #计算误差
        for i in range(self.output_num):
            err = 0.0
            err += 0.5 * (y_label[i] - self.out_out[i]) ** 2
        return err
```

5. 神经网络模型测试

在经过若干次迭代之后，就可以学习到输入层到隐藏层的权值 $W1$ 和隐藏层到输出层的权值 $W2$，利用 $W1$ 和 $W2$ 对样本数据进行测试，以验证鸢尾花数据分类的正确性，并计算测试分类的正确率。

```
    data = []
    def test(self, data):
        count = 0
        for x in data:
            y_label = iris_lables[(x[1].index(1))]
            y_pre = self.update(x[0])
            index = y_pre.index(max(y_pre))
            print(x[0], ':', y_label, '->', iris_lables[index])
            count += (y_label == iris_lables[index])
        accuracy = float(count / len(data))
        print('accuracy: %-.8f' % accuracy)
```

输出结果如下：

```
    输入层权值：
    [0.41874594463628817, 0.2341291063381669, 0.1804062063677973,
0.4910460978475885, 0.34934945492093733, 0.7574584613605486,
0.45676450213157704]
    [0.8556611707902849, 0.8338079528565393, 0.6679268044497543,
0.5570196100192427, 0.6477547877669199, 0.6353322001000048, 0.3679593907437505]
    [0.5406110798112881, 0.710067726583438, 0.5799646040377657,
0.19687500196707844, 0.1835628450408289, 0.74387684259392, 0.23227202395774055]
    [0.1801458688737963, 0.8705539170151312, 0.43537091055987504,
0.4175165646479007, 0.3086553220418935, 0.733153555456106, 0.34516197062252096]
    [0.8273607311049105, 0.46764301509995243, 0.7470558378183316,
0.2504665684546844, 0.5952288213429499, 0.7329062847398176, 0.45583047737049337]
    输出层权值：
    [-1.2994296834285446, -1.5238956047842112, 0.3664461393614356]
    [-0.19166335832178089, -0.16587367445195936, 1.573609441224225]
    [-1.4118085661424902, -0.22144745429064716, 0.3374162811875196]
    [-0.12739613803190777, -0.6558558385781001, 1.0281795858543066]
    [-1.1013643788007834, -1.4225532168674508, 1.1367542126267052]
    [-1.2428380897299691, -0.9365970689466941, 0.45928638483083073]
```

```
[-0.5536827144281989, -1.0042634940551365, 1.030662965029848]
accuracy: 1.00000000
```

每次迭代的误差变化曲线如图 10-9 所示。

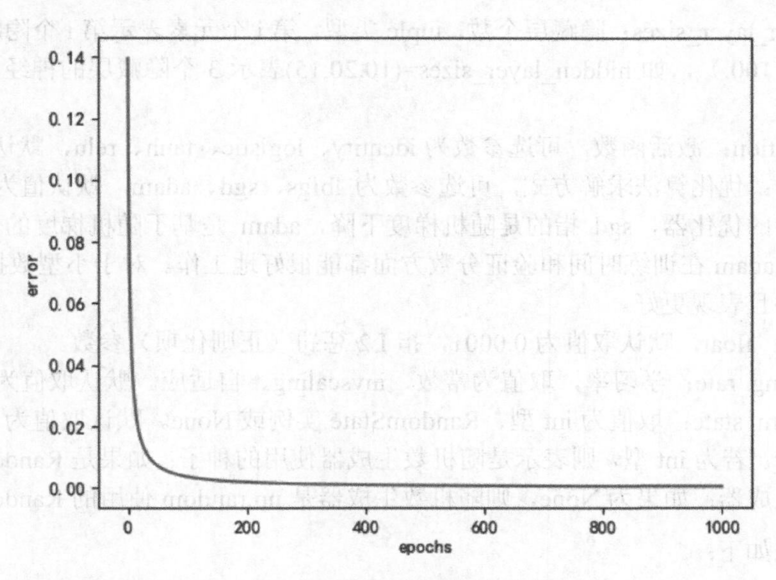

图 10-9 每次迭代的误差曲线

鸢尾花样本数据分类结果可视化如图 10-10 所示。

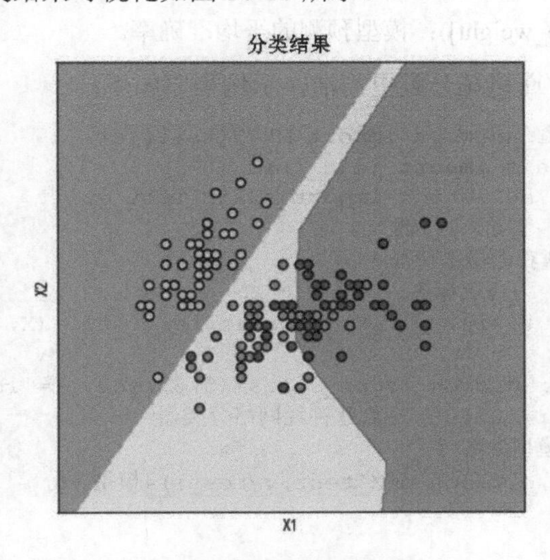

图 10-10 鸢尾花样本数据分类结果可视化

当然也可以使用 MLPClassifier 对样本进行分类，它的构造函数原型如下：

```
class sklearn.neural_network.MLPClassifier(hidden_layer_sizes=(100, ),
activation='relu', solver='adam', alpha=0.0001, batch_size='auto',
learning_rate='constant', learning_rate_init=0.001, power_t=0.5, max_iter=200,
shuffle=True,random_state=None, tol=0.0001, verbose=False, warm_start=False,
momentum=0.9, nesterovs_momentum=True, early_stopping=False,
```

```
validation_fraction=0.1, beta_1=0.9, beta_2=0.999, epsilon=1e-08,
n_iter_no_change=10)
```

其主要参数说明如下：

（1）hidden_layer_sizes：隐藏层个数，tuple 类型，第 i 个元素表示第 i 个隐藏层神经元个数，默认值为（100,），如 hidden_layer_sizes=(10,20,15)表示 3 个隐藏层的神经元个数分别为 10、20、15。

（2）activation：激活函数，可选参数为 identity、logistic、tanh、relu，默认值为 relu。

（3）solver：优化算法求解方式，可选参数为 lbfgs、sgd、adam，默认值为 adam。lbfgs 是准牛顿方法族的优化器，sgd 指的是随机梯度下降，adam 是基于随机梯度的优化器。对于较大的数据集，adam 在训练时间和验证分数方面都能很好地工作。对于小型数据集，lbfgs 可以更快地收敛并且表现更好。

（4）alpha：float，默认取值为 0.0001，指 L2 惩罚（正则化项）参数。

（5）learning_rate：学习率，取值为常数、invscaling、自适应。默认取值为常数。

（6）random_state：取值为 int 型、RandomState 实例或 None。默认取值为无随机数生成器的状态或种子。若为 int 型，则表示是随机数生成器使用的种子；如果是 RandomState 实例，则表示随机数生成器；如果为 None，则随机数生成器是 np.random 使用的 RandomState 实例。

其主要方法如下：

（1）fit(X,y)：训练模型，X 为样本数据，y 为标签。

（2）predict(X)：使用多层感知器分类器进行预测，将 X 作为测试样本，返回预测结果。

（3）score(X,y[,sample_weight])：模型预测的平均准确率。

使用 MLPClassifier 对鸢尾花分类更简洁，示例程序如下：

```
from sklearn.neural_network import MLPClassifier
from sklearn.datasets import load_iris
from sklearn.model_selection import train_test_split
iris = load_iris()  #导入数据集
X = iris['data']  #获取样本特征
y = iris['target']  #获取标签
X_train, X_test, y_train, y_test = train_test_split(X, y, test_size=0.3)
 #划分训练集和测试集
clf = MLPClassifier(hidden_layer_sizes=(5,3),solver='lbfgs', alpha=1e-5,
random_state=1,max_iter=100000) #创建神经网络分类器
clf.fit(X, y)#训练模型参数
print('分类准确率：',clf.score(X_test,y_test))#模型评分
```

输出结果为：

```
分类准确率：1.0
```

提示
在 BP 神经网络中，反向传播过程使用链式法则进行连乘，靠近输入层的参数梯度几乎为 0，即梯度消失会造成神经网络难以收敛。缓解梯度消失的方法有：更换像 ReLU 这样的激活函数、减少神经网络的层数、调整神经网络结构。

10.5 本章小结

神经网络模型作为目前使用最为广泛的机器学习算法之一，既能用于对数据分类，也能用于解决回归问题。BP神经网络模型作为神经网络的常用算法，通过前向和反向信号传播更新权重以学习模型参数，它的主要优点有强大的非线性映射能力、自学习和自适应能力、泛化能力、容错能力，但由于它主要采用梯度下降法收敛实际类别与期望类别之间的误差，其误差是高维的复杂非线性函数，容易陷入局部极小值，并且学习速度较慢，学习过程中容易发生震荡，可能出现网络无法收敛的问题。目前神经网络模型已经被成功应用于人脸识别、手写字符识别、计算机视觉、自然语言处理、个性化推荐等领域。

10.6 习　　题

一、选择题

1. 单层感知器最大的缺点是只能解决线性可分的分类问题，要增强其分类能力唯一的方法是采用多层网络结构，与单层感知器相比较，（　）不是多层网络所特有的特点。

A. 神经元的个数可以达到很大　B. 含有一个或多个隐藏层
C. 激活函数采用可微的函数　D. 具有独特的学习算法

2. 人工神经元模型可以看成是由 4 种基本元素组成：输入、权值、（　　）及输出组成的。

A. 激活函数　B. 偏置　C. 隐藏层　D. 神经元

3. 神经网络的学习也称为训练，指的是神经网络在受到外部环境的刺激下调整神经网络的参数，使神经网络以一种新的方式对外部环境做出反应的一个过程。BP神经网络的学习方式为（　）。

A. 无监督学习　B. 有监督学习　C. 增强学习　D. 混合方式的学习

4. tanh函数常用作神经网络中的激活函数，其取值范围为（　）。

A. [−1,1]　B. (0,1)　C. (−1,1)　D. [0,1]

5. 在BP神经网络进行反向传播时，由于链式法则需要对各层参数进行连乘，选择sigmoid函数作为激活函数容易造成梯度消失，（　）方法不能解决梯度消失。

A. 更换激活函数　B. 调整神经网络结构
C. 增加神经网络层数　D. 减少神经网络层数

二、综合分析题

1. 利用BP神经网络算法实现对西瓜数据集或鱼类数据进行分类，并计算分类准确率。

2. 梯度消失和梯度爆炸是神经网络中两个常见的问题，其产生原因是什么？如何避免出现这样的问题？

3. 请简述BP神经网络的基本原理，并分析其优势和不足。

第11章

综合案例分析：垃圾邮件分类

垃圾邮件分类属于自然语言处理领域的中文本分类问题，涉及中文分词、文本特征提取、机器学习模型的选择等知识。本章将以垃圾邮件分类问题为例，讲解文本分类问题的处理过程、常见中文分词方法、特征提取方法、模型搭建和测试方法。所采用的数据集为国际文本检索会议提供的公开数据集 trec06c。通过本章的学习，将使大家掌握文本分类问题的处理方式和处理过程，并能熟练运用常见的机器学习方法解决实际问题。

11.1　文本预处理

邮件数据是由一系列文本组成的集合，垃圾邮件分类就是将正常邮件和垃圾邮件正确地分开，其实就是一个分类问题。为了将该问题转换为分类问题，需要处理这些文本信息，将其转化为分类问题所要求的特征空间和标签空间，从而选择合适的机器学习方法进行参数学习，然后对邮件进行分类。对于中文文本，需要先进行分词、去除停用词，然后进行特征提取，最后再建立机器学习模型进行训练和分类。

11.1.1　中文分词

中文分词（Chinese Word Segmentation）是处理中文自然语言问题的第一步工作，它指的是将一个汉字序列切分成一个个单独的词。我们知道，对于英文文本，每个单词之间是以空格作为自然分界符的，而中文中的字与字之间没有明确的分界符。对于一句话，我们可以通过自己的知识明白哪些是词，哪些不是词，但如何让计算机也能理解？其处理过程就需要分词算法。

现有的分词算法可分为三大类：基于规则的分词方法、基于统计的分词方法和基于神经网络的分词方法。本章重点介绍基于规则的分词方法和基于统计的分词方法。

1. 基于规则的分词

基于规则的分词方法也称为机械分词方法，主要借助于词典工具，将语句中的每个字符串与词典中的词进行逐一匹配，找到则切分，否则不切分。按照扫描方向的不同，分词方法可分为正向匹配和逆向匹配；按照不同长度优先匹配的情况，可分为最大（最长）匹配和最小（最短）匹配。

常用的几种机械分词方法如下：

- 正向最大匹配法。
- 逆向最大匹配法。
- 双向最大匹配法。

（1）正向最大匹配

正向最大匹配就是从左到右将待分词文本中的若干个连续字符与词典中的词匹配，如果匹配成功，则切分出一个词并进行下一轮匹配，否则将子字符串从末尾去除一个字，再进行匹配，重复执行以上过程，直到所有字符串都切分完毕。正向最大匹配算法实现代码如下：

```
class MM(object):
def __init__(self):
    self.words_size=3
def cut_words(self,text):
    result=[]
    start_i=0
    text_length=len(text)
    dic=['计算机','程序','设计','艺术']
    while text_length>start_i:
        for word_length in range(self.words_size+start_i,start_i,-1):
            word=text[start_i:word_length]
            if word in dic:
                start_i=word_length-1
                break
        start_i=start_i+1
        result.append(word)
    return result

if __name__=='__main__':
    text='计算机程序设计艺术'
    fenci=MM()
    print(fenci.cut_words(text))
```

分词结果如下：

```
['计算机', '程序', '设计', '艺术']
```

（2）逆向最大匹配

逆向最大匹配方法的算法思想与正向最大匹配算法类似，但匹配方向相反。逆向最大匹配算法从待分词文本中的最后一个字出发向前推进，若与字典中的词不匹配，则减去最前一个字，再进行匹配，按照此方法依次向前比较，直到所有的词都匹配。假设在待分词文本中，最长的词语长度为max_size，从最后一个字开始向前截取max_size个字，把这max_size个字与字典匹配，若字典中不存在该词语，则截取从最后一个字开始向前的max_size-1个字，与字典重新匹配，以此类推，直到匹配成功；或者前 max_size 个字都不匹配，则将这 max_size 个字分别作为一个独立的词进行切分；按照此方法取出剩下的词语进行匹配，直到全部分好词为止。例如，待分词文本为 text[]={"研究生命的起源"}，词典为 dict[]={"研究"，"研究生"，"生命"，"命"，"的"，"起源"}，假设最长的词语长度为 3，从后往前开始切分：

- 首先取出来的候选词 word 是"的起源"。
- 查词典，word 不在词典中，将 word 最前边的第一个字去掉，得到新的候选词"起源"。
- 查词典，word（即"起源"）在词典中，则将 word 从待分词文本中拆分出来，此时剩下的文本为"研究生命的"。
- 根据分割长度 3，取出候选词 word 为"生命的"。
- 查词典，word 不在词典中，将 word 最前边的第一个字去掉，得到 word 为"命的"。
- 查词典，word 也不在词典中，将 word 最前边的第一个字去掉，得到 word 为"的"。
- 查词典，word 在词典中，则将其从待分词文本中拆分出来，此时剩下的文本为"研究生命"。
- 根据分割长度 3，取出候选词为"究生命"。
- 查词典，word 不在词典中，将 word 中的最前边第一个字去掉，得到 word 为"生命"。
- 查词典，word 在词典中，则将其从待分词文本中拆分出来，此时剩下的文本为"研究"。
- 根据分割长度 3，取出候选词"研究"。
- 查词典，word 在词典中，将其从待分词文本中拆分出来，切分结束。

最后，得到的分词结果为：研究 | 生命 | 的 | 起源。

逆向最大匹配算法实现代码如下：

```
class RMM(object):
    def __init__(self,max_size=3):
        self.dic=['研究','研究生','生命','命','的','起源','计算','机','计算机','程序','设计','艺术']
        self.word_size=max_size
    def cut_words(self,text):
        out=[]
        coend=len(text)
        cobegin=0
        size=self.word_size
        while cobegin < coend:
            while size>0 :
                seg_word = text[coend - size:coend]
                if seg_word in self.dic:
                    coend -= size
                    out.append(seg_word)
                    size = self.word_size
                    break
                else:  #匹配失败
                    size -= 1

        for i in range((int)(len(out) / 2)):  #逆置
            w = out[i]
            out[i] = out[len(out) - i - 1]
```

```
            out[len(out) - i - 1] = w
            i += 1
        return out
if __name__=='__main__':
    text = '研究生命的起源'
    fenci=RMM()
    print(fenci.cut_words(text2))
    text2 = '计算机程序设计艺术'
    fenci2=RMM()
    print(fenci2.cut_words(text2))
```

分词结果如下：

```
['研究', '生命', '的', '起源']
['计算机', '程序', '设计', '艺术']
```

（3）双向最大匹配

双向最大匹配算法的原理就是结合正向最大匹配算法和逆向最大匹配算法的分词结果，选择正确的分词方式。选择的原则是：

- 在两个分词结果中，如果切分后词的数量不同，则选择数量较少的那个作为分词结果。
- 分词后，如果词的数量相同，则分为两种情况来处理：若分词结果相同，则返回任意一个。若分词结果不同，则返回分词为单字的数量较少的那个；若词为单字的数量也相同，则任意返回一个。

双向最大匹配算法实现代码如下：

```
count1 = 0
count2 = 0
fenci = MM()
fenci2 = RMM()
out1 = fenci.cut_words(text)
out2 = fenci2.cut_words(text)
if out1 == out2:
    print(out1)
len_out1 = len(out1)
len_out2 = len(out2)
if len_out1 == len_out2:
    for e1 in out1:
        if len(e1) == 1:
            count1 = count1 + 1
    for e2 in out2:
        if len(e2) == 1:
            count2 = count2 + 1
    if count1 > count2:
        print(out1)
    else:
        print(out2)
if len_out1 > len_out2:
    print(out2)
if len_out1 < len_out2:
    print(out1)
```

分词结果如下：

```
['这群', '山里', '的', '娃娃']
```

提　示

基于规则的分词算法实现简单，但分词的准确性是建立在丰富的词典基础之上，随着互联网的迅猛发展，网络新词层出不穷，词典的维护成为一项庞大的工程。

2. 基于统计的分词方法

随着计算机技术的发展和大规模语料库的建立，基于统计的分词方法逐渐成熟，目前已成为一种主流的分词方法。基于统计的分词主要思想是把每个词看作由字组成的，如果相连的字在不同文本中出现的次数越多，表明这些相连的字很有可能就是一个词。一般情况下，基于统计的分词可分为两步：建立统计语言模型，以及对句子进行分词并计算其概率。

（1）建立统计语言模型

语言模型在语音识别、机器翻译、句法分析、命名实体识别、信息检索中有着广泛的应用，目前主要采用 n 元语言模型（n-gram），这种模型结构简单、直接，但同时也因为数据缺乏而必须采取平滑算法。

由长度为 n 个词 $w_1, w_2, \ldots, w_n$ 构成句子 s 的概率为：

$$p(s) = p(w_1, w_2, \ldots, w_n) = p(w_1)p(w_2 \mid w_1)p(w_3 \mid w_1 w_2) \ldots p(w_n \mid w_1 w_2 \ldots w_{n-1}) = \prod_{i=1}^{n} p(w_i \mid w_1 w_2 \ldots w_{i-1}) \quad \text{（式 11-1）}$$

上式表明，出现第 i 个词 w_i 的概率是由前面已经出现的 $i-1$ 个词 $w_1, w_2, \ldots, w_{i-1}$ 决定的，即每个词的出现都与其之前出现过的词有关，整个句子 s 出现的概率为这些词概率的乘积。一个句子中的词越多，其计算量就越大，为了解决该问题，可假设一个词的概率只依赖于前 n 个词。当 $n=1$ 时，即出现在第 i 位置上的词 w_i 独立于前面出现的词，该一元文法模型被称为一阶马尔可夫链，记作 uni-gram；当 $n=2$ 时，即出现在第 i 位置上的词 w_i 只与其前面的词 w_{i-1} 有关，该二元文法模型被称为二阶马尔可夫链，记作 bi-gram；当 $n=3$ 时，即出现在第 i 位置上的词 w_i 只与其前两个词 w_{i-2}、w_{i-1} 有关，该三元文法模型被称为三阶马尔科夫链，记作 tri-gram。

以二元文法模型为例，一个词出现的概率只依赖于其前面的一个词，则有：

$$p(s) = p(w_1, w_2, \ldots, w_n) = \prod_{i=1}^{n} p(w_i \mid w_1 w_2 \ldots w_{i-1}) \approx \prod_{i=1}^{n} p(w_i \mid w_{i-1}) \quad \text{（式 11-2）}$$

为了使该公式对句首的词也有意义，即当 $i=1$时，公式也成立，可在第一个词前加一个标记 B，则 w_0 就是 B。同理，在句子末尾加上一个结束标记 E。例如，要计算 p(研究 生命 的 起源)：

$$p(\text{研究　生命　的　起源}) = p(\text{研究}|B) \cdot p(\text{生命}|\text{研究}) \cdot p(\text{的}|\text{生命}) \cdot p(\text{起源}|\text{的}) \cdot p(E|\text{起源})$$

为了计算 $p(w_i \mid w_{i-1})$，可以简单地通过统计文本中二元文法 $w_{i-1}w_i$ 出现的频率，然后归一化。

$$p(w_i \mid w_{i-1}) = \frac{\text{count}(w_{i-1}w_i)}{\text{count}(w_{i-1})} \quad \text{（式 11-3）}$$

在中文分词中，有以下几种状态：

- B：词语的开头（单词的头一个字）。
- M：中间词（即在一个词语的开头和结尾之中）。
- E：单词的结尾（即单词的最后一个字）。
- S：单个字作为一个词。

下面通过一个简单的例子说明 HMM 模型的训练过程。假设我们的已标注训练样本有以下 5 条：

① 我只是一个无名小兵

我	只	是	一	个	无	名	小	兵
S	B	E	B	E	B	E	B	E

② 泪不会轻易地掉落

泪	不	会	轻	易	地	掉	落
S	B	E	B	E	S	B	E

③ 独自走过了多少大雨滂沱

独	自	走	过	了	多	少	大	雨	滂	沱
B	E	B	E	S	B	E	B	E	B	E

④ 人工智能实验室总监

人	工	智	能	实	验	室	总	监
B	M	M	E	B	M	E	B	E

⑤ 人与机器的学习在本质上是完全不同的

人	与	机	器	的	学	习	在	本	质	上	是	完	全	不	同	的
S	S	B	E	S	B	E	S	B	E	S	S	B	E	B	E	S

根据训练样本，获得状态集合、观测集如下：

```
StatusSet = {B, E, M, S}
ObservedSet = {我，是，一，个，无，名，小，兵，泪，不，会，轻，易，地，掉，落，独，自，走，过，了，多，少，大，雨，滂，沱，人，工，智，能，实，验，室，总，监，与，机，器，学，习，在，本，质，上，完，全，同}
```

状态转移概率矩阵 *A*、观测转移矩阵 *B* 及初始状态概率向量取值如下：

状态转移概率矩阵 *A*：

	B	E	M	S
B	0	18/20	2/20	0
E	10/16	0	0	6/16
M	0	2/3	1/3	0
S	8/10	0	0	2/10

观测转移矩阵 B：

	我	只	是	一	个	无	名	小	兵	泪	不	会	轻	易	地	掉	落	独	自	走	过	了	多	少	大	雨
B	0	1/20	0	1/20	0	1/20	0	1/20	0	0	2/20	0	1/20	0	0	1/20	0	1/20	0	1/20	0	0	1/20	0	1/20	0
E	0	0	1/20	0	1/20	0	1/20	0	1/20	0	0	1/20	0	1/20	0	0	1/20	0	1/20	0	1/20	0	0	1/20	0	1/20
M	0	0	0	0	0	0	0	0	0	0	0	0	0	0	0	0	0	0	0	0	0	0	0	0	0	0
S	1/11	0	0	0	0	0	0	0	0	1/10	0	0	0	0	1/11	0	0	0	0	0	0	1/11	0	0	0	0

	滂	沱	人	工	智	能	实	验	室	总	监	与	机	器	学	习	在	本	质	上	完	全	同
B	1/20	0	1/20	0	0	0	1/20	0	0	1/20	0	0	1/20	0	1/20	0	0	1/20	0	0	1/20	0	0
E	0	1/20	0	0	0	1/20	0	0	1/20	0	1/20	0	0	1/20	0	1/20	0	0	1/20	0	0	1/20	1/20
M	0	0	0	1/3	1/3	0	0	1/3	0	0	0	0	0	0	0	0	0	0	0	0	0	0	0
S	0	0	1/11	0	0	0	0	0	0	0	0	1/11	0	0	0	0	1/11	1/11	0	1/11	0	0	0

初始状态概率向量：InitStatus = {20/54, 20/54, 3/54, 11/54}

（2）利用维特比算法求解状态序列

在获得模型参数 $\lambda=(A,B,\pi)$ 后，现在的问题就是根据给定的任何一句话，如何求出最有可能的状态序列了，通常的做法是采用维特比算法求解。时刻 t 状态为 i 的所有单个路径中概率最大值为 $\delta_t(i)$，其公式表示为：

$$\delta_t(i)=\max_{i_1,i_2,\dots,i_{t-1}} P(i=i_t,i_{t-1},\dots,i_1,o_t,o_{t-1},\dots,o_1\mid\lambda),i=1,2,\dots,N \tag{式 11-4}$$

如何根据 $\delta_t(i)$ 得到 $\delta_{t+1}(i)$ 呢？下面通过图 11-1 来说明这个过程。

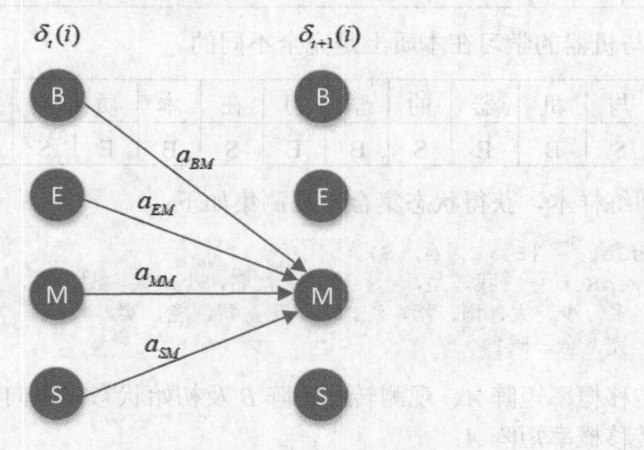

图 11-1　从 t 时刻到 t+1 时刻 B 到 M 的状态转换

假设状态有 4 种，分别用 B、E、M、S 来表示，若在时刻 t 状态为 i 的路径概率最大值为 $\delta_t(i)$，设 t+1 时刻的输出是 o_{t+1}，状态 i 到 j 的转移概率为 a_{ij}，在 t+1 时刻状态 i 到观测结果 o_{t+1} 的概率为 $b_{io_{t+1}}$。下面求解 t+1 时刻状态 M 的路径概率最大值。

从 t 时刻状态 B 到 t+1 时刻状态 M，且观测结果为 o_{t+1} 的概率为 $\delta_t(B)\times a_{BM}b_{Mo_{t+1}}$；从 t 时刻状态 E 到 t+1 时刻状态 M，且观测结果为 o_{t+1} 的概率为 $\delta_t(E)\times a_{EM}b_{Mo_{t+1}}$；从 t 时刻状态 M 到 t+1 时刻状态 M，且观测结果为 o_{t+1} 的概率为 $\delta_t(M)\times a_{MM}b_{Mo_{t+1}}$；从 t 时刻状态 S 到 t+1 时刻状态 M，且观测结果为 o_{t+1} 的概率为 $\delta_t(S)\times a_{SM}b_{Mo_{t+1}}$。此时，$t$+1 时刻状态 M 的概率就是以上 4 个概率的最大值，t+1 时刻任意状态 i 的概率可表示为：

$$\begin{aligned}\delta_{t+1}(i) &= \max_{i_1,i_2,\ldots,i_t} P(i=i_{t+1},i_t,\ldots,i_1,o_{t+1},o_t,\ldots,o_1\mid\lambda)\\ &= \max_{1\leqslant j\leqslant N}\delta_t(j)a_{ji}b\ (o_{t+1}),i=1,2,\ldots,N;t=1,2,\ldots,T-1\end{aligned} \quad (式 11-5)$$

在求出最后一个状态后，可根据

$$\varphi_t(i)=\arg\max_{1\leqslant j\leqslant N}\delta_{t-1}(j)a_{ji},i=1,2,\ldots,N \quad (式 11-6)$$

向前递推获得前一时刻状态。

除了隐马尔可夫模型外，其他的常见分词模型还有最大熵模型、条件随机场模型、结构感知机模型、RNN 模型等。

3. 目前的分词系统与语料库

目前的分词系统有 IK 系统、Jieba、Hanlp 平台、ICTCLAS 系统、Stanford 分词、GPWS 系统等，其中，Jieba 是使用最广泛的分词系统之一，它利用 HMM 模型实现，可以实现一定程度的未登录词识别，除了 Python 版本外，还有多种语言实现的版本，包括 C++、Java、Golang 等。ICTCLAS 是“最知名”的分词系统，从参加 2003 年中文分词评测，一直延续到了现在，目前已经发展成为商业系统了（改名 NLPIR），很少出现“错得离谱”的切分结果，它具有模型和库不大、启动快、基于 C++实现、能够很快迁移到其他语言的优点。

（1）Jieba 分词

Jieba 有 3 种分词方式：精确模式、全模式、搜索模式。精确模式试图将句子最精确地切分开，适合文本分析；全模式是将句子中所有可能的词语找出来；搜索模式是在精确模式的基础上，对长词进行切分，提高召回率。

```
import jieba
s='人工智能实验室总监'
s_list=jieba.cut(s,cut_all=False)
print('精确模式:','/'.join(s_list))
s_list=jieba.cut(s,cut_all=True)
print('全模式:','/'.join(s_list))
s_list=jieba.cut_for_search(s)
print('搜索模式:','/'.join(s_list))
```

分词结果如下：

```
精确模式: 人工智能/实验室/总监
```

全模式：人工/人工智能/智能/实验/实验室/总监
搜索模式：人工/智能/人工智能/实验/实验室/总监

（2）常见语料库

目前，分词语料主要包括北大人民日报标注语料、微软标注语料、社科院标注语料、CTB语料、OntoNotes 语料、香港城市大学繁体语料、中研院繁体语料等。

11.1.2 文本向量化

中文文本经过分词之后，仍然是非结构化的，为方便计算机处理，必须转换为机器可识别的格式，同时尽可能保留文本的原有语义信息，就需要进行文本表示。目前具有代表性的文本表示模型有布尔模型（Boolean Model）、向量空间模型（Vector Space Model，VSM）、概率模型（Probabilistic Model）等。

1. 布尔模型

布尔模型是最早的信息检索模型，也是应用最广泛的模型，目前仍然应用于商业系统中，其中，Lucene 就是基于布尔模型实现的。

在布尔模型中，文档集合用 D 表示，查询用 Q 表示，查询式被表示为关键词的布尔组合，用“与、或、非”依次连接起来。例如，要检索“协同过滤推荐算法”或“社会化推荐算法”但不包括“深度学习推荐算法”方面的文档，其相应的查询表达式为：Q=推荐算法 and (协同过滤 or 社会化 not 深度学习)，Q 可在其相应的(推荐算法,协同过滤,社会化,深度学习)向量上取(1,1,0,0)(1,0,1,0)(1,1,1,0)，相应地，查询文档中的某一向量 D_j 如果与其中一个向量相等，则认为它们之间是相似的，其相似度 $\mathrm{sim}(Q,D_j)$取值只能为 0 或 1。

布尔查询的优点是查询容易理解，可以很方便地控制查询结果；缺点是不支持部分匹配，难以控制被检索的文档数量，不能对输出进行排序，未考虑索引词的权重，所有文档都以相同的方式和查询相匹配。

2. 向量空间模型

向量空间模型是由哈佛大学的 Salton 等人在 1975 年提出的，其思想是通过为语义单元赋予不同的权重，以反映它们在语义表达能力上的差异。通常采用 TF-IDF（term frequent-inverse document frequency，词频-逆文档频率）表示每个词语（特征）在文本中的权重，其中词频通过用一个词在一篇文档中出现的次数来表示该词的重要性，IDF 用一个词在多少个文档中出现来表示该词在文档中的区分度。一个词在一篇文档中出现的次数越多，则表明该词越重要；一个词在越多的文档中出现，则该词对文档的区分度越弱。TF-IDF 本质上是一种抑制噪声的加权方法，TF-IDF 特征权重计算公式为：

$$\mathrm{TF-IDF}=\mathrm{TF}_{ij}\times \mathrm{IDF}_i=\frac{c_{ij}}{\sum_k c_{kj}}\times \log\left(\frac{|D|}{1+|D_i|}\right) \quad （式 11-7）$$

其中，TF_{ij} 表示词语 i 在文档 j 中出现的次数，IDF_i 表示逆文档频率，与词语 i 在多少篇文档中出现的次数成反比。$|D_i|$ 表示出现词语 i 的文档数量，$|D|$ 表示文档集中的文档数量。

一般地，TF-IDF 可以有效评估词对于文档的重要程度，但它也存在以下不足：

（1）TF-IDF 没有考虑特征词在类间的分布。如果一个词在各个类间分布比较均匀，这样的词对分类基本没有贡献；如果一个词比较集中地分布在某个类中，而在其他类中几乎不出现，这样的词能够很好代表这个类的特征，但 TF-IDF 不能区分这两种情况。

（2）TF-IDF 没有考虑特征词在类内部文档中的分布情况。在类内部的文档中，如果特征词均匀分布在其中，则这个特征词能很好地代表这个类的特征；如果只在几篇文档中出现，而在此类的其他文档中不出现，显然，这样的特征词不能代表这个类的特征。

TF-IDF 用于向量空间模型，进行文档相似度计算是相当有效的。采用 TF-IDF 方法的分类效果当然也有不错的效果。

3. 概率模型

有时，关键词并不一定会显式地出现在文档中，例如，一篇讲述西安回民街各种特色小吃的文章，其中提到了水盘羊肉、羊肉泡馍、羊肉汤等，但文中并没有提到旅游和美食字样。这时候，布尔模型和向量空间模型并不能提取出“旅游”和“美食”这个隐含的语义信息。为了挖掘出文本中隐含的语义信息，可采用 pLSA（Probabilistic LatentSemantic Analysis，浅层概率语义分析）、LDA（Latent Dirichlet Allocation，隐含狄利克雷分布）等语义模型来实现。pLSA 和 LDA 是通过概率手段计算潜在主题与 word、document 之间的关系，这种方法也称为主题模型，其核心公式为：

$$p(w_i \mid d_j) = \sum_{k=1}^{K} p(w_i \mid z_k) \times p(z_k \mid d_j) \qquad \text{（式 11-8）}$$

其中，$p(w_i \mid d_j)$ 表示在文档 d_j 中词语 w_i 出现的概率，$p(w_i \mid z_k)$ 表示在主题 z_k 中选中词语 w_i 的概率，$p(z_k \mid d_j)$ 表示文档 d_j 属于主题 z_k 的概率。

说　明
概率模型是当前信息检索领域效果最好的模型之一，它能反映出文本中潜在的语义信息。

思政元素
安德雷·安德耶维齐·马尔可夫（1856—1922 年），俄国数学家，彼得堡数学学派的代表人物。出生于梁赞州，1874 年马尔可夫进入圣彼得堡大学学习，师从切比雪夫， 1884 年获得物理数学博士学位， 1896 年当选院士。他的研究范围非常广泛，在概率论、数理统计、数论、函数逼近论、微分方程等都有建树。他研究并提出一个用数学方法就能解释自然变化的一般规律模型，后人将其命名为马尔可夫链（Markov Chain）。计算机科学与技术在我国的飞速发展，并在各个领域带来的巨大成就，是与许许多多数学家、计算机等科学家的努力付出分不开的。夏培肃（1923—2014 年），主持研制了中国第一台电子计算机，创办了《计算机学报》和英文学报《Journal of Computer Science and Technology》，参与研制我国首枚拥有自主知识产权的通用高性能微处理芯片——“龙芯一号”。由于她的突出成就，于 1995 年当选为中国工程院院士，2002 年的龙芯一号还有另外一个名字——夏 50。

11.2 中文垃圾邮件分类算法及实现

垃圾邮件的分类其实就是要将正常邮件和垃圾邮件分开，这属于典型的分类算法应用问题。对于中文邮件，需要先将邮件文本进行分词处理；然后再提取文本特征建立特征向量，在此基础上创建并训练贝叶斯模型；最后对测试邮件对邮件文本进行预处理，提取特征向量，并使用训练好的模型，对邮件进行分类。

我们使用的垃圾邮件数据集是由国际文本检索会议提供的公开数据集 trec06c 和 trec06p，其中，trec06c 是中文数据集，trec06p 是英文数据集。

1. 读取数据

正常邮件保存在 ham_data.txt 文件中，垃圾邮件保存在 spam_data.txt 文件中。首先需要将正常邮件和垃圾邮件从文件中读取出来，并保存到 DataFrame 类型的结构中，同时分别为正常邮件和垃圾邮件增加一列，表示邮件是否为垃圾邮件。这里用 0 表示垃圾邮件，1 表示正常邮件。

```
    ham_data_path = r"ham_data.txt"
    spam_data_path = r"spam_data.txt"
    ham_txt = pd.read_csv(ham_data_path,encoding='utf-8', header=None,sep='\t')
    spam_txt =pd.read_csv(spam_data_path,encoding='utf-8',header=None,sep='\t',
error_bad_lines=False)
    frame1 = pd.DataFrame(ham_txt)
    frame2=pd.DataFrame(spam_txt)
    frame1.insert(1,'class',np.ones(len(ham_txt)))
    frame2.insert(1,'class',np.zeros(len(spam_txt)))
    ham_txt.columns=['text','label']
    spam_txt.columns=['text','label']
    frame=pd.concat([frame1,frame2])
    frame.head()
```

前 5 条数据显示如下：

	text	label
0	讲的是孔子后人的故事。一个老领导回到家乡，跟儿子感情不和，跟贪财的孙子孔为本和睦。老领导的...	1.0
1	不至于吧，离开这个破公司就没有课题可以做了？ 谢谢大家的关心，她昨天晚上睡的很好。MM她自己...	1.0
2	生一个玩玩，不好玩了就送人 第一，你要知道，你们恋爱前，你爹妈对她是毫无意义的。没道理你爹妈...	1.0
3	微软中国研发啥？本地化？ 新浪科技讯 8月24日晚10点，微软中国对外宣布说，在2006财年...	1.0
4	要是他老怕跟你说话耽误时间 你可得赶紧纠正他这个观点 标 题: Re: 今天晚上的事情，有...	1.0

2. 邮件文本数据的可视化

在对邮件进行分类之前，我们可以通过对分词后的两类文本数据进行词云展示，观察它们的差异情况。

```
    #显示分词后数据文本的词云
    def show_wordcloud(text):
        WC= WordCloud(
```

```
        background_color = "white",
        max_words = 200,
        min_font_size = 10,
        max_font_size = 50,
        width = 500)
    word_cloud = WC.generate(text)
    plt.imshow(word_cloud, interpolation="hamming")
    plt.axis("off")
    plt.show()

ham_txt_processed =remove_stopwords(ham_txt)#去除正常邮件中的停用词
spam_txt_processed =remove_stopwords(spam_txt) #去除垃圾邮件中的停用词
show_wordcloud(" ".join(ham_txt_processed)) #正常邮件的词云显示
show_wordcloud(" ".join(spam_txt_processed)) #垃圾邮件的词云显示

#去除停用词
def remove_stopwords(txt_set):
    stopwords = codecs.open(r'stopwords.txt','r','UTF8').read().split('\n') #加载停用词
    #结巴分词，过滤掉停用词
    txt_processed = []
    for txt in txt_set['text']:
        words = []
        seg_lst = jieba.cut(txt)
        for seg in seg_lst:
            if (seg.isalpha()) and seg!='\n' and seg not in stopwords:
                words.append(seg)
        sentence = " ".join(words)
        txt_processed.append(sentence)
    return txt_processed
```

其中，WordCloud 是 wordcloud 提供的绘制词云的类。正常邮件和垃圾邮件的词云显示如图 11-2 所示。

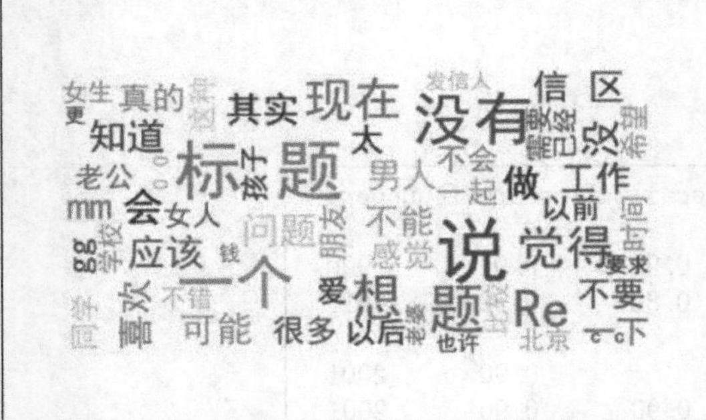

（a）正常邮件的词云

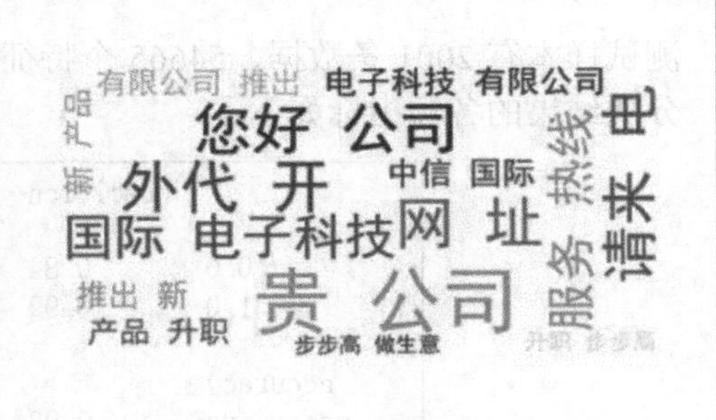

（b）垃圾邮件的词云

图 11-2　邮件数据集词云

3. 贝叶斯模型训练

在建立贝叶斯模型对邮件数据训练之前，需要先对数据样本进行划分，我们利用 train_test_split()函数将数据按 8:2 划分为训练集和测试集，即 80%为训练集，20%为测试集。

```
    #划分训练集和测试集
    train, test, train_label, test_label = train_test_split(frame.text,
frame.label, test_size=0.2)
```

接下来，对训练集中的分词后的数据用向量形式表示出来，即文本表示，这里采用 TF-IDF 表示向量中每一个词语（特征）的重要程度，可调用 sklearn 库中的 CountVectorizer 和 TfidfTransformer 模块实现。

```
    CV=CountVectorizer()
    TF=TfidfTransformer()
    train_tfidf=TF.fit_transform(CV.fit_transform(train))
    print(train_tfidf.shape)
```

输出结果如下：

```
(8000, 54867)
```

表明该训练数据有 8000 条数据，54867 个特征。

然后利用朴素贝叶斯分类模型对训练数据进行训练，其函数为 fit()，第一个参数为训练样本的特征，第二个参数为训练样本的标签，得到模型 model_gaussian。

```
model_gaussian=GaussianNB().fit(train_tfidf.toarray(),train_label)
```

4. 贝叶斯模型测试与评估

最后，利用该模型对剩下的 20%邮件数据进行测试，以验证该模型对邮件分类的准确率。为了提高测试效果，还需利用 transform 对测试数据进行归一化处理，然后调用 predict()函数预测分类的准确率，并输出结果。

```
test_tfidf=TF.transform(CV.transform(test))
pre=model_gaussian.predict(test_tfidf.toarray())
print(metrics.classification_report(test_label,pre))
```

输出结果如下：

```
(2001, 54665)
```

测试样本有 2001 条数据，54665 个特征。

分类结果的各项指标如下：

	precision	recall	f1-score	support
0.0	0.84	0.99	0.91	990
1.0	0.99	0.82	0.90	1011
accuracy			0.90	2001
macro avg	0.92	0.90	0.90	2001
weighted avg	0.92	0.90	0.90	2001

下面我们可以根据模型测试的结果绘制 ROC 曲线，以直观显示其分类效果。

```
fpr, tpr, thersholds = roc_curve(testlabel, pre)
roc_auc = auc(fpr, tpr)
plt.plot(fpr, tpr, 'k--', label='ROC (area = {0:.2f})'.format(roc_auc), lw=2)
plt.xlim([-0.05, 1.05])
plt.ylim([-0.05, 1.05])
```

```
plt.xlabel('False Positive Rate')
plt.ylabel('True Positive Rate')
plt.title('ROC Curve')
plt.legend(loc="lower right")
plt.show()
```

ROC 曲线如图 11-3 所示。

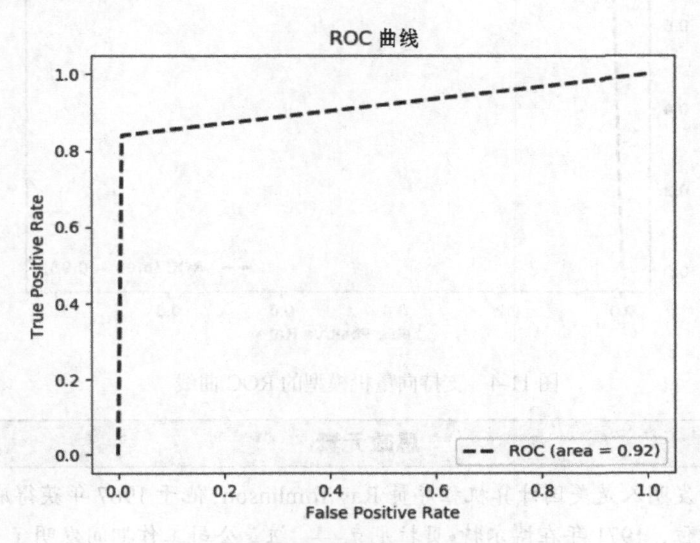

图 11-3　朴素贝叶斯模型的 ROC 曲线

若采用支持向量机模型，则对模型的训练和测试代码如下：

```
svm = SVC(kernel='linear', C=0.5, random_state=0)
model_svc=svm.fit(train_tfidf, trainlabel)
pre2=model_svc.predict(test_tfidf.toarray())
print(metrics.classification_report(testlabel,pre2))
```

利用支持向量机模型对垃圾邮件进行分类的各项指标如下：

```
              precision    recall  f1-score   support

         0.0       0.99      0.98      0.98      1023
         1.0       0.98      0.99      0.98       978

    accuracy                           0.98      2001
   macro avg       0.98      0.98      0.98      2001
weighted avg       0.98      0.98      0.98      2001
```

支持向量机模型的 ROC 曲线如图 11-4 所示。

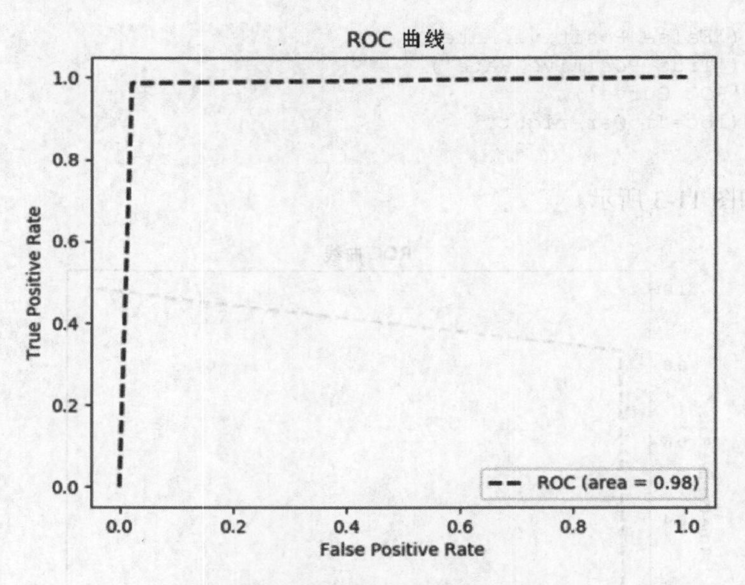

图 11-4　支持向量机模型的 ROC 曲线

思政元素

现代电子邮件的发明人是美国计算机程序员 Ray Tomlinson，他于 1967 年获得麻省理工学院电脑工程博士学位，1971 年在博尔特•贝拉尼克——纽曼公司工作期间发明了 e-mail。而我国的钱天白则被誉为中国 Internet 之父，在他的不懈宣传和普及下，1987 年发出我国第一封电子邮件，他还代表中国正式注册登记了中国的顶级域名 CN。我国的计算机技术虽然起步较晚，但经过无数有识之士的不懈努力，在计算机技术的各个方面取得了非凡成就，在很多方面已有了突破性进展，有些技术已处于领先地位。像王选的汉字激光照排技术、王永民的五笔字型、王江民的杀毒软件、华为的 5G 技术等这些了不起的成就都是克服了种种困难才取得的，我们应该传承这些优秀科技工作者身上爱国奉献、攻坚克难、勇攀科技高峰的科学家精神，为我国的科学技术进步贡献自己的力量。

11.3　本章小结

中文垃圾邮件分类问题是自然语言处理中典型的文本分类问题。本章首先介绍了中文分词、文本特征提取等文本预处理方法，然后以中文垃圾邮件分类为例，讲解了利用朴素贝叶斯、支持向量机模型对垃圾邮件分类的算法实现。通过本章的学习，旨在让大家掌握利用机器学习算法对中文文本分类时，如何将文本信息转化为机器学习算法能处理的问题，从而提高我们熟练使用机器学习方法解决实际问题的能力。

11.4 习　题

一、选择题

1. 下列方法中，（　　）不是基于规则的分词方法。

A. 正向最大匹配　　B. 逆向最大匹配
C. 双向最大匹配　　D. 隐马尔可夫模型

2. （　　）是基于规则的分词方法的优点。

A. 算法实现简单　　B. 不需要维护词典
C. 能解决网络新词　　D. 能解决歧义问题

3. 在下列算法中，（　　）不能用于特征词提取。

A. TF-IDF　　B. TextRank　　C. HMM　　D. LDA

4. 在 TF-IDF 算法中，若 w_{ij} 表示词 i 在文档 j 中出现的频次，$|D|$表示文档集合中文档的数量，$|D_i|$表示词 i 在多少篇文档中出现，下列说法错误的是（　　）。

A. w_{ij} 的值越大，则表明词 i 在文档 j 中越重要
B. $|D_i|$的值越大，则表明词 i 对于文档的区分度越大
C. $|D_i|$的值越小，则表明词 i 对于文档的区分度越大
D. w_{ij} 的值越小，则表明词 i 在文档 j 中越重要

5. 主题模型是一种生成模型，主题模型是对文本中隐含主题的一种建模方法。主题模型认为，一篇文章的每个词都是通过“以一定概率选择了某个主题，并从这个主题中以一定概率选择某个词语”这样一个过程得到的。（　　）不属于主题模型。

A. pLSA　　B. LDA　　C. SVD　　D. L-LDA

二、综合分析题

1. 假设文档集中由 3 个句子构成：

D1："Delivery of silver arrived in a silver truck"
D2："Shipment of gold damaged in a fire"
D3："Shipment of gold arrived in a truck"
给定查询：Q："gold silver truck"
要求利用 TF-IDF 算法模型

$$\mathrm{TF-IDF} = \mathrm{TF}_{ij} \times \mathrm{IDF}_i = \frac{c_{ij}}{\sum_k c_{kj}} \times \log\left(\frac{|D|}{1+|D_i|}\right)$$

为以上文档分别建立向量，根据查询 Q 与各文档之间的相似度，并给出检索结果顺序。

2. 假设语料库由 3 个句子组成：

John read a text book.
Tom read C program.
He read a book by Lucy.
请利用最大似然估计法计算概率 p(John read a book)。

第12章

综合案例分析：手写数字识别

手写数字识别是人工智能、机器学习领域最为成功的应用之一，手写数字由0~9共10个数字组成，其本质是一个分类问题。本章将介绍手写数字识别的过程，掌握数字图像的存储、图像到文本的转换方法，并理解利用kNN、BP神经网络、SVM等算法解决分类问题的原理和方法。

12.1 图像的存储表示

数字图像是由许多像素（pixel）组成的，每个像素的颜色由三个原色通道上对应的色块混合而成。像素是构成图像的基本单位，通常以像素每英寸PPI为单位来表示图像分辨率的大小。例如，一幅分辨率为400×400的图像，表示水平方向上和垂直方向上每英寸长度上的像素都是400，也就是一平方英寸内有16万个像素（400×400）。分辨率越高，图像越清晰，占用的存储空间越大，其主要缺点是放大会失真。

常见的图像分类有3种：彩色图像、灰度图像和二值图像。其中，对于彩色图像，每个像素通常是由红（R）、绿（G）、蓝（B）三个分量来表示，每个分量的取值范围为(0,255)。RGB图像的每一个像素的颜色值直接存放在图像矩阵中，由于每一像素的颜色需由R、G、B三个分量来表示，则需要用3个$m \times n$的二维矩阵分别表示各个像素的R、G、B三种颜色分量，其中，m和n分别表示图像的行数和列数。RGB图像的数据类型一般为8位无符号整形，通常用于表示和存储真彩色图像，当然也可以存储灰度图像。在彩色图像中，每个像素都由多个颜色分量组成。

一幅完整的图像可以被分割为蓝（B分量）、绿（G分量）、红（R分量）三基色的单色图，如图12-1所示。

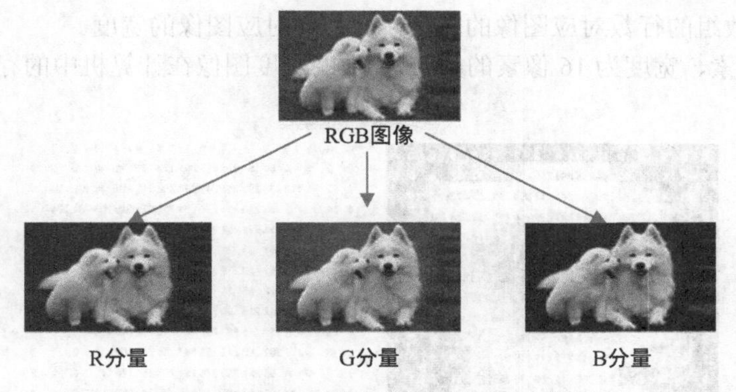

图 12-1　RGB 图像及单色图（颜色参看下载资源）

灰度图像（Gray Image）是每个像素只有一个采样颜色的图像，即每个像素只有一个分量表示该像素的灰度值。这类图像通常显示为从最暗的黑色到最亮的白色之间的灰度，尽管理论上这个采样可以是任何颜色的不同深浅，甚至可以是不同亮度上的不同颜色。最简单的图就是单通道的灰度图。一幅图像的彩色和灰度图像如图 12-2 所示。

图 12-2　彩色图像和灰度图像

在一个灰度图中，每个像素位置(x_0,y_0)对应一个灰度值，图像在计算机中存储为数值矩阵。像素的表示如图 12-3 所示。

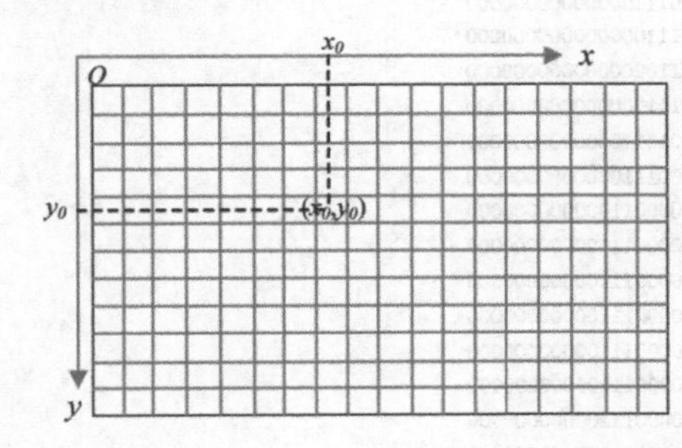

每个像素（x_0,y_0）
彩色图：3个通道，3*8=24个二进制位，
255*255*255=16777216种颜色
灰度图：0~255，8个二进制位

图 12-3　像素的表示

例如，一幅宽度为 800 像素，高度为 600 像素，即分辨率为 800×600 的灰度图就可以表示为：

```
unsigned char im[600][800];
```

在图像中，数组的行数对应图像的高度，而列数对应图像的宽度。

高度为 24 像素、宽度为 16 像素的数字“8”的灰度图像在计算机中的存储形式如图 12-4 所示。

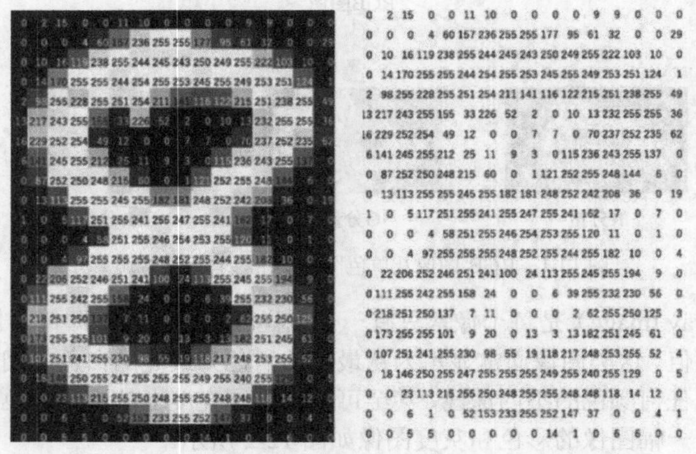

图 12-4　数字“8”的灰度图像在计算机中的存储表示

二值图像（Binary Image），即一幅二值图像的二维矩阵仅由 0、1 两个值构成，“0”代表黑色，“1”代表白色。由于每一像素（矩阵中每一元素）取值只有两个：0 和 1，因此二值图像的数据类型通常用 1 个二进制位表示。数字“8”的二值图像在计算机中的存储表示如图 12-5 所示。

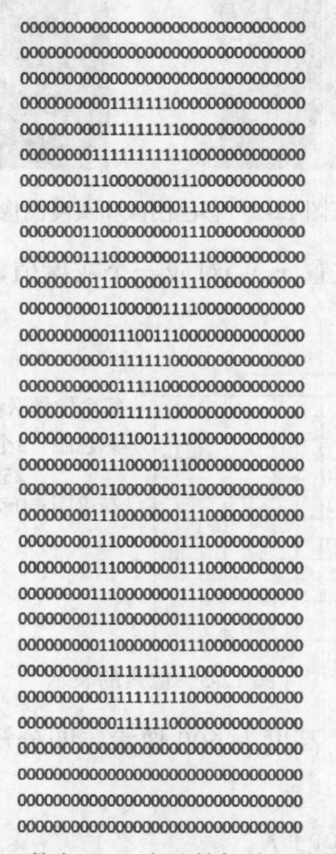
```
00000000000000000000000000000000
00000000000000000000000000000000
00000000000000000000000000000000
00000000011111110000000000000000
00000000111111111000000000000000
00000000111111111110000000000000
00000001110000000111000000000000
00000011100000000011100000000000
00000001100000000011100000000000
00000001110000000011100000000000
00000000111000000111100000000000
00000000011000001111000000000000
00000000001110011100000000000000
00000000001111111000000000000000
00000000000111110000000000000000
00000000000111111000000000000000
00000000001110011110000000000000
00000000011100001110000000000000
00000000011000000011000000000000
00000001110000000011100000000000
00000000111000000011100000000000
00000000111000000011100000000000
00000000111000000011100000000000
00000000111000000011100000000000
00000000110000000011100000000000
00000000111111111111000000000000
00000000011111111100000000000000
00000000001111110000000000000000
00000000000000000000000000000000
00000000000000000000000000000000
00000000000000000000000000000000
00000000000000000000000000000000
```

图 12-5　数字“8”在计算机的二值化表示

12.2　数据预处理

为了识别图片上的手写数字，需要先将图片形式的数字转换为文本形式，然后才能提取特征，建立模型，对特征进行训练，从而实现手写数字识别。

12.2.1　将图像转换为文本

我们采用的数据集是由手写数字 0~9 组成的图片格式文件，每个文件存储一个手写数字，每个数字共包含 21 个不同的手写体，共 10×21=210 个样本，其文件名格式统一。例如，文件名“5_16.png”表示的是存储数字 5 的第 16 个样本。这样的命名方式是为了方便提取出样本的真实标签。样本中手写数字 0~9 的存储形式如图 12-6 所示。

图 12-6　手写数字

为了便于提取特征，需要将图片中的手写数字转换为文本形式存储，以便提取特征。一般地，将数字进行二值化处理比较方便，例如，手写数字“5”经过降噪处理，转换为 0 和 1 二值化数据后如图 12-7 所示。

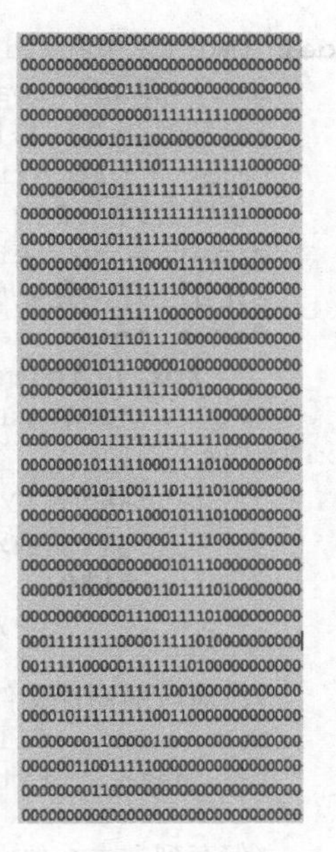

图 12-7　手写数字“5”及二值化后结果

对于图 12-7 中的手写数字“5”来说，首先需要进行降噪，处理后图片中的像素只保留两种颜色：黑色和白色，然后再将黑色部分转换为 1，白色部分转换为 0，以文本文件形式保存。

手写数字二值化处理代码如下：

```
import matplotlib.pylab as plt
from PIL import Image
import numpy as np

def load_gray_image(file_name):
    #将图片转化为 32×32 像素的 0 和 1 表示的文本文件
    img_file = Image.open(file_name).convert('RGBA')#打开图片文件
    pix_value = img_file.load()#加载图片，得到像素值
    #将其降噪并转化为黑白两色
    for m in range(img_file.size[1]):
        for n in range(img_file.size[0]):
            if pix_value[n, m][2] > 0:
                pix_value[n, m] = (255, 255, 255, 255)
    for m in range(img_file.size[1]):
        for n in range(img_file.size[0]):
            if pix_value[n, m][1] < 136:
                pix_value[n, m] = (0, 0, 0, 255)
    for m in range(img_file.size[1]):
        for n in range(img_file.size[0]):
            if pix_value[n, m][0] < 90:
                pix_value[n, m] = (0, 0, 0, 255)
    #设置图像尺寸为 32×32
    img_file = img_file.resize((32, 32), Image.LANCZOS)
    #保存处理后的图片为灰度图像
    img_file.save('5.png')
    return img_file

def img_to_txt(file_name):
    gray_image=load_gray_image(file_name) #加载灰度图像
    #得到(32,32,4)的像素数组
    pixs = plt.array(gray_image)
    #按照公式 0.299 * R + 0.587 * G + 0.114 * B 将其转为 0 和 1 二进制
    grays = np.zeros((32, 32))
    #计算灰度，将灰度 0、1 数值化
    for m in range(pixs.shape[0]):
        for n in range(pixs.shape[1]):
            gary_value = 0.299 * pixs[m][n][0] + 0.587 * pixs[m][n][1] + 0.114
* pixs[m][n][2]
            if gary_value == 255: #若数值为 255，则为白色，记为 0
                grays[m][n] = 0
            else:               #否则，则是黑色，记为 1
                grays[m][n] = 1

    #以对应的图片文件名称命名文本文件
    txt_name = file_name.split('.')[0]
    txt_name = txt_name + '.txt'

    #保存到文本文件中
    np.savetxt(txt_name, grays, fmt='%d', delimiter='')

if __name__ == '__main__':
    img_to_txt('5.jpg')
```

经过二值化的手写数字文件仍然以“真实标签_编号.扩展名”的形式命名，例如，“5_16.png”转换为文本格式化，其文本文件命名为“5_16.txt”。

12.2.2　将矩阵转换为向量

前面已经把数字图像格式的文件转换为一个 32×32 的二进制像素矩阵文本文件，为了提取样本特征，还需要将每一个 32×32 的二进制像素矩阵转换为 1×1024 的向量。首先，创建 1×1024 的 NumPy 数组或列表，然后打开给定的文件，循环读出文件的前 32 行，并将每行的 32 个字符值存储到 NumPy 数组或列表中。

```
#将文本中的 0 和 1 数据转换为数组
def data_to_array(file_name):
    arr = []
    f = open(file_name)
    for i in range(0,32):
        line_data = f.readline()
        #print(line_data)
        for j in range(0,32):
            arr.append(int(line_data[j]))
    return arr
```

这样，每个手写数字就表示成一个 1×1024 的向量。

12.3　基于 kNN 的手写数字识别

在建立学习模型之前，先对处理后的手写数字文本文件划分为训练集和测试集，然后利用 kNN 算法针对训练集进行训练，不断调整近邻 k 的值，使其性能最优，然后针对测试集进行测试，得到模型的准确率。

12.3.1　划分训练集和测试集

对 txt_path 文件夹中的样本进行遍历，选择每一个手写数字中文件编号为 05 和 19 的样本作为测试集，存储在 test_path 文件夹下，其他文件存储在 train_path 文件夹下。

```
def get_split_data(txt_path,train_path,test_path):
    '''选择后缀为 05 和 19 的文件作为测试集，其他文件为训练集'''
    txt_list = listdir(txt_path)
    for txt in txt_list:
        try:
            if (txt.split(".")[0].split("_")[1]=="05") or
(txt.split(".")[0].split("_")[1]=="19"):
                shutil.move(txt_path+"/"+txt,test_path)
            else:
                shutil.move(txt_path+"/"+txt,train_path)
        except:
            pass
```

12.3.2 kNN 分类模型

分别将训练样本和测试样本中的数据转换为 1×1024 的向量，并获得训练样本特征集合 train_X、测试样本特征集合 test_X_set、训练样本真实标签集合 train_y、测试样本真实标签集合 true_y_set，然后利用 kNN 算法依次统计每一个测试样本其近邻样本中每一类样本的个数，确定该测试样本的标签，即测试样本预测标签 pre_y，得到所有测试样本的预测标签集合 pre_y_set。

```
def knn_classifier():
    train_X,train_y = get_traindata()
    test_files = listdir(test_path)
    true_y_set=[]
    pre_y_set=[]
    test_X_set=np.zeros((len(test_files),1024))
    for i in range(0,len(test_files)):
        true_y = test_files[i].split("_")[0]
        test_X = data_to_array(test_path+test_files[i])
        pre_y = myknn(2,test_X,train_X,train_y)
        true_y_set.append(true_y)
        pre_y_set.append(pre_y)
        test_X_set[i,:]=test_X
    return pre_y_set,true_y_set
```

对于每一个测试样本 test_X，依次计算 test_X 与每一类训练样本之间的欧氏距离，并对得到的各个距离从小到大进行排序，根据 k 的取值，取前 k 个距离较小的训练样本作为判断依据，统计离 test_X 最近的各类样本数量，存入 stat_num{}字典中。最后对字典中统计得到的关键字值从大到小排序，将 test_X 归为最多的一类。

```
def myknn(k, test_X, train_X, train_y):
    train_num = train_X.shape[0]
    dif = np.tile(test_X,(train_num,1)) - train_X
    square_dif = dif**2
    sum_square_dif = square_dif.sum(axis=1)
    dist = sum_square_dif**0.5
    dist_sorted = dist.argsort()
    stat_num = {}
    for i in range(0,k):
        y = train_y[dist_sorted[i]]
        stat_num[y] = stat_num.get(y,0)+1
    print(stat_num)
    num_sorted= sorted(stat_num.items(),key=lambda x:x[1],reverse=True)
    return num_sorted[0][0]
```

12.3.3 kNN 分类模型评估

根据 kNN 算法得到的测试样本预测标签和真实标签，计算分类的准确率。

```
def evaluate_model(pre_y_set,true_y_set):
    test_files = listdir(test_path)
```

```
    count = 0
    print(len(pre_y_set))
    print(len(true_y_set))
    for i in range(0, len(test_files)):
        print("真正数字:" + true_y_set[i] + "  " + "测试结果
为:{}".format(pre_y_set[i]))
        if pre_y_set[i]==(int)(true_y_set[i]):
            count=count+1
    accuracy=count/len(test_files)
    print("accuracy=",accuracy*100,"%")
```

分类准确率如图 12-8 所示。

```
真正数字:0  测试结果为:0
真正数字:0  测试结果为:0
真正数字:1  测试结果为:1
真正数字:1  测试结果为:1
真正数字:2  测试结果为:2
真正数字:2  测试结果为:2
真正数字:3  测试结果为:3
真正数字:3  测试结果为:1
真正数字:4  测试结果为:4
真正数字:4  测试结果为:4
真正数字:5  测试结果为:5
真正数字:5  测试结果为:5
真正数字:6  测试结果为:6
真正数字:6  测试结果为:6
真正数字:7  测试结果为:7
真正数字:7  测试结果为:7
真正数字:8  测试结果为:8
真正数字:8  测试结果为:8
真正数字:9  测试结果为:9
真正数字:9  测试结果为:7
accuracy= 90.0 %
```

图 12-8　分类准确率

也可以直接调用系统提供的 kNN 分类器 KneighborsClassifier()来实现手写数字识别。

```
knn = KNeighborsClassifier(n_neighbors=2,weights='distance')
knn.fit(train_X, train_y)
predict_y = knn.predict(test_X_set)
print(predict_y)
true_y = np.array(list(map(int, true_y_set)))
print(np.array(list(map(int,true_y_set))))
acc=accuracy_score(predict_y, true_y)
print("KNN 准确率：",acc)
```

分类准确率结果如下：

```
KNN 准确率： 0.9
```

同理，也可以使用支持向量机模型进行手写数字识别。

```
svm = SVC()
svm.fit(train_X, train_y)
predict_y = svm.predict(test_X_set)
print('SVM 准确率：', accuracy_score(predict_y, true_y))
```

分类准确率结果如下：

```
SVM 准确率： 0.8
```

12.4 基于神经网络的手写数字识别

利用BP神经网络算法对手写数字识别，主要是建立神经网络的层数和每一层神经元个数，然后通过前向传播和反向传播训练每一层的模型参数，最后利用该模型对测试样本进行测试，验证识别的准确率。

数据预处理、数据集划分等过程与前面的方法一样，这里不再重复介绍。

12.4.1 定义神经网络模型

这里我们定义一个三层的神经网络模型：输入层、隐藏层和输出层，其中，输入层由1024个神经元组成，这是由于每一个样本数据都是1×1024；隐藏层由50个神经元组成；输出层由10个神经元组成，这是由于输出0~9共10个数字类别。定义输入层到输出层的权值为W1，隐藏层到输出层的权值为W2，初始时，随机初始化权值W1和W2。

```
W1 = np.random.random((1024, 50))-0.5
W2 = np.random.random((50, 10))-0.5
```

需要注意的是，我们使用sigmoid激活函数进行训练，为确保模型训练的准确性，W1和W2的初始值应处于0的左右，保持均衡化。因此，我们设置初始值W1和W2的取值范围为[−0.5,0.5]。

每一次训练，从训练集中随机选取一个样本数据 X_data，作为本次训练的输入，然后根据BP神经网络算法更新权值。每经过1000次训练，计算一次准确率并输出。在计算准确率时，将测试样本作为输入，输出层输出的是样本属于每一类标签的概率值，利用argmax()可得到最大概率值对应的类别标签，然后与真实标签y_test进行比较，以计算准确率。

```
output = predict(X_test,W1,W2)
pre_y = np.argmax(output, axis=1)
acc = np.mean(np.equal(pre_y, y_test))
print("iterations:", it, "accuracy:", acc)
#预测输出
def predict(X_data,W1,W2):
    L1 = sigmoid(np.dot(X_data, W1))
    L2 = sigmoid(np.dot(L1, W2))
    return L2
```

完整的BP神经网络训练模型代码如下：

```
def train(X_train, y_train, X_test, y_test, iter=10000, lr=0.08):
    #定义神经网络由三层组成，每一层的神经元个数分别为1024、50、10，其中，1024像素即1024
通道输入，隐藏层神经元个数为50，输出层为0~9，所以是10个
    #输入层到隐藏层的权值为W1，隐藏层到输出层的权值为W2
    W1 = np.random.random((1024, 50))-0.5
```

```
    W2 = np.random.random((50, 10))-0.5
    for it in range(iter):
        #随机选取一个数据
        k = np.random.randint(X_train.shape[0])
        X_data = X_train[k]
        #把数据变为矩阵形式
        X_data = np.atleast_2d(X_data)

        #利用 BP 神经网络算法公式更新 W1 和 W2
        L1 = sigmoid(np.dot(X_data, W1))
        L2 = sigmoid(np.dot(L1, W2))

        L2_delta = (y_train[k] - L2) * dsigmoid(np.dot(L1, W2))
        L1_delta = np.dot(L2_delta, W2.T) * dsigmoid(np.dot(X_data, W1))

        #更新权值
        W2 += lr * np.dot(L1.T, L2_delta)
        W1 += lr * np.dot(X_data.T, L1_delta)

        #每训练 1000 次，预测一次准确率
        if it % 1000 == 0:
            output = predict(X_test,W1,W2)
            pre_y = np.argmax(output, axis=1)
            acc = np.mean(np.equal(pre_y, y_test))
            print("iterations:", it, "accuracy:", acc)

def predict(X_data,W1,W2):
    L1 = sigmoid(np.dot(X_data, W1))
    L2 = sigmoid(np.dot(L1, W2))
    return L2

#激活函数
def sigmoid(x):
    return 1 / (1 + np.exp(-x))

def dsigmoid(x):
    s = 1 / (1 + np.exp(-x))
    return s * (1 - s)
```

这里的 x = np.atleast_2d(X_data)将 X_data 转化为一维矩阵形式，由于 X_data 是列表类型，不能进行矩阵运算，因此需要转换为矩阵。

12.4.2　主函数

手写数字图片、转换后的数字矩阵、训练样本和测试样本分别保存在各自的路径下。在训练前，需要把训练样本标签 y_train 转换为矩阵形式，以进行训练。

```
import numpy as np
from sklearn.datasets import load_digits
from sklearn.preprocessing import LabelBinarizer
from sklearn.model_selection import train_test_split
from sklearn.metrics import classification_report, confusion_matrix
import matplotlib.pyplot as plt
```

```
from os import listdir
from PIL import Image
import shutil

if __name__ == "__main__":
    img_path = "./data/img" #手写体数字图片路径
    txt_path = "./data/txt" #转换后的数字矩阵的保存路径
    train_path = "./data/traindata/"
    test_path = "./data/testdata/"

    img_to_txt(img_path,txt_path)
    get_split_data(txt_path,train_path,test_path)
    X_train,y_train=get_traindata()
    X_test,y_test=get_testdata()
    y_test=np.array(list(map(int,y_test)))
    y_train = LabelBinarizer().fit_transform(y_train)
    train(X_train, y_train, X_test, y_test, 50000)
```

程序运行结果如图 12-9 所示。

```
iterations: 0 accuracy: 0.0
iterations: 1000 accuracy: 0.4
iterations: 2000 accuracy: 0.7
iterations: 3000 accuracy: 0.75
iterations: 4000 accuracy: 0.75
iterations: 5000 accuracy: 0.75
iterations: 6000 accuracy: 0.8
iterations: 7000 accuracy: 0.85
iterations: 8000 accuracy: 0.85
iterations: 9000 accuracy: 0.85
iterations: 10000 accuracy: 0.85
iterations: 11000 accuracy: 0.85
iterations: 12000 accuracy: 0.85
iterations: 13000 accuracy: 0.85
iterations: 14000 accuracy: 0.85
```

```
iterations: 35000 accuracy: 0.9
iterations: 36000 accuracy: 0.9
iterations: 37000 accuracy: 0.85
iterations: 38000 accuracy: 0.85
iterations: 39000 accuracy: 0.85
iterations: 40000 accuracy: 0.8
iterations: 41000 accuracy: 0.85
iterations: 42000 accuracy: 0.85
iterations: 43000 accuracy: 0.85
iterations: 44000 accuracy: 0.9
iterations: 45000 accuracy: 0.9
iterations: 46000 accuracy: 0.9
iterations: 47000 accuracy: 0.9
iterations: 48000 accuracy: 0.85
iterations: 49000 accuracy: 0.9
```

图 12-9 程序运行结果

思政元素

BP（Back Propagation）神经网络是 1986 年以 Rumelhart 和 McClelland 为首的科学家提出的概念。Rumelhart 是一名认知心理学家，对分析及研究人类识别的原理做出了很多贡献。主要从事认知神经科学和人工智能方面的研究，在语义网络的研究方面做出了重要贡献。1986 年，他和 McClelland 共同出版了经典巨著 *Parallel Distributed Processing*。1991 年当选为美国科学院院士，1996 年荣获美国心理学会颁发的杰出科学贡献奖。

12.5 本章小结

手写数字识别是一个图像处理问题，要想识别图像中的手写数字，需要先将图像信息转换为文本形式，本章是将图像转换为 0、1 二值数据进行处理，然后再转换为 1×1024 的一维数组，从而便于使用 kNN、SVM、BP 神经网络等分类模型进行学习训练。本章主要介绍了利用 kNN、BP 神经网络进行手写数字识别的算法及实现，当然也可以利用其他分类模型进行分类。

12.6　习　题

一、选择题

1. 在灰度图像中，最低值对应黑，最高值对应白，黑白之间的亮度值是灰度阶。彩色图像则通过矢量函数（三阶张量）描述，一幅彩色图像是由 R、G、B 三原色组合而成，这三原色对应了三个大小相同的矩阵，矩阵的数值表示这一通道颜色的深浅。在 RGB 图像中，蓝色应表示为（　　）。

A. (255,0,0)　　B. (0,255,0)

C. (0,0,255)　　D. (255,255,255)

2. 数字图像可分为两种：位图和矢量图。（　　）不是位图存储的图像的特点。

A. 分辨率越大，图像越清晰，品质越高，但存储所占空间就越大

B. 图像放大，会使图像的分辨率降低，图像会失真

C. 位图的存储形式有 BMP、GIF、JPG 格式

D. 位图放大，分辨率不变

3. 将一个 RGB 图像转换为灰度图像的公式是（　　）。

A. Gray = R×0.587 + G×0.114 + B×0.299

B. Gray = R×0.299 + G×0.587 + B×0.114

C. Gray = R×0.114 + G×0.587 + B×0.229

D. Gray = R×0.299 + G×0.114 + B×0.587

4. 图像识别过程分为图像信息获取、预处理、特征抽取和选择、分类器设计、分类决策，预处理的主要任务不包括（　　）。

A. 图像增强　　B. 图像裁剪

C. 池化　　D. 图像翻转、旋转

5. 在图像识别时，要将彩色图像转换为灰度图像，（　　）不属于转换为灰度图像的主要原因。

A. 减少计算量

B. 颜色易受到光照影响，不能反映图像本质特征，难以提取关键信息

C. 梯度是识别物体最关键的因素，而计算梯度，最常用就是灰度图

D. 提高识别准确率

二、综合分析题

简述识别 RGB 图像的主要过程。

第13章

综合案例分析：零售商品销售额分析与预测

零售商品销售额预测、房价预测、财政收入预测分析等，都属于连续性数据的预测问题，这类问题可采用回归模型进行解决。为了预测零售商品的销售情况，可通过对零售商品的各个属性进行分析，并对数据进行预处理，选择合适的特征建立回归模型，从而实现销售预测。常见的回归模型有线性回归、岭回归、Lasso回归、随机森林回归等。通过学习零售商品销售分析与预测案例，掌握数据分析处理过程，以及将问题归结为回归问题加以解决的方法。

13.1 问题描述与分析

机器学习把解决的问题大致分为两类：分类与回归。两者的本质是一样的，都是根据输入做出预测，都属于监督学习。对于分类问题，预测的结果是离散的，例如，预测西瓜是好瓜还是坏瓜，预测明天天气是晴天还是阴天，预测是去相亲还是不去相亲等。对于回归问题，预测的结果是一个值，例如，预测房价、未来的天气温度、某地财政收入等。回归是对真实值的一种逼近预测，一个比较常见的回归算法是线性回归算法。

零售商品的销售额预测就是一个回归问题，为了预测商品的销售额，需要根据商品的前期销售情况进行预测，包括商品的类型、销售价格、商店的地理位置、季节等属性特征，而在选择这些特征建立回归模型之前，还需要对样本数据进行分析和预处理，为了使这些属性特征成为建立回归模型可用的特征，需要对这些属性值进行数值化处理、去除空值、缺失值填充等数据预处理。通常利用回归算法进行分析预测的流程如图13-1所示。

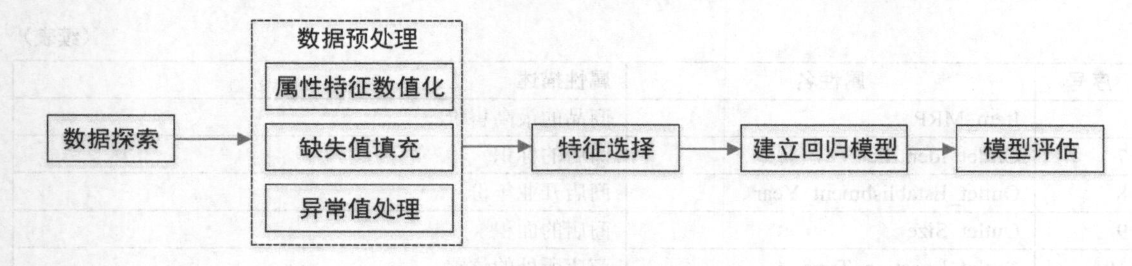

图 13-1　分析预测流程

“数据和特征决定了机器学习的上限，而模型和算法只是逼近这个上限而已。”这句话说明数据质量和特征选择对建立机器学习模型的重要性，再好的模型，如果没有好的数据和特征，训练出的模型质量也不会有较大幅度的提高。因此，对样本数据的分析和预处理对于机器学习模型的建立至关重要。属性特征的数值化、对于缺失值的处理就直接影响着算法模型的效果。例如，对于缺失的数据，我们需要分析这些数据缺失的原因是什么，是数据采集时的遗漏，还是本身数据就不存在；对于一名未婚者，其配偶一栏本来应该是空着的；对于一名已婚者，若配偶一栏缺少数据，则表明数据不完整。类似这样的问题，我们在数据分析阶段就应该分情况进行处理。

机器学习的任务就是根据数据特征，分析输入的内容，判断它的类别，或者预测其值。前者属于分类问题，目的是为了寻找决策边界。后者属于回归问题，目的是为了找到最优拟合，通过回归算法得到是一个最优拟合线，这个线条可以最好地接近数据集中的各个数据点。

13.2　数据探索与预处理

为了对零售商品的销售额进行预测，需要分析数据各个字段的取值及分布情况，从而提取相关特征，建立模型实现预测。

13.2.1　数据探索

零售商品数据来源于 Kaggle 竞赛平台，测试样本和训练样本分别存储在 train.csv 和 test.csv 文件中，包含 12 个属性字段，其中，Item_Outlet_Sales 是目标预测字段，其属性描述如表 13-1 所示。

表 13-1　零售商品属性描述

序号	属性名	属性描述
1	Item_Identifier	商品 ID
2	Item_Weight	商品重量
3	Item_Fat_Content	商品脂肪含量
4	Item_Visibility	该商品在商店的曝光率
5	Item_Type	商品类型

（续表）

序号	属性名	属性描述
6	Item_MRP	商品的最高售价
7	Outlet_Identifier	商店的标识
8	Outlet_Establishment_Year	商店开业年份
9	Outlet_Size	商店的面积
10	Outlet_Location_Type	商店所处的位置
11	Outlet_Type	商店的类型：超市 1、超市 2、超市 3、杂货店
12	Item_Outlet_Sales	商店商品的销售额

首先加载 train.csv 和 test.csv 中的数据，显示前 5 行样本：

```
train = pd.read_csv("./数据/train.csv")
print(train.head())
test = pd.read_csv("./数据/test.csv")
print(test.head())
```

训练集和测试集中前 5 个样本如下：

```
  Item_Identifier  Item_Weight  ...        Outlet_Type  Item_Outlet_Sales
0           FDA15         9.30  ...  Supermarket Type1          3735.1380
1           DRC01         5.92  ...  Supermarket Type2           443.4228
2           FDN15        17.50  ...  Supermarket Type1          2097.2700
3           FDX07        19.20  ...      Grocery Store           732.3800
4           NCD19         8.93  ...  Supermarket Type1           994.7052

[5 rows x 12 columns]
```

```
  Item_Identifier  Item_Weight  ... Outlet_Location_Type        Outlet_Type
0           FDW58       20.750  ...               Tier 1  Supermarket Type1
1           FDW14        8.300  ...               Tier 2  Supermarket Type1
2           NCN55       14.600  ...               Tier 3      Grocery Store
3           FDQ58        7.315  ...               Tier 2  Supermarket Type1
4           FDY38          NaN  ...               Tier 3  Supermarket Type3

[5 rows x 11 columns]
```

为了查看所有字段的取值情况，需要设置属性：

```
pd.set_option('display.max_columns',None)
```

train.csv 文件中完整的属性显示如下：

```
  Item_Identifier  Item_Weight Item_Fat_Content  Item_Visibility  \
0           FDA15         9.30          Low Fat         0.016047
1           DRC01         5.92          Regular         0.019278
2           FDN15        17.50          Low Fat         0.016760
3           FDX07        19.20          Regular         0.000000
4           NCD19         8.93          Low Fat         0.000000
```

```
             Item_Type  Item_MRP Outlet_Identifier  \
0                Dairy  249.8092            OUT049
1          Soft Drinks   48.2692            OUT018
2                 Meat  141.6180            OUT049
3 Fruits and Vegetables  182.0950            OUT010
4            Household   53.8614            OUT013
```

```
   Outlet_Establishment_Year Outlet_Size Outlet_Location_Type  \
0                       1999      Medium               Tier 1
1                       2009      Medium               Tier 3
2                       1999      Medium               Tier 1
3                       1998         NaN               Tier 3
4                       1987        High               Tier 3
```

```
        Outlet_Type  Item_Outlet_Sales
0 Supermarket Type1          3735.1380
1 Supermarket Type2           443.4228
2 Supermarket Type1          2097.2700
3     Grocery Store           732.3800
4 Supermarket Type1           994.7052
```

从以上训练集和测试集中可以看出，有些属性值不是数值型，可通过 Pandas 的 unique() 方法查看每个属性的可能取值：

```
print(train['Item_Fat_Content'].unique())
print(train['Outlet_Size'].unique())
print(train['Outlet_Location_Type'].unique())
print(train['Outlet_Type'].unique())
print(train['Outlet_Identifier'].unique())
```

部分属性取值如下：

```
['Low Fat' 'Regular' 'low fat' 'LF' 'reg']
['Medium' nan 'High' 'Small']
['Tier 1' 'Tier 3' 'Tier 2']
['Supermarket Type1' 'Supermarket Type2' 'Grocery Store'
 'Supermarket Type3']
['OUT049' 'OUT018' 'OUT010' 'OUT013' 'OUT027' 'OUT045' 'OUT017' 'OUT046'
 'OUT035' 'OUT019']
```

从上面可以看出，Item_Fat_Content 取值有 5 个：Low Fat、Regular、low fat、LF、reg，Outlet_Location_Type 取值有 3 个：Tier 1、Tier 3、Tier 2。Outlet_Size 还存在缺失值。数据缺失直接影响到模型预测的准确率，需要查看并分析数据缺失情况，以便对缺失值进行删除或填充，提高数据质量。

```
print(train.isnull().sum())
```

数据缺失情况如下：

```
Item_Identifier                 0
Item_Weight                  1463
Item_Fat_Content                0
Item_Visibility                 0
Item_Type                       0
Item_MRP                        0
Outlet_Identifier               0
Outlet_Establishment_Year       0
Outlet_Size                  2410
Outlet_Location_Type            0
Outlet_Type                     0
Item_Outlet_Sales               0
dtype: int64
```

缺失值主要存在于 Item_Weight 和 Outlet_Size 字段，其中，Item_Weight 缺失 1463 条数据，Outlet_Size 缺失 2410 条数据。

销售金额分布情况可通过 seaborn 中的 distplot()、kdeplot()、rugplot()与 jointplot()等函数绘制，例如：

```
import seaborn as sns
g=sns.distplot(train["Item_Outlet_Sales"],color='b',rug=True,bins=100)
g.set_xlabel("Item_Outlet_Sales")
g.set_ylabel("Frequency")
plt.show()
```

销售金额分布情况如图 13-2 所示。

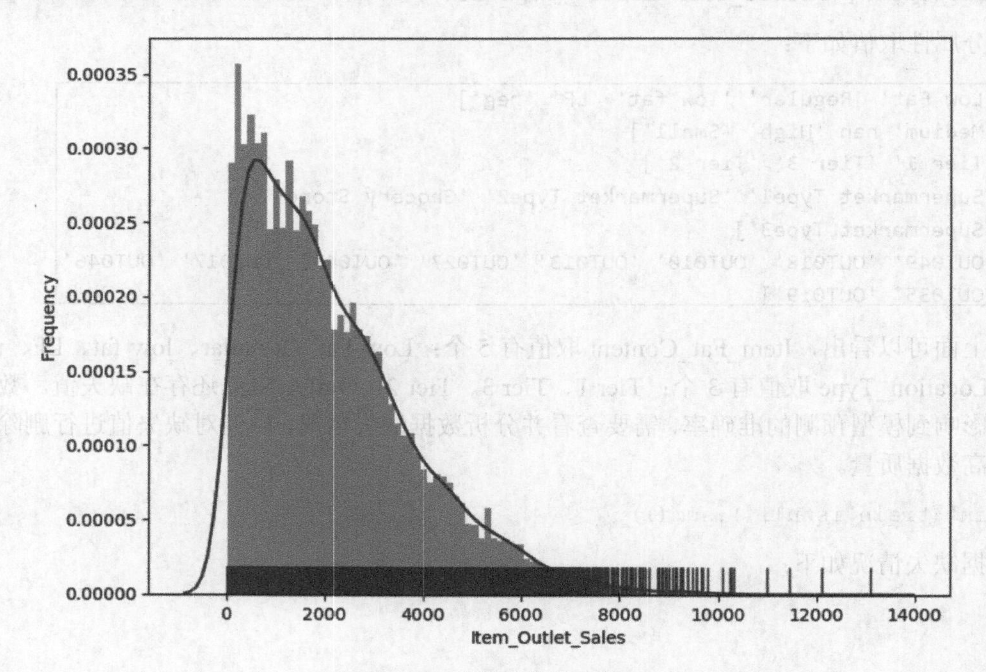

图 13-2 销售金额分布情况

由图中可以看出，销售金额主要集中在 0~5000。

13.2.2 属性特征的数值化

对于非数值型数据，需要将其转换为数值型才能作为训练数据的特征。从上面数据分析可以看出，Item_Identifier、Item_Fat_Content、Item_Type、Outlet_Identifier、Outlet_Size、Outlet_Location_Type、Outlet_Type 等属性值为非数值型，需要将这些非数值型数据转换为数值型数据，以便进行训练。

```
    def trans_to_num(data):
        #Item_Fat_Content
        item_fat_content = {'Low Fat':0, "low fat":0, "LF":0,'Regular':1,"reg":1}
        data["Item_Fat_Content"] = data["Item_Fat_Content"].apply(lambda x:
item_fat_content[x])
        #Outlet_Size
        data["Outlet_Size"].replace({"Small": 1, "Medium": 2, "High": 3},
inplace=True)
        #Outlet_Location_Type
        outlet_loc_type={'Tier 1':1, 'Tier 2':2, 'Tier 3':3,}
        data["Outlet_Location_Type"]=data["Outlet_Location_Type"].apply(lambda
i:outlet_loc_type[i])

        #Outlet_Type
        outlet_type = {'Supermarket Type1': 1, 'Supermarket Type2': 2, 'Supermarket
Type3': 3, 'Grocery Store': 4, }
        data["Outlet_Type"] = data["Outlet_Type"].apply(lambda x: outlet_type[x])

    trans_to_num(train)
    print(train.head())
```

训练集 train 中，各属性值转换为数值型数据后如下：

```
  Item_Identifier  Item_Weight  Item_Fat_Content  Item_Visibility  \
0           FDA15         9.30                 0         0.016047
1           DRC01         5.92                 1         0.019278
2           FDN15        17.50                 0         0.016760
3           FDX07        19.20                 1         0.000000
4           NCD19         8.93                 0         0.000000
```

```
              Item_Type  Item_MRP Outlet_Identifier  \
0                 Dairy  249.8092            OUT049
1           Soft Drinks   48.2692            OUT018
2                  Meat  141.6180            OUT049
3 Fruits and Vegetables  182.0950            OUT010
4             Household   53.8614            OUT013
```

```
   Outlet_Establishment_Year  Outlet_Size  Outlet_Location_Type  Outlet_Type  \
0                       1999          2.0                     1            1
1                       2009          2.0                     3            2
2                       1999          2.0                     1            1
3                       1998          NaN                     3            4
4                       1987          3.0                     3            1
```

```
   Item_Outlet_Sales
0          3735.1380
1           443.4228
2          2097.2700
3           732.3800
4           994.7052
```

其中，Item_Identifier、Outlet_Identifier 分别表示商品标识和商店标识，作为训练特征没有意义。因此，在这里我们不对其进行转换。

13.2.3 缺失值处理

数据缺失是无法避免的，当存在缺失值时，其处理方法有：缺失值删除和缺失值填充。在处理缺失数据时，首先需要分析数据缺失的原因是什么，是真正的缺失还是本身就不存在，如果是真正缺失数据，则需要分析这些缺失数据的分布情况及对总体样本的影响，考虑直接删除记录还是通过已知变量对缺失值进行估计。

1. 缺失值删除

当缺失值的个数只占整体很小一部分时，可直接删除缺失值。如果缺失值占整体样本比较大时，直接删除缺失值就会丢失一些重要信息。采用直接删除的方式处理缺失值时，需要查看缺失样本占总样本的比例。缺失值的删除有以下几种方式：

```
new_data = train.dropna()                          #删除存在缺失值的行
print(new_data.info())
```

删除缺失值后结果如下：

```
Data columns (total 12 columns):
 #   Column                     Non-Null Count  Dtype
---  ------                     --------------  -----
 0   Item_Identifier            4650 non-null   object
 1   Item_Weight                4650 non-null   float64
 2   Item_Fat_Content           4650 non-null   int64
 3   Item_Visibility            4650 non-null   float64
 4   Item_Type                  4650 non-null   object
 5   Item_MRP                   4650 non-null   float64
 6   Outlet_Identifier          4650 non-null   object
 7   Outlet_Establishment_Year  4650 non-null   int64
 8   Outlet_Size                4650 non-null   float64
 9   Outlet_Location_Type       4650 non-null   int64
 10  Outlet_Type                4650 non-null   int64
 11  Item_Outlet_Sales          4650 non-null   float64
```

此外，还可以设置要删除属性列为空值对应的行：

```
new_data = train.dropna(subset=['Item_Type','Outlet_Size'])#删除属性列存在缺失值的行
```

删除每一行属性值缺失比较多的记录行：

```
new_data = data.dropna(thresh=16)  #删除每一行缺失元素个数超过 16 的行
```

2. 缺失值填充

对于缺失值，可根据样本之间的相似性（中心趋势）和机器学习方法进行填充，常用的填充方法有平均值（Mean）、中位数（Median）、众数（Mode）、kNN、随机森林等，如表 13-2 所示。

表 13-2　缺失值填充方式

填充方式	适用情况
均值填充	正态分布，观测值较为均匀散布均值周围
中值填充	偏态分布，大部分样本都聚集在变量分布的一侧，中位数是更好地代表数据中心趋势
众数填充	类别数据，不是数值型数据
kNN 填充	适用于样本容量较大的类的自动分类，而样本容量较小的类较容易产生误分。当样本不平衡时，会导致新样本的 k 个邻居中大容量类的样本占比多，可使用加权来改善这个问题
随机森林填充	对于某一个特征大量缺失，其他特征却很完整的情况

（1）采用均值填充 Outlet_Size 属性的缺失值：

```
train['Outlet_Size'] = 
train['Outlet_Size'].fillna(train['Outlet_Size'].mean())  #均值填充
print(train.head())
```

train 的填充结果如下：

```
  Item_Identifier  Item_Weight  Item_Fat_Content  Item_Visibility  \
0           FDA15         9.30                 0         0.016047
1           DRC01         5.92                 1         0.019278
2           FDN15        17.50                 0         0.016760
3           FDX07        19.20                 1         0.000000
4           NCD19         8.93                 0         0.000000
```

```
               Item_Type  Item_MRP Outlet_Identifier  \
0                  Dairy  249.8092            OUT049
1            Soft Drinks   48.2692            OUT018
2                   Meat  141.6180            OUT049
3  Fruits and Vegetables  182.0950            OUT010
4              Household   53.8614            OUT013
```

```
   Outlet_Establishment_Year  Outlet_Size  Outlet_Location_Type  Outlet_Type \
0                       1999     2.000000                     1            1
1                       2009     2.000000                     3            2
2                       1999     2.000000                     1            1
3                       1998     1.761819                     3            4
4                       1987     3.000000                     3            1
```

```
   Item_Outlet_Sales
0          3735.1380
1           443.4228
2          2097.2700
3           732.3800
4           994.7052
```

（2）使用中位数填充和均值填充：

```
    train['Outlet_Size'] = train[' Outlet_Size '].fillna(train[' Outlet_Size
'].median())#中位数填充
    data[' Outlet_Size '] = data[' Outlet_Size '].fillna(stats.mode(data['
Outlet_Size '])[0][0])#众数填充
```

（3）kNN 填充缺失值就是利用 kNN 算法选择近邻的 k 个数据，然后填充它们的均值：

```
    feature_name=['Item_Weight', 'Item_Fat_Content','Item_Visibility',
                  'Item_MRP', 'Outlet_Establishment_Year',
                  'Outlet_Size', 'Outlet_Location_Type','Outlet_Type']
    X_train = pd.DataFrame(KNN(k=5).fit_transform(X_train),
columns=feature_name)
    print(X_train.head())
```

利用 kNN 算法填充，其实是把目标列当作目标，利用非缺失的数据进行 kNN 算法拟合，最后对目标列缺失值进行预测。对于连续特征，一般采用加权平均策略进行预测；对于离散特征，一般采用加权投票法进行预测。利用 kNN 填充缺失值后，结果如下：

```
   Item_Weight  Item_Fat_Content  Item_Visibility  Item_MRP  \
0         9.30               0.0         0.016047  249.8092
1         5.92               1.0         0.019278   48.2692
2        17.50               0.0         0.016760  141.6180
3        19.20               1.0         0.000000  182.0950
4         8.93               0.0         0.000000   53.8614
```

```
   Outlet_Establishment_Year  Outlet_Size  Outlet_Location_Type  Outlet_Type
0                     1999.0     2.000000                   1.0          1.0
1                     2009.0     2.000000                   3.0          2.0
2                     1999.0     2.000000                   1.0          1.0
3                     1998.0     1.588845                   3.0          4.0
4                     1987.0     3.000000                   3.0          1.0
```

（4）使用随机森林填充缺失值的算法思想与 kNN 填充类似，也是利用已有数据拟合模型，对缺失变量进行预测。利用随机森林填充 Outlet_Size 字段的缺失值代码如下：

```
def Outlet_Size_filled(X):
    #使用随机森林填充缺失值
    X["Outlet_Size"].fillna(-1,inplace=True)
    rf=RandomForestClassifier()
```

```
    outlet_size_miss = X.loc[X["Outlet_Size"] == -1]
    outlet_size_x = X.loc[X["Outlet_Size"] != -1]
    x_p = outlet_size_x[["Outlet_Location_Type"]]
    x_l = outlet_size_x["Outlet_Size"]
    rf.fit(x_p,x_l)
    c = outlet_size_miss["Outlet_Location_Type"].values.reshape(-1,1)
    d = rf.predict(c)
    X.loc[X["Outlet_Size"]==-1,"Outlet_Size"] = d

Outlet_Size_filled(train)
print('随机森林填充后')
print(train.head())
```

填充后结果如下：

```
  Item_Identifier  Item_Weight  Item_Fat_Content  Item_Visibility  Item_Type  \
0           FDA15         9.30                 0         0.016047          1
1           DRC01         5.92                 1         0.019278          3
2           FDN15        17.50                 0         0.016760          1
3           FDX07        19.20                 1         0.000000          1
4           NCD19         8.93                 0         0.000000          2
```

```
   Item_MRP Outlet_Identifier  Outlet_Establishment_Year  Outlet_Size  \
0  249.8092            OUT049                       1999          2.0
1   48.2692            OUT018                       2009          2.0
2  141.6180            OUT049                       1999          2.0
3  182.0950            OUT010                       1998          2.0
4   53.8614            OUT013                       1987          3.0
```

```
   Outlet_Location_Type  Outlet_Type  Item_Outlet_Sales
0                     1            1          3735.1380
1                     3            2           443.4228
2                     1            1          2097.2700
3                     3            4           732.3800
4                     3            1           994.7052
```

13.3　特征选择

特征工程是机器学习中最重要的环节，特征的好坏直接影响模型的效果。若样本的特征较少，通常会考虑增加特征。在现实情况下，往往是特征太多了，需要减少一些特征。减少特征不仅可加快训练速度、避免维度灾难，还可减少模型复杂度、过拟合，提高模型泛化能力，增强模型对输入和输出之间的理解，使模型具有更好的解释性。

```
from sklearn import linear_model,model_selection
    X_train=train.loc[:, ['Item_Weight',
'Item_Fat_Content','Item_Visibility','Item_Type',
            'Item_MRP', 'Outlet_Establishment_Year',
```

```
            'Outlet_Size', 'Outlet_Location_Type','Outlet_Type']]
    y_train=train.loc[:,['Item_Outlet_Sales']]
    print(X_train.head())
    X_test=train.loc[:, ['Item_Weight',
'Item_Fat_Content','Item_Visibility','Item_Type',
            'Item_MRP', 'Outlet_Establishment_Year',
            'Outlet_Size', 'Outlet_Location_Type','Outlet_Type']]
    y_test=train.loc[:,['Item_Outlet_Sales']]
```

在对模型训练之前，为了提高预测效果，还可对不同属性特征进行归一化处理。

```
continus_value = ["Item_Weight", "Item_Visibility", "Item_MRP",]
def nornomalize_value(X,elem):
    for v in elem:
        X[v] = (X[v] - X[v].min()) / (X[v].max() - X[v].min())
    nornomalize_value(year,continus_value)
```

13.4 建立回归模型

为了比较各种回归模型的预测效果，我们分别利用线性回归、岭回归、Lasso 回归、多项式回归、随机森林回归验证算法的预测效果。

13.4.1 线性回归模型

sklearn 库提供了 LinearRegression 线性回归模型，函数原型为：

```
sklearn.linear_model.LinearRegression(fit_intercept=True, normalize=False,
copy_X=True, n_jobs=1)
```

其参数说明如下：

- fit_intercept：布尔值，表示是否需要计算 b 值，默认值为 True。
- normalize：布尔值，表示是否要对训练样本进行归一化，默认值为 False。如果为 True，那么训练样本会在训练之前被归一化。
- copy_X：布尔值。如果为 True，则会复制 X。
- n_jobs：整型，表示任务并行时使用 CPU 的核心数量，默认值为 1。

其主要属性说明如下：

- coef_：权重向量。
- intercept_：b 的值。

主要方法说明如下：

- fit(X,y[,sample_weight])：训练模型。
- predict(X)：用模型进行预测，返回预测值。

- score(X,y[,sample_weight])：返回模型的预测性能得分。

注　意
score 不超过 1，但可能为负值。score 越大，预测的效果越好。

```
    X=train.loc[:, ['Item_Weight',
'Item_Fat_Content','Item_Visibility','Item_Type',
            'Item_MRP', 'Outlet_Establishment_Year',
            'Outlet_Size', 'Outlet_Location_Type','Outlet_Type']]
    y=train.loc[:,['Item_Outlet_Sales']]
    X_train,X_test,y_train,y_test=train_test_split(X,y,test_size=0.2,random_st
ate=5)
    lr=linear_model.LinearRegression()
    lr.fit(X_train,y_train)
    y_pre=lr.predict(X_test)
    score=lr.score(X_test,y_test)
    print('acc:',score)
    print('----------------------')
    print('rmse=',rmse(y_test, y_pre))
    print('mse=',mse(y_test, y_pre))
    print('----------------------')
    print('y_test',y_test)
    print('y_test',y_test.iloc[0,0])
```

程序运行结果如下：

```
   acc: 0.4262574036142981
   ----------------------
   rmse= 1298.5889882928022
   mse= 1686333.3605153237
   ----------------------
```

为了方便观察销售金额的真实值与预测值的差异，我们选取其中部分真实值和预测值绘制散点图进行观测。

```
    x = np.linspace(1, 20,20)
    plt.plot(x,y_test.iloc[:
20,0],'b-o')
    plt.plot(x, y_pre[:20],
'r-*')
    plt.show()
```

销售金额的真实值与预测值的散点图如图 13-3 所示。

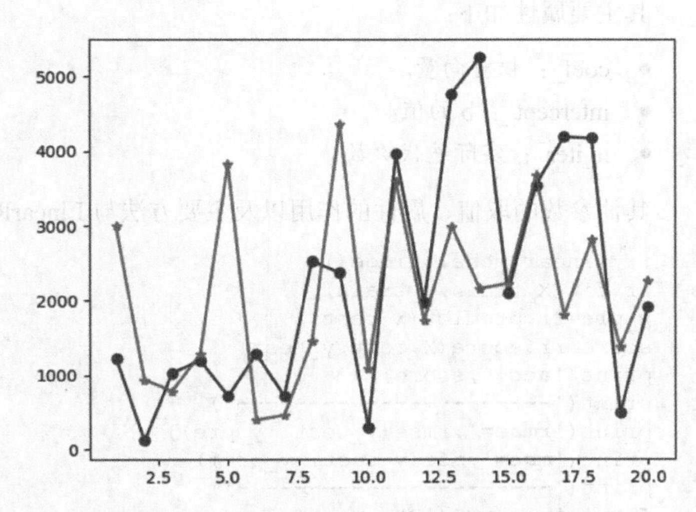

图 13-3　销售金额真实值和预测值的散点图

13.4.2　岭回归模型

在线性回归损失函数的基础上加入 L2 范数惩罚项，构成的模型就变成了岭回归（Ridge Regression）模型。

$$J(\theta)=\frac{1}{2m}\left[\sum_{i=1}^{m}(h_\theta(x^{(i)}-y^{(i)})^2+\lambda\sum_{j=1}^{n}\theta_j^2\right] \quad (式 13-1)$$

岭回归的解析为：

$$\theta=(X^TX+\lambda I)^{-1}X^Ty \quad (式 13-2)$$

其中，λ是正则化系数或者惩罚系数，I是单位矩阵。

岭回归的函数原型如下：

```
    sklearn.linear_model.Ridge(alpha=1.0, fit_intercept=True, normalize=False,
copy_X=True, max_iter=None, tol=0.001, solver='auto', random_state=None)
```

其参数说明如下：

- alpha：浮点数，控制的是对模型正则化的程度。其值越大，则正则化项越重要。
- fit_intercept：是否需要计算 b 的值。
- max_iter：整型，最大迭代次数。
- tol：浮点数，判断迭代收敛与否的阈值。
- solver：字符串，指定求解最优化问题的算法。可选值为：
  - 'auto'：根据数据集自动选择算法。
  - 'svd'：使用奇异值分解来计算回归系数。
  - 'cholesky'：使用 scipy.linalg.solve 函数来求解。
  - 'sparse_cg'：使用 scipy.sparse.linalg.cg 函数来求解。
  - 'lsqr'：使用 scipy.sparse.linalg.lsqr 函数求解。它的运算速度最快，但是老版本的 scipy 可能不支持。
  - 'sag'：使用 Stochastic Average Gradient descent 算法求解最优化问题。
- random_state：用于设置随机数生成器，当 solver=sag 时有效。

其主要属性如下：

- coef_：权重向量。
- intercept_：b 的值。
- n_iter_：实际迭代次数。

其他参数的取值、属性的作用以及主要方法与 LinearRegression 类似。

```
rr=linear_model.Ridge()
rr.fit(X_train,y_train)
y_pre=rr.predict(X_test)
score=rr.score(X_test,y_test)
print('acc:',score)
print('----------------------')
print('rmse=',rmse(y_test, y_pre))
print('mse=',mse(y_test, y_pre))
print('----------------------')
for i in range(13):
   plt.plot(i*2,y_test.iloc[i,0],'b-o')
```

```
    plt.plot(i * 2, y_pre[i], 'r-*')
plt.show()
```

程序运行结果如图 13-4 所示。

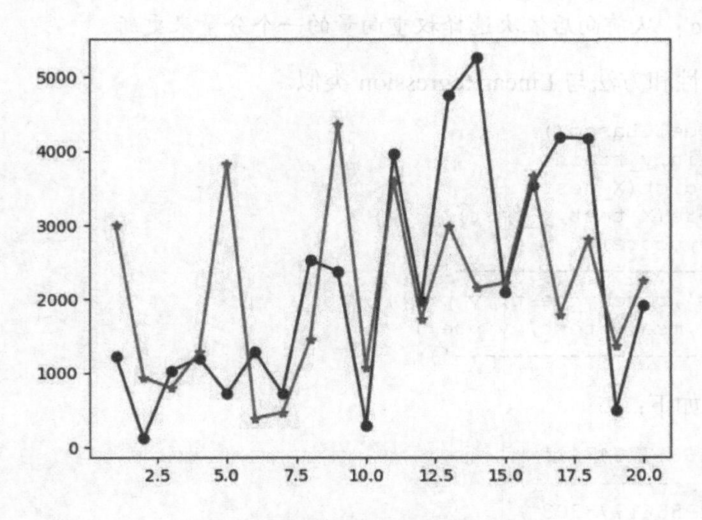

图 13-4　真实值和预测值的散点图

```
acc: 0.42632677187149626
----------------------
rmse= 1298.5104830724563
mse= 1686129.474649064
----------------------
```

13.4.3　Lasso 回归模型

Lasso（Least Absolute Shrinkage and Selection Operator）由 Robert Tibshirani 在 1996 年首次提出，其通过引入一个一阶惩罚项 L1 范数构造回归模型。擅长处理具有多重共线性的数据，与岭回归一样具有偏估计。Lasso 的代价函数为：

$$J(\theta)=\frac{1}{2m}\left[\sum_{i=1}^{m}(h_\theta(x^{(i)}-y^{(i)})^2+\lambda\sum_{j=1}^{m}\left|\theta_j\right|\right]\quad（式 13-3）$$

Lasso 回归模型函数原型如下：

```
sklearn.linear_model.Lasso(alpha=1.0, fit_intercept=True, normalize=False,
precompute=False, copy_X=True, max_iter=1000, tol=0.0001,
warm_start=False, positive=False, random_state=None, selection='cyclic')
```

其参数说明如下：

- precompute：布尔值或者一个序列。是否提前计算 Gram 矩阵以加速计算。默认值为 False。
- warm_start：布尔值，是否使用前一次训练结果继续从头开始训练。默认值为 False，即重新开始训练。
- positive：布尔值。如果值为 True，则强制要求权重向量的分量都为正数。默认值为 False。

- selection：字符串，指定每轮更新时选择的权重向量，可以为'cyclic'或者'random'。默认值为'cyclic'。
  - 'random'：随机选择权重向量的一个分量来更新。
  - 'cyclic'：从前向后依次选择权重向量的一个分量来更新。

其他参数、属性和方法与 LinearRegression 类似。

```
lr=linear_model.Lasso()
lr.fit(X_train,y_train)
y_pre=lr.predict(X_test)
score=lr.score(X_test,y_test)
print('acc:',score)
print('----------------------')
print('rmse=',rmse(y_test, y_pre))
print('mse=',mse(y_test, y_pre))
print('----------------------')
```

程序运行结果如下：

```
acc: 0.4265166577347411
----------------------
rmse= 1298.295561773303
mse= 1685571.3657202567
----------------------
```

13.4.4 多项式回归模型

Pipeline 能够将多项式特征对象的创建、数据标准化、多项式转换等多个流程放在一个管道中，输出拟合并输出预测值。使用 Pipeline 进行多项式回归的过程如下：

（1）使用 PolynomialFeatures 生成多项式特征的数据集。

（2）如果生成数据幂特别的大，则特征间的差距就会很大，导致搜索非常慢，可通过 StandardScaler()对数据归一化，以减少搜索过程。

（3）进行线性回归。

```
def polyRe(degree):
    return Pipeline([('poly', PolynomialFeatures(degree)),
              ('std_scaler', StandardScaler()),
              ('lin_reg', LinearRegression())])

poly_reg = polyRe(degree=2)
poly_reg.fit(X_train, y_train)
y_predict = poly_reg.predict(X_test)
print(mean_squared_error(y_test, y_predict))
score=poly_reg.score(X_test,y_test)
print('acc:',score)
print(len(y_predict))
print(y_test,y_predict)
print('----------------------')
print('rmse=',rmse(y_test, y_pre))
print('mse=',mse(y_test, y_pre))
```

```
print('-----------------------')
x = np.linspace(1, 20,20)
plt.plot(x,y_test.iloc[:20,0],'b-o')
plt.plot(x, y_predict[:20], 'r-*')
plt.show()
```

程序运行结果如下：

```
acc: 0.5715767110897786
-----------------------
rmse= 1298.295561773303
mse= 1685571.3657202567
-----------------------
```

运行后的真实值和预测值的散点图如图 13-5 所示。

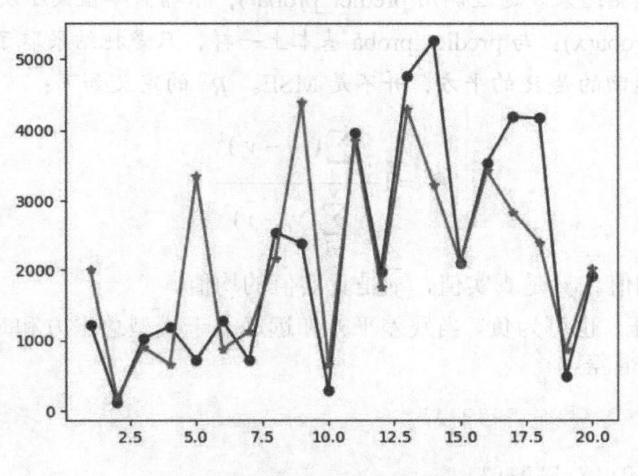

图 13-5　真实值和预测值的散点图

13.4.5　随机森林回归模型

RandomForestRegressor 根据 kNN 算法得到的测试样本预测标签和真实标签，计算分类的准确率。

```
sklearn.ensemble.RandomForestRegressor( n_estimators=10,criterion='mse',
                    max_depth=None,min_samples_split=2,
                    min_samples_leaf=1,min_weight_fraction_leaf=0.0,
                    max_features='auto',max_leaf_nodes=None,
                    min_impurity_split=1e-07,bootstrap=True,
                    oob_score=False,n_jobs=1,random_state=None,
                    verbose=0,warm_start=False)
```

其主要参数说明如下：

- n_estimators=10：整型，决策树的个数。
- criterion：选择最合适的结点的标准，可选参数有'mse'、'friedman_mse'、'mae'。'mse'表示均方误差（Mean Squared Error，MSE），父结点和子结点之间的均方误差的差额将被用作特征选择的标准，这种方法通过使用叶子结点的均值来最小化 L2 损失。'friedman_mse' 表示费尔德曼均方误差，这种指标使用费尔德曼针对潜在分枝中的问题改进后的均方误差。'mae'表示绝对平均误差（Mean Absolute Error，MAE），这种指标使用叶结点的中值来最小化 L1 损失。

- splitter：随机选择（Random）属性还是选择纯度最大的属性（Best），默认值为'best'。
- max_depth：设置树的最大深度，默认为 None，这样建树时，会使每一个叶结点只有一个类别，或是达到 min_samples_split。

常用函数如下：

- predict_proba(x)：给出带有概率值的结果。每个点在所有 label 的概率和为 1。
- predict(x)：预测结果。通过调用 predict_proba()，根据概率值大小决定属于哪个类型。
- predict_log_proba(x)：与 predict_proba 基本上一样，只是把结果取了对数。
- score(x,y)：返回的是 R 的平方，并不是 MSE。R^2 的定义如下：

$$R^2 = 1 - \frac{\sum_{i=1}^{N}(p_i - y_i)^2}{\sum_{i=1}^{N}(y_i - \overline{y})^2} \qquad \text{（式 13-4）}$$

其中，p_i 是预测值，y_i 是真实值，$\overline{y}$ 是真实值的均值。

R^2 的取值可为正，也可为负。当残差平方和远远大于模型总平方和时，此时 R^2 取值为负数，模型性能会变得很差。

```
rfr = RandomForestRegressor()
#训练
rfr.fit(X_train, y_train)
#预测，保存预测结果
y_predict = rfr.predict(X_test)
print(mean_squared_error(y_test, y_predict))
score=poly_reg.score(X_test,y_test)
print('acc:',score)
print('----------------------')
print('rmse=',rmse(y_test, y_pre))
print('mse=',mse(y_test, y_pre))
print('----------------------')
x = np.linspace(1, 20,20)
plt.plot(x,y_test.iloc[:20,0],'b-o')
plt.plot(x, y_predict[:20], 'r-*')
plt.title('随机森林')
plt.show()
```

程序运行结果如下：

```
acc: 0.5715767110897786
----------------------
rmse= 1298.295561773303
mse= 1685571.3657202567
----------------------
```

运行后的真实值和预测值的散点图如图 13-6 所示。

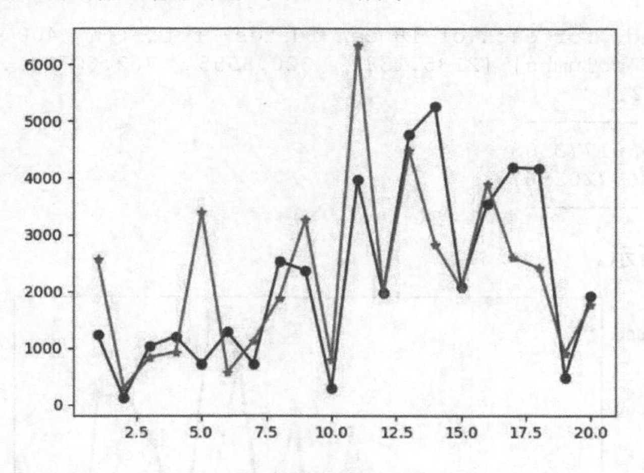

图 13-6　真实值和预测值的散点图

13.5　超参数选择

带交叉验证的网格搜索是一种常用的调参方法，scikit-learn 库中提供的 GridSearchCV 类，以估计器（Estimator）的形式实现模型调参。GridSearchCV 把原始数据分为 3 部分：训练集、验证集和测试集。其中，训练集用于模型训练、验证集用于调整参数、测试集用于衡量模型评估。

GridSearchCV 分为两个过程：网格搜索（GridSearch）和交叉验证（Cross Validation，CV）。网格搜索的是参数，即在指定的参数范围内，按步长依次调整参数，利用调整的参数训练学习器，选出在验证集上精度最高的参数。

GridSearch 是一种调参手段，在所有候选的参数中，通过穷举搜索，尝试每一种可能性，表现最好的参数就是最终的结果。

```
    #网格调参
    model = XGBRegressor()
    n_estimators = [60, 50, 30, 80]
    max_depth = [1, 2, 3, 4]
    #转化为字典格式
    param_grid = dict(n_estimators=n_estimators, max_depth=max_depth)
    rkfold = RepeatedKFold(n_splits=5, n_repeats=5)  #将训练/测试数据集划分 5 个互斥
子集
    grid_search = GridSearchCV(model, param_grid, cv=rkfold,
scoring="neg_mean_squared_error", verbose=1, return_train_score=True)
    grid_result = grid_search.fit(X_train, y_train)  #运行网格搜索
    #模型得分
    model = grid_search.best_estimator_ #选择最好的模型
    print('grid.score=', grid_search.score(X_test, y_test))
    y_predict=model.predict(X_test)
    print(y_predict)
```

程序运行结果如下：

```
    Fitting 25 folds for each of 16 candidates, totalling 400 fits
    [1705 rows x 1 columns] [2135.1382   320.89554  762.60724 ...  433.2893
781.7743  1729.2152 ]
    ----------------------
    rmse= 1298.295561773303
    mse= 1685571.3657202567
    ----------------------
```

结果如图 13-7 所示。

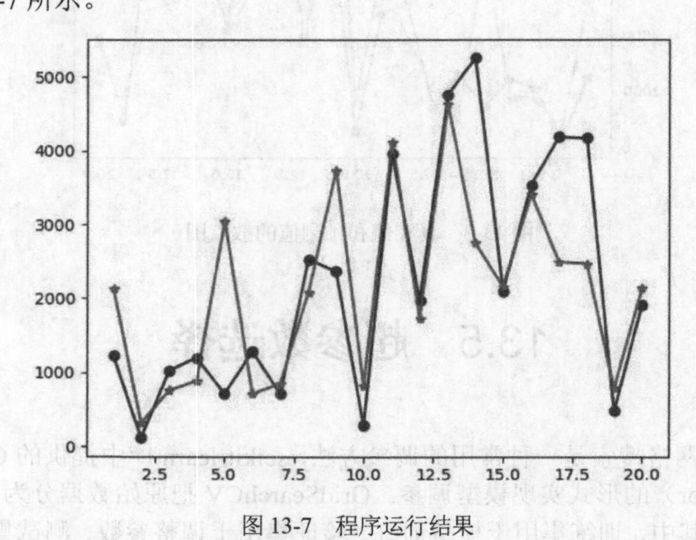

图 13-7　程序运行结果

其中，n_estimator 是分类器或者学习器，这里使用的是 XGBoost 算法，当然也可以使用 RandomForestRegressor、SVR 等其他算法。param_grid 是字典类型的参数列表，n_estimators 表示树的个数，max_depth 表示树的深度。scoring 是模型准确率评价标准，默认是 None，示例中使用的是 neg_mean_squared_error（负均方误差）。CV 指的是交叉验证，代码中使用的是 5 折交叉验证。

提　示
GridSearchCV 可以保证在指定的参数范围内找到精度最高的参数，但是这也是网格搜索的缺陷所在，它要求遍历所有可能参数的组合，在面对大数据集和多参数的情况下，非常耗时。在分类问题中，也可以使用 GridSearchCV 进行网格搜索寻找最优参数。

13.6　本章小结

零售商品价格预测、房价预测、某地财政收入预测等都属于回归问题。本章以零售商品价格预测为例，介绍了属性特征数值化、缺失数据的填充等预处理方法，并针对商品价格预测问题进行了线性回归、岭回归、Lasso 回归、多项式回归等分析，最后介绍了针对多参数问题的超参数选择方法。

13.7　习　题

一、选择题

1. 在缺失值填充算法中，（　　）易受样本类别数量影响，容易对某类样本数量较少的样本进行误分。

A. 均值填充　　B. 众数填充
C. kNN 填充　　D. 随机森林填充

2. （　　）通过在线性模型的损失函数中加入 L2 范数惩罚项构造回归模型，从而使模型更加稳健。

A. 岭回归　　B. Lasso 回归
C. 随机森林回归　　D. 多项式回归

3. 交叉验证是在数据不是很充足时采用的训练和优化模型的方法，一般是随机地把数据分成 3 份：训练集、验证集和测试集。用训练集来训练模型，用验证集来评估模型预测的好坏和选择模型及其对应的参数，把最终得到的模型再用于测试集，最终决定使用哪个模型以及对应参数。根据数据的切分方法，可将交叉验证分为几种，其中，（　　）不属于交叉验证方法。

A. 简单交叉验证　　B. 随机交叉验证
C. S 折交叉验证　　D. 留一交叉验证

4. 不属于交叉验证的好处是（　　）。

A. 可有效评估模型的质量　　B. 可有效避免过拟合和欠拟合
C. 有效改进算法质量　　D. 有效选择在数据集上表现最好的模型

5. 在下列关于 GridSearchCV 说法中，（　　）是不正确的。

A. GridSearchCV 是一种网格搜索模型，可实现自动调参并返回最佳的参数组合。
B. Estimator 是分类器或学习器接口
C. GridSearchCV 中的模型参数可以是随机森林回归、XGBClassifier、RandomForestClassifier、SVR 等
D. GridSearchCV 只能用于回归问题

二、综合分析题

1. 请使用 RandomForestClassifier 作为参数，利用 GridSearchCV 实现鸢尾花的分类。
2. 请简述线性回归、岭回归、Lasso 回归的优势和不足。

第 14 章

综合案例分析：基于协同过滤的推荐系统

推荐系统（Recommender Systems，RS）作为人工智能、机器学习的一个重要分支应用，已经成功应用于电子商务、社交网络、移动新闻、在线教育等领域。推荐系统通过大量使用机器学习技术，利用各种算法构建推荐模型，为用户自动推送可能喜欢的产品。例如，今日头条 APP 实时获取用户的兴趣，为用户提供可能感兴趣的新闻。本章将主要介绍推荐系统相关概念、分类及常见的推荐算法、应用，通过本章的学习，你将学会如何搭建一个简单的推荐系统。

14.1　推荐系统简介

推荐系统作为解决信息超载问题的重要工具，通过利用机器学习技术从海量信息中挖掘用户可能感兴趣的内容，为用户提供个性化的服务。与信息检索工具，即搜索引擎相比，推荐系统主动为用户提供符合个性化需求的信息资源。

14.1.1　信息检索与推荐系统

随着手机、平板电脑等各种移动设备的出现，以及互联网技术的快速发展，人们的生活方式和工作方式发生了翻天覆地的变化，信息资源每天也在呈几何级数增长。一方面，这使得人们很难在有限的时间内，在如此巨大的信息空间中获得符合自身需求的信息；另一方面，信息资源提供者很难在服务的过程中挖掘用户的使用习惯，从而改善自身的服务。这就导致了所谓的“信息过载”（Information Overload）问题。

有报告显示，2019 年我国数据产量总规模为 3.9ZB，相当于 3.9 万亿 GB，同比增加 29.3%。按容量算，这些数据可填满 1245 亿个 32GB 的 iPad。人均数据产量为 3TB，相当于每人每天产生超 8 个 GB 的数据，同比增加 25%。据调查显示，每天数以亿计的网络信息被产生、被接收，其中只有 20%的搜索结果是可靠和有用的。

为解决信息过载，信息检索（Information Retrieval，IR）工具——搜索引擎应运而生，搜索引擎根据用户提供的关键词或关键短语列表，与海量的网页内容进行比较，将检索结果返回给用户。搜索引擎在一定程度上缓解了信息过载带来的问题，但在海量的信息中想要找到用户满意的内容也是非常耗时的，用户需要判断这些成千上万条检索中哪些是自己真正需要的，哪些是不需要的。此外，搜索引擎是根据用户提供的关键词或关键短语被动地为用户提供检索结果，不同用户提供的关键词或关键短语相同，检索结果也会相同，未体现出用户的个性化需要。

与信息检索不同，推荐系统根据用户偏好特点，主动为用户提供符合个性化需求的信息内容，而不需要用户提供关键词或关键短语。推荐系统通过挖掘用户历史交互行为，为不同的用户建立用户偏好模型，从而为用户提供可能感兴趣的信息。特别是在移动时代的今天，有时用户只是在闲暇时间想随时随地阅读一些自己感兴趣的新闻，并没有非常明确的目的。

14.1.2　推荐系统的前世今生

个性化推荐系统从 20 世纪 90 年代产生以来，不断吸引国内外研究机构和学者对推荐系统的系统架构、实现策略和应用推广等方面进行大量的研究。施乐公司的 Tapestry 系统被认为是最早的推荐系统，而被普遍认为推荐系统领域产生的标志是 1994 年明尼苏达大学 GroupLens 研究组推出的 GroupLens 新闻推荐系统。该系统的重要贡献是首次提出了基于协同过滤（Collaborative Filtering，CF）的思想。在之后的 20 多年时间，个性化推荐系统就迅速成为人机交互、机器学习、大数据和信息检索等领域的研究热点。此后，基于物品的协同过滤（Item-based Collaborative Filtering，Item-based CF）、基于内容的推荐（Content-based Recommendation）、基于矩阵分解的协同过滤（Matrix Factorization-based Collaborative Filtering，MF-based CF）、基于社交关系的推荐、基于深度学习等一些代表性的推荐算法被提出，推荐系统的发展历程如图 14-1 所示。

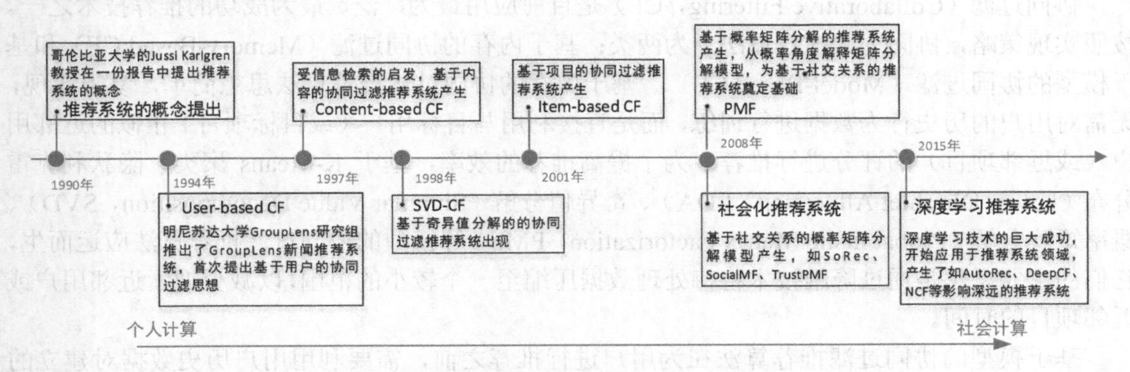

图 14-1　个性化推荐系统发展轨迹及代表性推荐系统

在 2008 年之前，推荐系统的发展是建立在用户行为数据之上的，如点击、购买、收藏等。随着互联网技术与计算机技术的飞速发展，用户行为也随之发生了重要改变，网络社交软件逐渐成为人们生活和学习不可分割的一部分，人们开始从个人计算时代进入社会计算时代，此时社交关系被应用于推荐系统领域，逐渐产生了 SocialMF、TrustPMF 等极具深远影响的推荐系统，这标志着推荐系统进入社会化推荐阶段。

随着计算机技术的发展，深度学习在图像处理、自然语言处理、语音识别等领域的成功，深度学习技术被引入到推荐系统的研究过程。2015 年 AutoRec 的提出，标志着推荐系统的发展进入深度学习阶段，期间也产生了 DeepCF、NCF 等著名的推荐系统。短短的三十多年时间，推荐系统相关技术发生了翻天覆地的变化，推荐系统的性能得到了很大程度的提升，也出现了很多成熟的应用，如电子商务、移动新闻等。目前，我们的日常生活中，推荐系统的影子无处不在，它极大地影响并改变着我们的生活方式。

14.1.3 推荐系统的原理与分类

一个完整的推荐系统由三部分组成：用户、推荐方法和项目资源，如图 14-2 所示。通过分析用户的兴趣偏好，建立用户模型，同时对项目资源建立模型，然后通过推荐算法将个性化信息与项目特征进行比较，从而将推荐结果推荐给用户。其中，推荐算法一直是推荐系统领域中最为核心的部分。

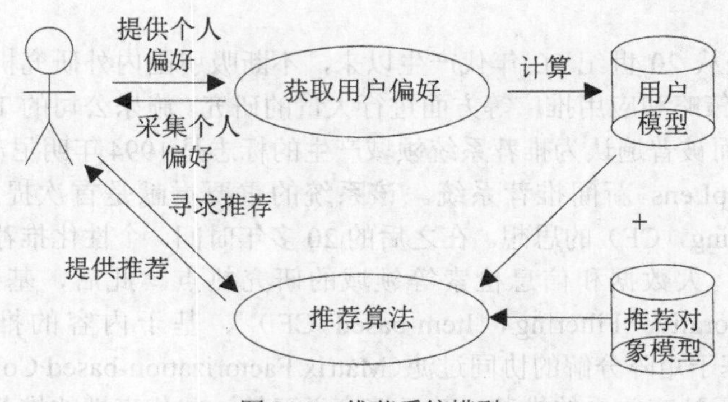

图 14-2　推荐系统模型

协同过滤（Collaborative Filtering，CF）是目前应用最为广泛、最为成功的推荐技术之一。按照实现策略，协同过滤推荐算法分为两类：基于内存的协同过滤（Memory-Based CF）和基于模型的协同过滤（Model-Based CF）。基于内存的协同过滤推荐算法思想简单，易于实现，无需对用户的历史行为数据进行训练，而是直接利用与目标用户（或目标项目）相似的近邻用户（或近邻项目）的评分进行推荐。为了提高推荐的效率，基于 K-Means 聚类、隐狄利克雷分布（Latent Dirichlet Allocation，LDA）、奇异值分解（Singular Value Decomposition，SVD）、概率矩阵分解（Probabilistic Matrix Factorization，PMF）等模型的协同过滤推荐算法应运而生，它们的主要思想是通过降维技术将待处理数据压缩至一个较小的范围，以减少搜索近邻用户或近邻项目的时间。

基于模型的协同过滤推荐算法在为用户进行推荐之前，需要利用用户历史数据对建立的模型进行离线训练，然后根据训练后的模型在线预测用户的兴趣偏好，从而实现推荐。这样既保证了推荐的准确率，又降低了计算时间复杂度。由于基于模型的推荐算法主要计算代价是在离线阶段完成，在线计算工作量较少，可在很短的时间内完成推荐，因此可应用于大规模数据集上。

与基于内存的推荐方法相比，基于模型的推荐方法有效地解决了推荐系统的可扩展性问题。其中，基于矩阵分解的隐因子推荐模型将用户对项目的评分信息映射到低维的用户特征空间和低维的项目特征空间，由于其具有良好的解释性和较高的推荐性能，因此，基于矩阵分解的推荐方法成为近年来的研究热点之一。

目前，随着数据的稀疏性和冷启动问题越发凸显，传统的推荐方法难以准确获取用户的偏好特征，从而无法进行精准的推荐。基于社交网络的推荐方法在建模用户偏好时引入用户的社交关系，改进了传统推荐算法推荐准确性不高的问题。特别是 2009 年哈佛大学教授 Lazer 等人在 *Science* 杂志上提出了计算社会学概念之后，网络上的大量数据，如博客、微博、聊天记录被用于分析个体和群体演化行为模式，为理解人类组织、生活方式和基于社交网络的推荐方法研究提供了理论基础。因此，基于社交网络的推荐方法逐渐成为推荐系统研究领域的一个主流方向。

按照推荐策略和数据来源，推荐算法可分为以下几类：协同过滤推荐、基于内容的推荐、基于关联规则的推荐、基于知识的推荐和基于社交网络的推荐。各类推荐算法的优势及局限性如表 14-1 所示。

表 14-1　各类推荐算法比较

推荐算法	优势	局限性
协同过滤推荐	1. 可挖掘用户潜在的兴趣偏好； 2. 不依赖于项目的属性信息，能处理复杂的非结构化对象	冷启动、稀疏性
基于内容的推荐	1. 对用户兴趣可以很好建模，并通过对商品和用户添加标签，可以获得更好的准确率； 2. 能为具有特殊兴趣爱好的用户进行推荐	1. 依赖于项目的内容属性； 2. 推荐项目的内容单一，难以发现用户的潜在兴趣偏好
基于关联规则推荐	可发现不同物品之间的相关性	规则提取耗时，同义性问题
基于知识的推荐	能考虑到非物品属性并体现用户需求	知识难以获取，推荐是静态的
基于社交网络的推荐	1. 缓解了数据稀疏性和冷启动问题； 2. 准确描述用户的偏好	需要大量的各种类型的数据，模型建立复杂

14.1.4　推荐系统的评估方法

为了评估推荐方法的推荐质量，一些推荐系统的评测方法和评测数据被相继提出。本节将主要介绍推荐系统领域一些常见的数据集和评测方法。

1. 数据集

目前，网络上存在很多用于推荐系统研究的公开数据集，如 Movielens、Epinions、Tencent、Douban、Flixster、Bookcrossing、Ciao、FilmTrust 等。按照是否包含社交关系信息，这些数据可分为两类：具有直接社交关系的数据集和不具有直接社交关系的数据集。Epinions、Tencent、Douban 等包含有社交关系，Movielens 不包含社交关系信息。

（1）Movielens 数据集

Movielens 是推荐算法领域最重要的数据集之一，它由美国明尼苏达大学的 GroupLens 研究团队搜集。该数据集包含来自 943 名用户对 1,682 部电影约 100,000 条评分记录，其中每名用户至少对 20 部电影进行了评价，稀疏度为 93.7%。这些评分为 1~5 之间的整数，评分越高，表明用户越喜欢这部电影。

（2）Epinions 数据集

Epinions 数据集来自于 Epinions.com 站点，该站点是为了促使产品信息的共享，注册用户可以对网站上的物品如食品、图书、电子产品等进行评论和评分，评分范围为 1~5 之间的整数，该数据集包含了 49,289 名用户对 522,139,738 个项目的 598,329 条评分记录，这些项目可分为 25 类。此外，用户还可添加信任用户到信任列表中，信任关系的取值为 0 和 1 的整数，0 表示不信任，1 表示信任。

（3）Tencent 数据集

Tencent 数据集由腾讯微博提供，来自于 2012 年 KDD Cup 的竞赛任务。每名注册用户都可在该平台上发布消息和评论。该数据集抽取了大约 2 亿注册用户的 50 天行为数据，包含了约 200 万活跃用户对 6000 个物品的 3 亿条历史行为记录及用户标签、物品关键字、社会网络等丰富的上下文信息。Tencent 数据集并未包含显式的评分数据，可通过用户对项目的关注、转发和评论等交互信息，间接获取用户对项目的偏好程度，从而预测用户对未知项目的偏好兴趣。

（4）Douban 数据集

Douban 数据集来自于中国最大的社交平台——douban.com 站点，站点中允许每名注册用户分享他们对电影、图书和音乐的观点，每名用户可根据个人喜好对其感兴趣的物品进行评分，评分范围为 1~5 的整数。

2. 评测方法

研究推荐系统的主要目标是以最小的时间代价发现用户潜在的兴趣，并为用户准确推荐可能感兴趣但没有被其发现的物品，帮助产品供应商促销商品，从而提高经济收益，因此提高推荐系统的准确率就成为最重要的目标。推荐系统的主要评测方法包括推荐的准确率、多样性、覆盖率。

平均绝对误差（Mean Absolute Error，MAE）和均方根误差（Root Mean Squared Error，RMSE）是最常用的衡量推荐准确率好坏的方法，通过计算预测评分与真实评分的偏离程度衡量预测结果是否准确。其中，平均绝对误差通过直接计算真实评分和预测评分的平均绝对误差以衡量推荐的准确率。其计算公式如下：

$$\text{MAE}=\frac{\sum_{(u,i)\in R_{test}}|r_{ui}-\hat{r}_{ui}|}{|R_{test}|} \quad \text{（式 14-1）}$$

其中，R_{test} 表示测试集中用户-项目集合，$|R_{test}|$ 表示测试集合中元素的个数。

均方根误差也是通过计算真实评分和预测评分的偏离程度来评估推荐的准确率：

$$\text{RMSE}=\sqrt{\frac{\sum_{(u,i)\in R_{test}}(r_{ui}-\hat{r}_{ui})^2}{|R_{test}|}} \quad \text{（式 14-2）}$$

MAE 和 RMSE 的值越小，说明算法的预测准确率越高。

此外，precision@N(P@N)和 recall@N(R@N)[45, 60]也是常用来评估推荐系统准确率的评价指标。

$$\mathrm{P@}N = \frac{1}{N}\sum_{u=1}^{N}\frac{|\mathrm{Rec}_u \cap Fav_u|}{|\mathrm{Rec}_u|} \quad \text{（式 14-3）}$$

Rec_u 和 Fav_u 分别表示用户 u_u 在测试集上推荐的项目集合和用户真正喜欢的项目集合。我们假定用户 u_u 喜欢的集合为 $Fav_u=\{i\in\Omega(u)|r_{ui}\geqslant 4\}$，其中，$\Omega(u)$表示在测试集中用户 u_u 评分的项目集合。$\|\cdot\|$ 表示集合中的元素个数。

推荐的准确率也可以通过准确率和召回率进行评测。其中，准确率描述的是最终推荐列表中占用户项目评分记录的比例，召回率描述的是用户-项目有多少比例的评分记录包含在最终的推荐列表中。准确率和召回率的评估方法描述如下：

$$\text{precision} = \frac{\sum_u |R(u) \cap T(u)|}{\sum_u |R(u)|} \quad \text{（式 14-4）}$$

$$\text{recall} = \frac{\sum_u |R(u) \cap T(u)|}{\sum_u |T(u)|} \quad \text{（式 14-5）}$$

这里的 $R(u)$表示推荐给用户 u_u 的项目数量，$T(u)$表示在测试集中用户 u_u 喜欢的项目集合。

多样性描述了推荐列表中两个项目的差异，假设 $s(i,j)$ 定义了两个项目 v_i 和 v_j 的相似性，$|R(u)|$ 表示为用户 u_u 推荐列表的长度，那么用户 u_u 的推荐列表的多样性定义如下：

$$\text{Diversity}(R(u)) = 1 - \frac{\sum_{i,j\in R(u)} s(i,j)}{\frac{1}{2}|R(u)|(|R(u)|-1)} \quad \text{（式 14-6）}$$

14.2　基于最近邻的协同过滤推荐算法原理与实现

协同过滤是一种利用集体智慧的典型方法，通过使用近邻（最近邻居）的意见进行信息推荐，可分为两大类：基于用户的协同过滤和基于物品（项目）的协同过滤。基于用户的协同过滤就是通过相似的用户进行推荐，基于物品的协同过滤是通过相似的物品进行推荐。

14.2.1　基于近邻用户的协同过滤推荐

在推荐系统领域，输入数据的形式有两种：用户点击、收藏、购买等隐式交互行为和用户显式的评分信息，由此产生两种推荐方式：Top-N 推荐和用户评分预测。

1. 主要思想

基于近邻用户的协同过滤推荐的主要思想就是利用近邻用户的观点进行推荐，其可以描述为：当需要为一个用户 A 进行个性化推荐时，可先找到和用户 A 有相似兴趣的其他用户（即近邻用户），然后把那些用户喜欢的、而用户 A 没有的物品推荐给 A。大致分为以下步骤：

（1）找到和目标用户 A 兴趣相似的用户集合，即通过计算用户之间的相似度，并根据相似度确定 A 的近邻用户集合。

（2）在该集合中找出用户喜欢的，且用户 A 没有听说过的物品，即根据 A 的近邻用户的行为数据，确定候选项目集合。

（3）根据用户之间的相似度计算目标用户 A 对候选项目感兴趣的程度，并生成推荐列表。

例如，有 3 个用户：用户 A、用户 B、用户 C；4 部电影：电影 1、电影 2、电影 3、电影 4。用户 A 喜欢电影 1、电影 3、电影 4；用户 B 喜欢电影 2、电影 3；用户 C 喜欢电影 1、电影 4，其直观表示如图 14-3 所示。

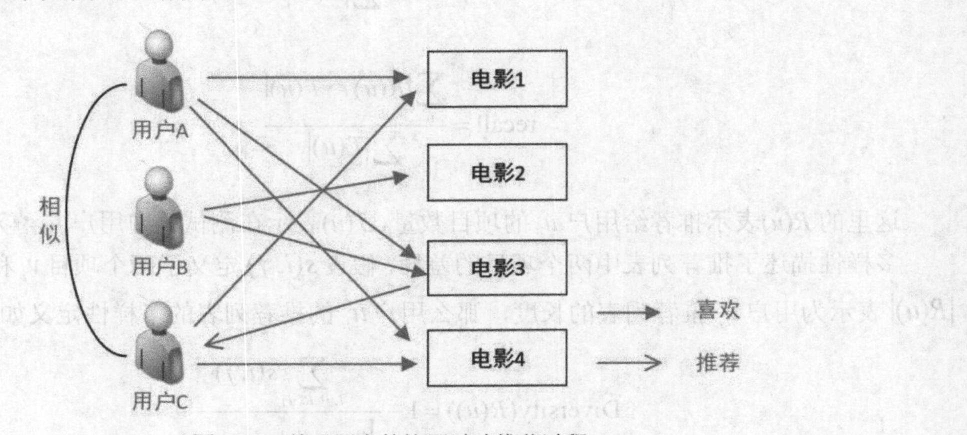

图 14-3 基于用户的协同过滤推荐过程

从图 14-3 中可以看出，用户 A 和用户 C 具有相似关系，以上过程用表 14-2 解释会更直观一些。

表 14-2 基于用户的协同过滤推荐

用户	电影			
	电影 1	电影 2	电影 3	电影 4
用户 A	✓		✓	✓
用户 B		✓	✓	
用户 C	✓		推荐	✓

由于用户 A 喜欢电影 1、电影 3、电影 4，用户 C 喜欢电影 1、电影 4，用户 A 和用户 C 有电影 1 和电影 4 两个共同喜欢的电影，用户 A 和用户 C 有共同的兴趣偏好，因此，用户 C 可能喜欢电影 3，我们为用户 C 推荐电影 3。

2. Top-N 推荐

Top-N 推荐的数据来源一般是隐式的交互行为，这些隐式的行为也可以量化为具体的用户对物品的偏好程度。

（1）获取近邻用户集合

获取近邻用户可通过用户之间的相似性得到，相似性计算公式有 Jaccard、余弦相似性、Pearson 相似性。

$$\text{sim}_{uv}=\frac{|N(u)\cap N(v)|}{|N(u)\cup N(v)|} \quad \text{（式 14-7）}$$

其中，$N(u)$ 和 $N(v)$ 分别表示用户 u 和 v 点击、收藏或购买过的物品（项目）集合，$N(u)\cap N(v)$ 表示用户 u 和 v 都进行过点击、收藏、购买过的物品（项目）集合，$N(u)\cup N(v)$ 表示用户 u 或 v 点击、收藏、购买过的物品（项目）集合。

两个用户对各个项目的评分可分别用 u 和 v 表示，他们的余弦相似性（Cosine Similarity）可通过夹角余弦值度量：

$$\text{sim}_{uv}=\frac{\boldsymbol{u}\cdot\boldsymbol{v}}{\|u\|\times\|v\|}=\frac{\sum_{i=1}^{N}u_i v_i}{\sqrt{\sum_{i=1}^{N}u_i^2}\sqrt{\sum_{i=1}^{N}v_i^2}} \quad \text{（式 14-8）}$$

其中，$u\cdot v$ 表示向量 u 和 v 的点积，$\|u\|$ 表示向量 u 的 2-范数，N 为项目的个数。

对于表 14-2，根据用户 A、用户 B、用户 C 对不同电影的喜欢情况，可利用公式 14-7 计算用户 A 和 C、用户 B 和 C 之间的相似性。

$$\text{sim}_{\text{AC}}=\frac{|N(A)\cap N(C)|}{|N(A)\cup N(C)|}=\frac{2}{4}$$

$$\text{sim}_{BC}=\frac{|N(B)\cap N(C)|}{|N(B)\cup N(C)|}=\frac{0}{4}$$

在得到用户间的相似性后，就可以根据相似性从大到小获得目标用户的近邻集合。对于表 14-2，用户 C 的近邻用户可选择用户 A。

（2）获取候选项目集合

在确定了近邻用户集合后，可根据近邻用户集合中每个用户喜欢的物品与目标用户喜欢的物品进行对比，将目标用户没有发现过的物品作为候选项目集合。对于表 14-2，近邻用户 A 喜欢电影 1、电影 3、电影 4，目标用户 C 喜欢电影 1 和电影 4，因此，将电影 3 作为用户 C 的候选项目。

（3）计算目标用户对项目的兴趣度

根据目标用户的近邻用户集合，通过近邻用户对候选项目的喜欢情况及目标用户与近邻用户的相似性，可得到目标用户对候选项目的感兴趣程度。

$$p_{ui}=\sum\nolimits_{v\in N_u\cap S(i)}\text{sim}_{uv}r_{vi} \quad \text{（式 14-9）}$$

其中，r_{vi} 表示用户 v 对项目 i 的喜欢程度，N_u 表示用户 u 的近邻集合，$S(i)$ 表示对项目 i 有过隐式反馈的用户集合。

对于 Top-N 推荐，用户对项目感兴趣程度没有显式给出，用户是否对项目进行点击、收藏、购买等行为可用 0 或 1 来表示。对于表 14-2，利用式 14-9 可计算出用户 C 对电影 3 的感兴趣程度。

$$p_{C3} = \sum_{A \in N_C \cap S(3)} \text{sim}_{AC} r_{A3} = \frac{2}{4} * 1 = \frac{2}{4}$$

用户 C 的近邻用户集合只有一个近邻用户 A，且该用户只有一个电影 3 是用户 C 未发现的，因此为用户 C 推荐电影 3。

3. 评分预测

对于显式的用户评分，在推荐过程中，通常先利用用户的近邻关系来为目标用户对未知项目进行评分预测，再根据预测评分大小产生推荐列表。与 Top-N 推荐的主要区别体现在计算用户之间的相似性方法与预测评分的方法上。

在实际推荐过程中，通常将不同用户对各项目的评分构成一个用户-项目评分矩阵，例如，一个用户-项目评分矩阵如表 14-3 所示。

表 14-3　用户-项目评分矩阵

用户	项目			
	项目 1	项目 2	项目 3	项目 4
A	5	3	?	5
B	2	5	3	1
C	5	?	2	5
D	3	5	2	?
E	5	2	2	5

（1）用户相似性

对于评分数据，可采用余弦相似性或皮尔逊相关系数（Pearson Correlation Coefficien，PCC）计算两个用户的偏好相似性。

余弦相似性：

$$\text{sim}_{uv} = \frac{\sum_{i \in I_{uv}} r_{ui} r_{vi}}{\sqrt{\sum_{i \in I_{uv}} {r_{ui}}^2} \sqrt{\sum_{i \in I_{uv}} {r_{vi}}^2}} \qquad \text{（式 14-10）}$$

其中，I_{uv} 表示用户 u 和用户 v 有共同评分的项目集合。

若要预测用户 A 对项目 3 的评分，需要先计算出用户 A 与其他用户的相似性，根据相似性获得用户 A 的近邻用户集合。根据公式 14-11，可计算出用户 A 与用户 B、用户 C、用户 D、用户 E 的相似性为：

$$\text{sim}_{AB} = \frac{5\times2+3\times5+5\times1}{\sqrt{(5^2+3^2+5^2)}\sqrt{(2^2+5^2+1^2)}} = \frac{\sqrt{30}}{\sqrt{59}} \approx 0.713$$

$$\mathrm{sim}_{AC}=\frac{5\times5+5\times5}{\sqrt{(5^2+5^2)}\sqrt{(5^2+5^2)}}=1$$

$$\mathrm{sim}_{AD}=\frac{5\times3+3\times5}{\sqrt{(5^2+3^2)}\sqrt{(3^2+5^2)}}=\frac{30}{34}\approx0.882$$ （式 14-11）

$$\mathrm{sim}_{AE}=\frac{5\times5+3\times2+5\times5}{\sqrt{(5^2+3^2+5^2)}\sqrt{(5^2+2^2+5^2)}}=\frac{56}{\sqrt{59\times54}}\approx0.992$$

采用余弦相似性计算两个用户的相似性并没有考虑到用户评分偏好的问题，例如，如果用户 A 和用户 B 对项目的评分分别是(3,3,3)和(5,5,5)，它们的相似性就为 1，而不是我们认为的是小于 1 的某个值，这是因为余弦相似性计算的是两个向量的角度。

采用皮尔逊相关系数计算两个用户的偏好相似性：

$$\mathrm{sim}_{uv}=\frac{\sum_{i\in I_{uv}}(r_{ui}-\overline{r}_u)(r_{vi}-\overline{r}_v)}{\sqrt{\sum_{i\in I_{uv}}(r_{ui}-\overline{r}_u)^2}\sqrt{\sum_{i\in I_{uv}}(r_{vi}-\overline{r}_v)^2}}$$ （式 14-12）

其中，$\overline{r}_u$ 和 $\overline{r}_v$ 分别表示用户 u 和用户 v 对所有评分项目的平均值。皮尔逊相关系数的取值范围为[-1,1]。表 14-3 中，用户 A 与其他用户的皮尔逊相关系数计算如下：

$$\mathrm{sim}_{AB}=\frac{(5-\frac{13}{3})\times(2-\frac{11}{4})+(3-\frac{13}{3})\times(5-\frac{11}{4})+(5-\frac{13}{3})\times(1-\frac{11}{4})}{\sqrt{(5-\frac{13}{3})^2+(3-\frac{13}{3})^2+(5-\frac{13}{3})^2}\sqrt{(2-\frac{11}{4})^2+(5-\frac{11}{4})^2+(1-\frac{11}{4})^2}}$$

$$=\frac{14\sqrt{6}}{3\sqrt{139}}\approx-0.9696$$

$$\mathrm{sim}_{AC}=\frac{(5-\frac{13}{3})\times(5-3)+(5-\frac{13}{3})\times(5-3)}{\sqrt{(5-\frac{13}{3})^2+(5-\frac{13}{3})^2}\sqrt{(5-3)^2+(5-3)^2}}=1$$ （式 14-13）

$$\mathrm{sim}_{AD}=\frac{(5-\frac{13}{3})\times(3-\frac{10}{3})+(3-\frac{13}{3})\times(5-\frac{10}{3})}{\sqrt{(5-\frac{13}{3})^2+(3-\frac{13}{3})^2}\sqrt{(3-\frac{10}{3})^2+(5-\frac{10}{3})^2}}=\frac{11}{6\sqrt{13}}\approx0.5085$$

$$\mathrm{sim}_{AE}=\frac{(5-\frac{13}{3})\times(5-\frac{7}{2})+(3-\frac{13}{3})\times(2-\frac{7}{2})+(5-\frac{13}{3})\times(5-\frac{7}{2})}{\sqrt{(5-\frac{13}{3})^2+(3-\frac{13}{3})^2+(5-\frac{13}{3})^2}\sqrt{(5-\frac{7}{2})^2+(2-\frac{7}{2})^2+(5-\frac{7}{2})^2}}=\frac{2\sqrt{2}}{3}\approx0.943$$

当取值为负数时，说明两者是负相关；当取值为正数时，说明两者是正相关。

（2）用户对项目的预测评分

用户 u_u 对项目 i_i 的预测计算公式如下：

$$\hat{r}_{ui} = \overline{r}_u + \frac{\sum_{v \in N_u} sim_{uv}(r_{vi} - \overline{r}_v)}{\sum_{v \in N_u} w_{uv}} \quad \text{（式 14-14）}$$

如果选择近邻数为 3，利用余弦相似性预测用户 A 对项目 2 的评分：

$$\hat{r}_{A3} = \frac{13}{3} + \frac{1 \times (2-3) + 0.992 \times (2-3.5) + 0.882 \times (2-\frac{10}{3})}{(1+0.992+0.882)} \approx 3.072 \quad \text{（式 14-15）}$$

若选择近邻数为 2，利用皮尔逊相关系数预测用户 A 对项目 3 的评分：

$$\hat{r}_{A3} = \frac{13}{3} + \frac{1 \times (2-3) + 0.943 \times (2-3.5)}{(1+0.943)} \approx 3.091 \quad \text{（式 14-16）}$$

4. 算法实现

【例 14-1】根据下面的用户对电影的评分数据，利用基于用户的协同过滤推荐算法为用户“冯小宁”推荐可能喜欢的影片。评分数据用 Python 字典表示如下：

```
{'刘娜': {'马迭尔旅馆的枪声': 2.5, '长津湖': 3.5,'集结号': 3.0,
'今年这个夏天有异性': 3.5, '东京爱情攻略': 2.5,'熊出没': 3.0},
'吴林': {'马迭尔旅馆的枪声': 3.0, '长津湖': 3.5, '集结号': 1.5,
'今年这个夏天有异性': 5.0, '熊出没': 3.0,'东京爱情攻略': 3.5},
'冯小宁':{'马迭尔旅馆的枪声': 2.5, '长津湖': 4.0,
'今年这个夏天有异性': 3.5,'熊出没': 4.0},
'李明明': {'长津湖': 3.5, '手机': 4.0,'熊出没': 4.5,
'今年这个夏天有异性': 4.0,'东京爱情攻略': 2.5},
'王弘亮': {'马迭尔旅馆的枪声': 3.0, '长津湖': 4.0,'集结号': 2.0,
'今年这个夏天有异性': 3.0, '熊出没': 3.0,'东京爱情攻略': 2.0},
'黄美玲': {'马迭尔旅馆的枪声': 3.0, '长津湖': 4.0,'熊出没': 3.0,
'今年这个夏天有异性': 5.0, '东京爱情攻略': 3.5},
'康全宝': {'长津湖': 4.5, '东京爱情攻略': 1.0, '今年这个夏天有异性': 4.0}}
```

```python
from math import sqrt,pow
import operator
class UserCF():
    #初始化数据
    def __init__(self,data):
        self.data=data

    #计算两个用户的皮尔逊相关系数
    def pearson(self,u1,u2):
        sum_xy=0.0
        n=0
        sum_12=0.0
```

```
        sum_22=0.0

        r1_ave = float(sum(u1.values())) / len(u1)
        r2_ave = float(sum(u1.values())) / len(u1)
        try:
            for m1,r1 in u1.items():
                if m1 in u2.keys():#计算公共的电影的评分
                    n+=1
                    sum_xy+=(r1-r1_ave)*(u2[m1]-r2_ave)
                    sum_12+=pow(r1-r1_ave,2)
                    sum_22+=pow(u2[m1]-r2_ave,2)
            f=sqrt(sum_12)*sqrt(sum_22)
            r=sum_xy/f
        except Exception.e:
            print ("异常信息:",e.message)
            return None
        return r

    #计算与当前用户的距离，获得最临近的用户
    def get_nearst_user(self,users,n=1):
        similarity_user={}#用户相似度
        for user2,item2 in self.data.items():#遍历数据集
            if user2 not in users:#非当前用户
                similarity=self.pearson(self.data[users],self.data[user2])#计算两
个用户的相似度
                similarity_user[user2]=similarity
            sorted_similarity=sorted(similarity_user.items(),
                    key=operator.itemgetter(1),reverse=True)#最相似的 N 个用户
            print ("排序后的用户为：",sorted_similarity)
            return sorted_similarity[:n]

    #为用户推荐电影
    def recomand2(self,user,n=1):
        item={}
        ave=dict()
        w_uv={}
        for near_u,s in dict(self.get_nearst_user(user,n)).items():#最相近的 N 个用户
            print ("推荐的用户：",(near_u,s))
            print(self.data[near_u],len(near_u))
            pre_rating=0.0
            for m,ratings in self.data[near_u].items():#推荐的用户的电影列表
                if m not in self.data[user].keys():#当前 user 没有看过
                    if m not in item.keys():
                        item[m]={}
                    item[m][near_u]=ratings
            ave[near_u]= float(sum(self.data[near_u].values())) / len(near_u)
            w_uv[near_u]=self.pearson(self.data[user],self.data[near_u])
        print(item)
        pre_ratings=dict()
        for key,info in item.items():
            fenzi=0.0
            fenmu=0.0
            print(key,info)
            for i in info:
```

```
            print(ave[i])
            print(item[key][i])
            fenzi+=w_uv[i]*(item[key][i]-ave[i])
            fenmu+=w_uv[i]
        pre_rating=ave[i]+fenzi/fenmu
        #print('预测评分：',pre_rating)
        pre_ratings[key]=pre_rating
    return
sorted(pre_ratings.items(),key=operator.itemgetter(1),reverse=True)#对推荐的结果按电影评分排序

if __name__=='__main__':
    user_item_ratings = {
            '刘娜': {'马迭尔旅馆的枪声': 2.5, '长津湖': 3.5,
                    '集结号': 3.0, '今年这个夏天有异性': 3.5, '东京爱情攻略': 2.5,
                    '熊出没': 3.0},
            '吴林': {'马迭尔旅馆的枪声': 3.0, '长津湖': 3.5,
                   '集结号': 1.5, '今年这个夏天有异性': 5.0, '熊出没': 3.0,
                   '东京爱情攻略': 3.5},
            '冯小宁': {'马迭尔旅馆的枪声': 2.5, '长津湖': 4.0,
                    '今年这个夏天有异性': 3.5, '熊出没': 4.0},
            '李明明': {'长津湖': 3.5, '手机': 4.0,
                    '熊出没': 4.5, '今年这个夏天有异性': 4.0,
                    '东京爱情攻略': 2.5},
            '王弘亮': {'马迭尔旅馆的枪声': 3.0, '长津湖': 4.0,'集结号': 2.0,
                  '今年这个夏天有异性': 3.0, '熊出没': 3.0,'东京爱情攻略': 2.0},
            '黄美玲': {'马迭尔旅馆的枪声': 3.0, '长津湖': 4.0,
                   '熊出没': 3.0, '今年这个夏天有异性': 5.0, '东京爱情攻略': 3.5},
            '康全宝': {'长津湖': 4.5, '东京爱情攻略': 1.0, '今年这个夏天有异性': 4.0}
            }
    cf_user=UserCF(data=user_item_ratings)
    recommand_list=cf_user.recomand2('冯小宁', 2)
    print ("最终推荐：%s"%recommand_list)
```

程序运行结果如下：

```
    排序后的用户为： [('康全宝', 0.8944271909999159), ('李明明', 0.6324555320336759),
('刘娜', 0.5477225575051661), ('王弘亮', 0.4082482904638631), ('黄美玲',
0.23570226039551587), ('吴林', 0.12309149097933275)]
    推荐的用户： ('康全宝', 0.8944271909999159)
    {'长津湖': 4.5, '东京爱情攻略': 1.0, '今年这个夏天有异性': 4.0} 3
    推荐的用户： ('李明明', 0.6324555320336759)
    {'长津湖': 3.5, '手机': 4.0, '熊出没': 4.5, '今年这个夏天有异性': 4.0, '东京爱情攻
略': 2.5} 3
    {'东京爱情攻略': {'康全宝': 1.0, '李明明': 2.5}, '手机': {'李明明': 4.0}}
    {'东京爱情攻略': 3.3786796564403576, '手机': 4.0}
    最终推荐：[('手机', 4.0), ('东京爱情攻略', 3.3786796564403576)]
```

提　示

由于基于协同过滤的推荐算法的主要思想来源于集体智慧，《集体智慧编程》这本书就是从集体智慧的角度来介绍推荐系统。

14.2.2　基于近邻项目的协同过滤推荐

基于物品（项目）的协同过滤与基于用户的协同过滤的原理类似。区别在于：基于项目的协同过滤是通过计算项目（物品）的相似性进行推荐。在实际的电子商务平台上，物品的个数远远小于用户的数量，且物品的个数和相似度相对更加稳定，因此，基于近邻项目的方法实时性会更好。

1. 主要思想

基于近邻项目的协同过滤推荐基于这样的假设：用户过去喜欢某类项目，将来还会喜欢类似相关的项目。在这样假设的前提下进行推荐，主要思想为：将所有用户对某个物品的偏好作为一个向量来计算物品之间的相似度，得到物品的相似物品集合后，根据用户历史的偏好为他推荐相似的物品。

假设有 3 个用户：A、B、C，4 部电影：电影 1、电影 2、电影 3、电影 4，用户对电影的喜欢情况如图 14-4 所示。

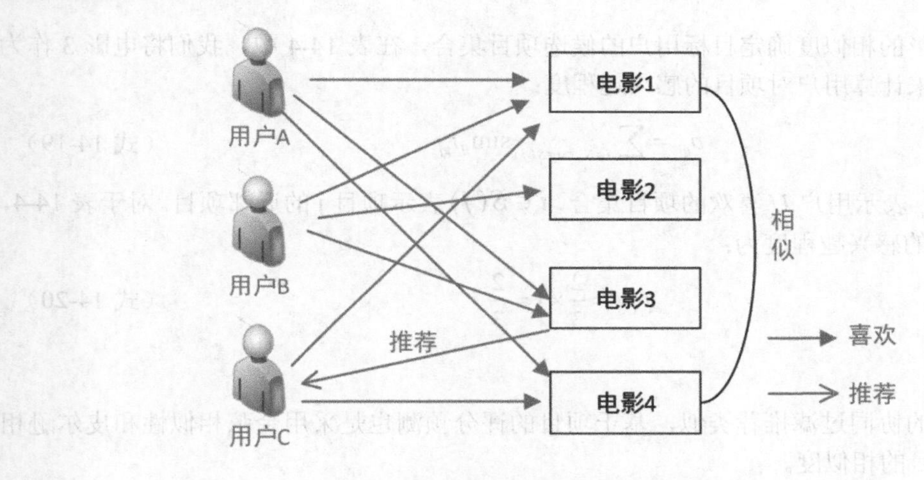

图 14-4　基于项目的协同过滤推荐

用户对电影的喜欢情况可用表 14-4 所示。

表 14-4　基于用户的协同过滤推荐

用户	电影 1	电影 2	电影 3	电影 4
用户 A	✓		✓	✓
用户 B	✓	✓	✓	推荐
用户 C	✓		推荐	✓

我们将不同用户对某个物品的喜欢情况看作是该物品的特征，这样可以得到所有物品的特征，从而得到每对物品之间的相似性，根据物品的相似性大小，为用户推荐可能感兴趣的物品。例如，从表 14-4 可以看出，每个用户都喜欢电影 1，由此可以得到电影 1 的特征向量（1,1,1），这里用 1 表示喜欢，0 表示不喜欢。同理，用户 A 和用户 B 也都喜欢电影 3，由此得到电影 3 的特征向量（1,1），电影 1 和电影 3 有两个共同用户对他们进行选择，基于前提假设：用户

过去喜欢某类项目，将来还会喜欢类似相关的项目，电影 1 和电影 3 应该是相似的。用户 C 喜欢电影 1，我们断定，用户 C 也一定会喜欢电影 3，因此，我们为用户 C 推荐电影 3。

2. Top-N 推荐

对于基于项目的协同过滤推荐，也分为基于 Top-N 推荐和基于用户评分预测。对于基于项目的 Top-N 推荐，仍然采用余弦相似性计算两个项目的相似度。

$$\mathrm{sim}_{ij}=\frac{|N(i)\cap N(j)|}{|N(i)\cup N(j)|}\qquad（式 14-17）$$

其中，sim_{ij} 表示项目 i 和 j 的相似度，$N(i)$ 和 $N(j)$ 分别表示喜欢项目 i 和 j 的用户集合，$N(i)\cap N(j)$ 为对项目 i 和项目 j 都喜欢的用户集合。

对于表 14-4，电影 1 和电影 3 的相似度为：

$$\mathrm{sim}_{13}=\frac{|N(1)\cap N(3)|}{|N(1)\cup N(3)|}=\frac{2}{3}\qquad（式 14-18）$$

然后根据电影的相似度确定目标用户的候选项目集合，在表 14-4 中，我们将电影 3 作为候选项目。接下来计算用户对项目的感兴趣程度：

$$p_{ui}=\sum_{j\in N_u\cap i\in S(j)}\mathrm{sim}_{ij}r_{uj}\qquad（式 14-19）$$

其中，$j\in N_u$ 表示用户 U 喜欢的项目集合，$i\in S(j)$ 表示项目 j 的近邻项目。对于表 14-4，用户 C 对电影 3 的感兴趣程度为：

$$p_{C3}=\frac{2}{3}\times 1=\frac{2}{3}\qquad（式 14-20）$$

3. 评分预测

与基于用户的协同过滤推荐类似，基于项目的评分预测也是采用余弦相似性和皮尔逊相关系数法计算项目的相似度。

余弦相似度：

$$\mathrm{sim}_{ij}=\frac{\sum_{u\in N_i\cap N_j}r_{ui}r_{uj}}{\sqrt{\sum_{u\in N_i}r_{ui}^2\sum_{v\in N_j}r_{vj}^2}}\qquad（式 14-21）$$

皮尔逊相关系数：

$$\mathrm{sim}_{ij}=\frac{\sum_{u\in N_i\cap N_j}(r_{ui}-\bar{r}_i)(r_{uj}-\bar{r}_j)}{\sqrt{\sum_{u\in N_i\cap N_j}(r_{ui}-\bar{r}_i)^2\sum_{u\in N_i\cap N_j}(r_{uj}-\bar{r}_j)^2}}\qquad（式 14-22）$$

例如，有以下用户-项目评分矩阵如表 14-5 所示。

表 14-5　用户-项目评分矩阵

用户	项目			
	项目 1	项目 2	项目 3	项目 4
A	4	3	?	5
B	3	4	3	3
C	5	?	4	5
D	2	3	2	?
E	4	2	3	3

为了预测用户 A 对项目 3 的评分，下面利用皮尔逊相关系数计算项目 3 与其他各个项目的相似度。

$$\mathrm{sim}_{31}=\frac{(3-3.6)\times(3-3)+(5-3.6)\times(4-3)+(2-3.6)\times(2-3)+(4-3.6)\times(3-3)}{\sqrt{(3-3.6)^2+(5-3.6)^2+(2-3.6)^2+(4-3.6)^2}\sqrt{(3-3)^2+(4-3)^2+(2-3)^2+(3-3)^2}}$$

$$=\frac{0+1.4\times1+1.6\times1}{\sqrt{(0.6)^2+(1.4)^2+(1.6)^2+(0.4)^2}\sqrt{0^2+1^2+1^2+0^2}}\approx 0.945$$

$$\mathrm{sim}_{32}=\frac{(4-3)\times(3-3)+(3-3)\times(2-3)+(2-3)\times(3-3)}{\sqrt{(4-3)^2+(3-3)^2+(2-3)^2}\sqrt{(3-3)^2+(2-3)^2+(3-3)^2}}=0 \quad （式 14-23）$$

$$\mathrm{sim}_{34}=\frac{(3-3)\times(3-4)+(4-3)\times(5-4)+(3-3)\times(3-4)}{\sqrt{(3-3)^2+(4-3)^2+(3-3)^2}\sqrt{(3-4)^2+(5-4)^2+(3-4)^2}}=\frac{1}{\sqrt{3}}\approx 0.577$$

类似地，根据项目相似性预测用户对项目的评分如下：

$$\hat{r}_{ui}=\bar{r}_i+\frac{\sum_{j\in N_i} sim_{ij}\times(r_{uj}-\bar{r}_j)}{\sum_{j\in N_i} sim_{ij}} \quad （式 14-24）$$

其中，$\bar{r}_i$ 为项目 i 的平均评分。对于表 14-5，假设我们选择项目 1 和项目 4 作为项目 3 的近邻项目集合，则预测用户 A 对项目 3 的评分：

$$\hat{r}_{A3}=3+\frac{0.945\times(4-3.6)+0.577\times(5-4)}{0.945+0.577}=3.627 \quad （式 14-25）$$

4．算法实现

基于 Top-N 的近邻项目推荐和评分预测的核心在于对观测到（有购买、浏览、收藏等交互行为）的项目计算相似度和评分预测。对于电影评分数据，其存储形式如下：

```
UserID,MovieID,Rating,Timestamp
1,1193,5,978300760
1,661,3,978302109
1,914,3,978301968
1,3408,4,978300275
1,2355,5,978824291
1,1197,3,978302268
…
```

若采用公式 14-21 计算余弦相似度，需要先找到有共同交互行为的项目数量，然后计算用户对项目的喜欢程度，再进行推荐。

```
#基于 Top-N 的近邻项目推荐
import random
import math
#共现矩阵

def get_comm_mat(self):
    item_count_by_user = {}  #对于每个项目，评价过该项目的用户数量
    comm_mat = {}  #共现矩阵
    for u, item in self.train_data.items():
        for i in item.keys():
            item_count_by_user.setdefault(i, 0)
            if self.train_data[str(u)][i] > 0.0:
                item_count_by_user[i] += 1
            for j in item.keys():
                comm_mat.setdefault(i, {}).setdefault(j, 0)
                if self.train_data[str(u)][i] > 0.0 and
self.train_data[str(u)][j] > 0.0 and i != j:
                    comm_mat[i][j] += 1
    return comm_mat,item_count_by_user

#计算项目之间的相似度
def get_item_similarity(self,comm_mat,item_count_by_user):
    sim = {}
    for item_i, com_i in comm_mat.items():
        sim.setdefault(item_i, dict())
        for item_j, com_count in com_i.items():
            sim[item_i].setdefault(item_j, 0)
            sim[item_i][item_j] = com_count /
math.sqrt(item_count_by_user[item_i] * item_count_by_user[item_j])
    return sim
def compute_pearson_similarity(ratings_mat):
    similarity = ratings_mat.corr()
    return similarity

def recommend(self, u, sim, k=6, n=20):
    recommended_list = {}
    items_by_u = self.train_data.get(u, {})
    for i, r_i in items_by_u.items():
        sim_sorted=sorted(sim[i].items(), key=lambda x: x[1],
reverse=True)[0:k]
        for j, sim_ij in sim_sorted:
            if j in items_by_u:
                continue
            recommended_list.setdefault(j, 0)
            recommended_list[j] += r_i * sim_ij
    return dict(sorted(recommended_list.items(), key=lambda x: x[1],
reverse=True)[0:n])

if __name__ == "__main__":
    rs_item_based = CF_Item_RS("./data/ratings.csv")
    comm_mat, item_count_by_user=rs_item_based.get_comm_mat()
    sim=rs_item_based.get_item_similarity(comm_mat,item_count_by_user)
    print("为用户 2 推荐的项目：{}".format(rs_item_based.recommend("2",sim)))
```

程序运行结果如下：

```
为用户2推荐的项目:{'733': 36.09323493579983, '377': 35.296499937226905, '1580':
29.374655302009185, '1240': 22.107109365121126, '1704': 20.845600737335186,
'260': 20.747574695734198, '608': 19.042372728481975, '1608': 19.008698839983765,
'296': 16.516080033925903, '2028': 13.339209780066213, '1393':
13.246315495190451, '2762': 13.025313285248927, '1952': 11.560862360404347,
'1225': 11.073475208028352, '316': 10.910350742718334, '923': 10.73868831170721,
'912': 10.641581729224118, '1302': 10.598075695651072, '1084': 9.525611066561156,
'1036': 9.496305011052797}
```

若采用皮尔逊相关系数度量项目间的相似，则需要筛选出共同评分项目，并且计算这些项目的平均分，然后估计用户对项目的预测评分，最后根据预测评分进行推荐。

```
#基于Top-N的近邻项目推荐
import random
import math

#皮尔逊相关系数
def pearson_sim(vec_a, vec_b,ave1,ave2):
    fenzi=0.0
    fenmu1=0.0
    fenmu2=0
    for i in range(len(vec_a)):
        fenzi+=(float)((vec_a[i,0]-ave1)*(vec_b[i,0]-ave2))
        fenmu1+=float((vec_a[i,0]-ave1)*(vec_a[i,0]-ave1))
        fenmu2+=float((vec_b[i,0]-ave2)*(vec_b[i,0]-ave2))
    return fenzi/(np.sqrt(fenmu1*fenmu2))
#计算项目相似性
def evalute(rating, user, item):
    #商品数目
    n = shape(rating)[1]
    fenzi=0.0
    fenmu=0.0
    for j in range(n):
        #用户对某个物品的评分
        userRating = rating[user, j]
        if userRating == 0:
            continue
        else:
            comm_rating= nonzero(logical_and(rating[:, item].A > 0, rating[:,
j].A > 0))[0]
            if len(comm_rating) == 0:
                similarity = 0
            #计算comm_rating矩阵的相似度
            else:
                rated_items_index = nonzero(rating[:, item].A > 0)[0]
                ave1=rating[rated_items_index, item].mean(axis=0) #求列平均值
                rated_items_index2 = nonzero(rating[:, j].A > 0)[0]
                ave2 = rating[rated_items_index2, j].mean(axis=0)  #求列平均值
                    similarity = pearson_sim(rating[overLap, item], \
                                rating[overLap, j],ave1[0,0],ave2[0,0])
                fenzi+=(float)(rating[user,j]-ave2)
                fenmu+=(float)(rating[user,j])
            pre_rating=ave1+fenzi/fenmu
```

```
            print('the %d and %d similarity is:%f' % (item, j, similarity))
            return pre_rating
#为某个用户生成推荐列表
def recommend(ratings, u, N=3):
    unrated_items_index = nonzero(ratings[u, :].A == 0)[1]  #第u行中等于0的元素
    if len(unrated_items_index) == 0:
        return 'you rated everything'

    item_ratings_list = []
    for item in unrated_items_index:
        pre_rating = evalute(ratings, u, item)
        #将项目编号和预测评分存放在列表中
        item_ratings_list.append((item, pre_rating))

    #按倒序返回推荐列表
    return sorted(item_ratings_list, key=lambda k: k[1], reverse=True)[:N]

if __name__ == '__main__':
    myrating = mat(load_ratingdata())
    print(recommend(myrating, 0))
    x=myrating[ :,2].A > 0
    print(x)
```

程序运行结果如下：

```
the 2 and 0 similarity is:0.944911
[(2, 3.1]
```

提　示

基于用户和项目的协同过滤推荐方法思想简单、解释性强、易于实现，但处理稀疏数据能力较弱。在实际的电子商务系统中，由于目前绝大多数商品很少有用户会访问到，只有极少数商品才会被大多数用户关注，即数据分布的长尾效应，这导致用户评分数矩阵的极度稀疏，用户或项目相似度难以估计或不准确，从而直接影响推荐质量。

14.3 基于隐语义分析的推荐模型

前面介绍的基于用户和项目的协同过滤推荐算法属于基于内存的推荐方法，其算法思想简单、易于实现，但有在线计算时间长、可扩展性不好、易受到数据稀疏影响等不足的问题。为了能更好地在数据极度稀疏的情况下进行预测，同时增强推荐系统的泛化能力，一种隐语义分析（Latent Factor Model，LFM）的推荐模型被提出，其核心思想是通过一些隐藏的特征来刻画用户的兴趣与物品的联系，就是假设一个用户可能有不同的兴趣偏好，而每个物品具有不同的属性特征，用户对物品喜欢的程度取决于用户的偏好与物品属性的特征吻合度。

我们还是拿电影推荐来解释这个原理，我们知道，每个人都有自己喜欢的影片，比如用户 A 喜欢含有悬疑、动作、战争元素类型的影片，若影片 1 也带有这些标签，则将该影片推

荐给用户 A。每个人对不同元素类型的偏好不同，每个电影包含的元素也不同，如果我们将每个人对影片的偏好程度表示为一个用户特征因子向量，也把每部影片具有的标签也标记为一个电影特征因子向量，这样对所有的用户和影片来说，就可以表示为用户特征因子矩阵和影片特征因子矩阵。例如，一个用户特征因子矩阵和电影特征因子矩阵如表 14-6、表 14-7 所示。

表 14-6　用户特征因子矩阵

用户	特征			
	悬疑	动作	战争	爱情
用户 A	0.7	0.6	0.6	0.3
用户 B	0.3	0.5	0.4	0.6
用户 C	0.2	0.3	0.5	0.5

表 14-7　电影特征因子矩阵

特征	电影			
	电影 1	电影 2	电影 3	电影 4
悬疑	0.5	0.4	0.4	0
动作	0.3	0.3	0.1	0.2
战争	0	0.2	0.2	0.1
爱情	0.2	0.1	0.3	0.7

根据表 14-6 和表 14-7，我们可以得到用户对电影的喜欢程度，例如，用户 A 喜欢电影 1 的程度：

$$0.7\times0.5+0.6\times0.3+0.6\times0+0.3\times0.2=0.59$$

用户 A 喜欢电影 2 的程度：

$$0.7\times0.4+0.6\times0.3+0.6\times0.2+0.3\times0.1=0.61$$

类似地，还可以得到用户 A 对电影 3、电影 4 的喜欢程度，以及其他用户对各个影片的喜欢程度。

以上推荐过程就是如何得到用户潜在因子矩阵和项目潜在因子矩阵，这其实可利用矩阵分解（Matrix Factorization）技术来获得。假设用户-项目评分矩阵为 R，用户潜在因子矩阵为 P，项目潜在特征因子矩阵为 Q，则有：

$$R \approx PQ^T \qquad \text{（式 14-26）}$$

其中，R 为已知矩阵，P 和 Q 是需要我们所要求解的矩阵。为了得到最优的 P 和 Q，我们采用最小二乘法，使真实值 R 与预测值 $\hat{R}$ 的误差最小，即：

$$L=\min\left\|R-\hat{R}\right\|=\min\sum_{i\leqslant m,j\leqslant n}(r_{ij}-\sum_{k=1}^{K}p_{ik}q_{kj})^2 \qquad \text{（式 14-27）}$$

其中，K 为隐因子个数。为了求 L，可利用梯度下降法训练参数：

$$\frac{\partial L}{\partial p_{ik}}=-2\left(r_{ij}-\sum_{k=1}^{K}p_{ik}q_{kj}\right)q_{kj} \qquad \text{（式 14-28）}$$

$$\frac{\partial L}{\partial q_{kj}} = -2\left(r_{ij} - \sum_{k=1}^{K} p_{ik} q_{kj}\right) p_{ik} \qquad \text{（式 14-29）}$$

参数 p_{ik} 和 q_{kj} 可通过以下公式更新得到：

$$p_{ik} = p_{ik} - \eta \frac{\partial L}{\partial p_{ik}} = p_{ik} + 2\lambda\left(r_{ij} - \sum_{k=1}^{K} p_{ik} q_{kj}\right) q_{kj} \qquad \text{（式 14-30）}$$

$$q_{kj} = q_{kj} - \eta \frac{\partial L}{\partial q_{kj}} = q_{kj} + 2\lambda\left(r_{ij} - \sum_{k=1}^{K} p_{ik} q_{kj}\right) p_{ik} \qquad \text{（式 14-31）}$$

其中，λ 为学习率。

为了避免过拟合，提高模型的泛化能力，通常在模型中添加正则化项：

$$L = \min\left\|R - \hat{R}\right\| = \min \sum_{i \leqslant m, j \leqslant n} \left(r_{ij} - \sum_{k=1}^{K} p_{ik} q_{kj}\right)^2 + \eta\left(\|P\|_F^2 + \|Q\|_F^2\right) \qquad \text{（式 14-32）}$$

其中，η 为正则化系数，$\|P\|_F^2 + \|Q\|_F^2$ 为正则化项。参数 p_{ik} 和 q_{kj} 迭代过程如下：

$$p_{ik} = p_{ik} - \eta \frac{\partial L}{\partial p_{ik}} = (1 - 2\lambda\eta) p_{ik} + 2\lambda\left(r_{ij} - \sum_{k=1}^{K} p_{ik} q_{kj}\right) q_{kj} \qquad \text{（式 14-33）}$$

$$q_{kj} = q_{kj} - \eta \frac{\partial L}{\partial q_{kj}} = (1 - 2\lambda\eta) q_{kj} + 2\lambda\left(r_{ij} - \sum_{k=1}^{K} p_{ik} q_{kj}\right) p_{ik} \qquad \text{（式 14-34）}$$

例如，一个矩阵分解的例子如图 14-5 所示。

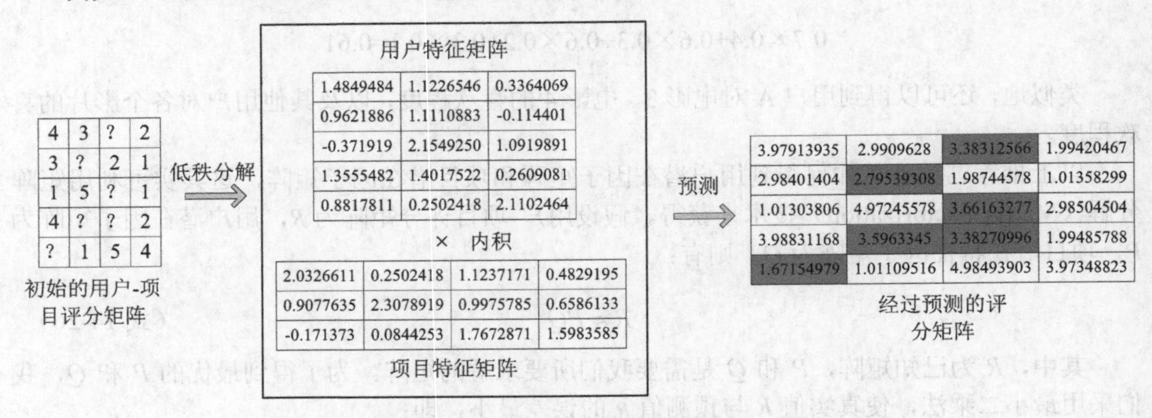

图 14-5　一个矩阵分解的例子

算法实现如下：

```
import numpy as np
import matplotlib.pyplot as plt
def matrix_factorization (rating, p,q,k, lr, lambta):
    '''利用梯度下降法分解矩阵
```

```
    参数: rating:用户项目评分矩阵，k:隐特征个数
            lr:学习率，lambta:正则化参数
        输出为 p,q:分解后的低秩矩阵
    '''
    m, n = np.shape(rating)
    for i in range(m):
        for j in range(n):
            if rating [i][j] > 0:
                err = rating [i][j]
                for t in range(k):
                    err = err - p[i,t] * q[t,j]
                for t in range(k):
                    #梯度
                    p[i,t] = p[i,t] + lr * (2 * err * q[t,j] - lambta * p[i,t])
                    q[t,j] = q[t,j] + lr * (2 * err * p[i,t] - lambta * q[t,j])
    return p, q

def get_loss(rating,p,q,k,lambta):
    #损失函数
    m, n = np.shape(rating)
    loss = 0.0
    for i in range(m):
        for j in range(n):
            if rating [i][j] > 0:
                err = 0.0
            for t in range(k):
                 err = err + p[i,t] * q[t,j]
            loss = (rating [i][j] - err) * (rating [i][j] - err)
            for t in range(k):
                 loss = loss + lambta * (p[i,t] * p[i,t] + q[t,j] * q[t,j]) / 2
    return loss

def train(rating,k,lr=0.0001,lambta=0.01,max_iters=5000):
    m, n = np.shape(rating)
    print(m,n)
    error_list=[]
    #初始化 p 和 q
    p = np.mat(np.random.random((m, k)))
    q = np.mat(np.random.random((k, n)))
    for iter in range(iters):
        p,q=matrix_factorization(rating,p,q,k,lr,lambta)
        loss=get_loss(rating,p,q,k,lambta)
        if loss < 0.001:
            break
        if iter % 1000 == 0:
            print("迭代次数: ", iter, " 损失值: ", loss)
        error_list.append(loss)
    return p,q,error_list

def predict(rating, p, q, u):
    #预测用户 u 未观测到的项目评分
    #p 和 q 分别为用户隐因子特征矩阵和项目隐因子特征矩阵
    predict_dict = {}
    n = np.shape(rating)[1]
```

```
    for i in range(n):
        if rating [u][i] == 0:
            predict_dict[i] = (p[u,:] * q[:, i])[0, 0]
    #按评分值从大到小排序
    return sorted(predict_dict.items(), key=lambda x: x[1], reverse=True)

def recommend(pre_list, k):
    #pre_list 为排好序的项目列表，k 为推荐的项目数量
    recommend_list = []  #推荐列表
    len = len(pre_list)
    if k >= len:
        recommend_list = pre_list
    else:
        for i in range(k):
            recommend_list.append(pre_list[i])
    return recommend_list

if __name__ == "__main__":
    print( "用户-项目评分矩阵")
    ratings=[[5,3,0,3,0],
             [3,0,3,0,5],
             [4,2,4,0,3],
             [4,3,0,2,0],
             [0,4,3,0,5]]
    print(np.mat(rating_matrix))
    #利用梯度下降法对矩阵进行分解
    print("训练")
    p, q,error_list = train(ratings, 5)
    #分解后
    print(p)
    #预测
    print("预测评分")
    pre_list = predict(ratings, p, q, 0)
    #进行 Top-N 推荐
    print("推荐")
    recom_result = recommend(pre_list, 2)
    print(recom_result)
    print("预测的评分矩阵")
    print(p * q)
    #画图
    plt.plot(range(len(error_list)), error_list)
    plt.xlabel("iterations")
    plt.ylabel("loss")
    plt.show()
```

程序运行结果如下：

```
用户-项目评分矩阵
[[5 3 0 3 0]
 [3 0 3 0 5]
 [4 2 4 0 3]
 [4 3 0 2 0]
 [0 4 3 0 5]]
训练
```

```
[[5, 3, 0, 3, 0], [3, 0, 3, 0, 5], [4, 2, 4, 0, 3], [4, 3, 0, 2, 0], [0, 4, 3, 0, 5]]
迭代次数： 0  损失值： 13.561690756251004
迭代次数： 1000  损失值： 0.10343253879074112
迭代次数： 2000  损失值： 0.1194863821672670l
迭代次数： 3000  损失值： 0.1253532078403076
迭代次数： 4000  损失值： 0.11730824185649366
[[0.87049573 1.10886327 1.21117019 0.82898328 0.79767619]
 [0.02272607 0.91904752 0.60759348 0.38373234 1.75942269]
 [1.36275786 1.39923497 0.74190798 0.04585867 0.73463166]
 [0.48324315 0.4103534  0.96428053 1.00897093 0.81769275]
 [0.30234531 0.4675159  1.11480806 0.87338845 1.5620058 ]]
[[ 1.06122122  0.10549891  0.98742831  0.65624495 -0.02399215]
 [ 0.82075959  0.17020396  1.08668807  0.79128336  0.77484583]
 [ 1.26967051  0.76112498  0.49654989  0.4059558   0.74894958]
 [ 1.40368108  1.03551165  0.09273306  0.71055399  1.08093458]
 [ 0.54274918  1.31026034  0.96899629  0.45415664  1.87632143]]
推荐
[(4, 4.13819205068620９), (2, 3.5157664788522753)]
预测的评分矩阵
[[4.96825203 3.10600648 3.51576648 2.89167235 4.13819205]
 [3.04344104 3.32393876 3.06331757 2.06051301 4.88266383]
 [3.99969345 1.95665541 3.95065995 2.66889906 3.03512292]
 [3.9340234  2.97095492 2.28781371 2.12157587 3.65345007]
 [4.19374855 3.91101658 2.95471591 2.35089788 5.0648346 ]]
```

函数损失如图 14-6 所示。

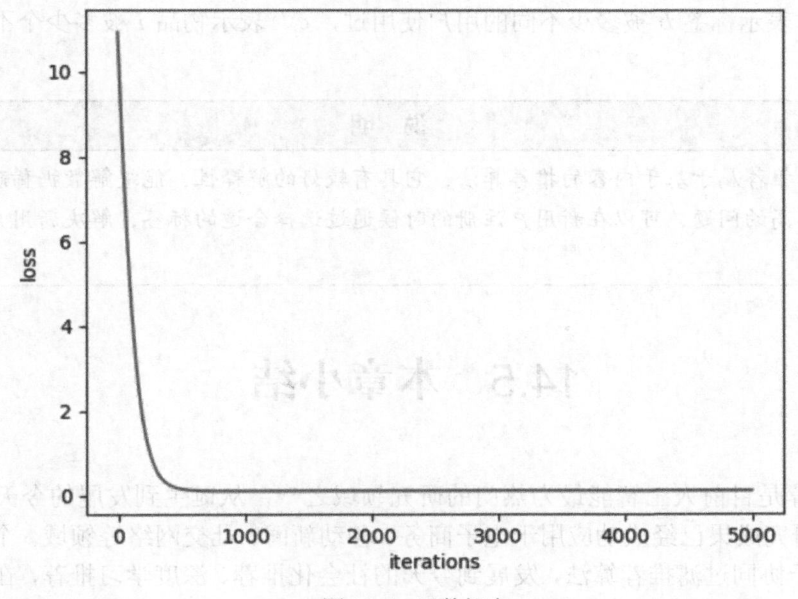

图 14-6　函数损失

作为目前广泛应用的推荐技术，矩阵分解具有以下优势：（1）容易将用户的信任关系、朋友关系等影响因子融入到求解用户特征和项目特征矩阵过程中，以缓解数据稀疏性带来的推荐不准确等问题；（2）矩阵分解对高斯噪声有很好的概率解释；（3）可通过梯度下降、拉格朗日乘数法等多种途径寻找最优解。

14.4 基于标签的推荐算法

在豆瓣网站上浏览电影信息时，可以为电影添加战争、爱情等标签信息；在CSDN、新浪等个人博客上发表博文时，需要为文章添加标签，以便进行检索；在QQ等社交软件上，还可以为自己感兴趣的朋友添加一些个性化的标签，比如努力、上进、拼搏、多愁善感等。这些都有助于让我们对其增加了解。通过深入研究和利用用户标签，可以很好地指导我们改进推荐系统的推荐质量。

一个最简单的标签推荐系统就是利用用户给物品标注的情况，预测用户对物品感兴趣的程度：

$$p_{ui}=\sum_{b}c_{ub}c_{bi} \tag{式 14-35}$$

其中，c_{ub}表示用户u选择标签b的次数，c_{bi}表示物品i被标注标签b的次数。考虑到物品具有长尾分布的特点，热门物品中热门标签可能占的比重比较大，这会影响到推荐物品的多样性。因此，基于TF-IDF对以上用户对物品感兴趣的情况进行改进，其公式如下：

$$p_{ui}=\sum_{b}\frac{c_{ub}}{\log(1+c_{b}^{(u)})}\frac{c_{bi}}{\log(1+c_{i}^{(u)})} \tag{式 14-36}$$

其中，$c_{b}^{(u)}$表示标签b被多少不同的用户使用过，$c_{i}^{(u)}$表示物品i被多少个不同的用户标注过。

说　明
基于标签的推荐属于基于内容的推荐算法，它具有较好的解释性，能缓解数据稀疏带来的推荐质量不高的问题，可以在新用户注册的时候通过选择合适的标签，解决新用户的冷启动问题。

14.5 本章小结

个性化推荐是目前人工智能最为热门的研究领域之一，从诞生到发展的今天短短的三十年时间里，其研究成果已经成功应用于电子商务、移动新闻、社交网络等领域。个性化推荐方法从最初的基于协同过滤推荐算法，发展到今天的社会化推荐、深度学习推荐，在推荐技术上取得了长足的发展，推荐效果逐渐增强，深受广大用户接受和喜爱。

本章主要介绍了推荐系统的发展历史、分类、评估方法及基于协同过滤推荐算法、基于隐语义分析的推荐算法原理与算法实现。通过本章介绍的推荐系统的原理及应用，对于激发读者创新潜能，学会如何将机器学习方法应用于改进推荐系统性能，起到一个抛砖引玉的作用。

14.6 习　题

一、选择题

1. 基于用户的协同过滤算法建立的假设基础是（　　）。

A. 过去兴趣相似的用户，未来的兴趣也相似

B. 相似的项目会被具有相似偏好的用户喜欢

C. 具有相似偏好的用户会产生相似的行为

D. 物以类聚

2. 基于项目的协同过滤推荐算法是建立在（　　）假设基础上的。

A. 趣味相投的用户会产生相似的行为

B. 相似的项目会被具有相似偏好的用户喜欢

C. 人以群分

D. 用户 A 喜欢的项目，其朋友一定会喜欢

3. 在下列推荐算法中，（　　）不是基于模型的推荐算法。

A. PMF　　　B. NCF

C. MF-Based CF　　　D. Item-Based CF

4. 基于内存的协同过滤本质上是在利用用户和物品相关的历史记录进行推荐，它主要通过计算用户间的相似度及物品间的相似度为用户进行推荐。不属于基于内存的协同过滤推荐算法缺点的是（　　）。

A. 依赖用户对物品的准确评分　　　B. 相似度计算时间过长

C. 不易扩展、实时性差　　　D. 只能推荐与用户已反馈项目内容相似的项目

5. 奇异值分解（SVD）、非负矩阵分解（NMF）、概率矩阵分解（PMF）等是常见的矩阵分解方法，在推荐系统领域，一般较少采用 SVD，其主要原因是（　　）。

A. SVD 要求共现矩阵是稠密的，但大多用户-物品的共现矩阵是非常稀疏的

B. 使用 SVD 之前，需要对稀疏矩阵进行填充，由于数据偏差会导致数据质量下降

C. SVD 的计算复杂度为 $O(m*n^2)$，对于用户数和物品数较大的情况，计算耗费太大

D. 扩展性不好，缺乏解释性

二、综合分析题

针对用户对电影评分数据集 ml-1m 数据集，利用皮尔逊相关系数度量用户之间的相似度，基于用户协同过滤推荐算法为指定的用户推荐物品。

参考文献

[1] 周志华. 机器学习[M]. 北京：清华大学出版社，2016.
[2] 冷玉泉，张会文. 机器学习入门到实践[M]. 北京：清华大学出版社，2019.
[3] Andreas C. Muller 著，张亮 译. Python 机器学习基础教程[M]. 北京：人民邮电出版社，2018.
[4] Peter Harrington 著. 李锐译. 机器学习实战[M]. 北京：人民邮电出版社，2013.
[5] 周润景. 模式识别与人工智能[M]. 北京：清华大学出版社，2018.
[6] 孙博. 机器学习中的数学[M]. 北京：中国水利水电出版社，2019.
[7] 李航. 统计学习方法[M]. 北京：清华大学出版社，2019.
[8] 赵涓涓，强彦. Python 机器学习[M]. 北京：机械工业出版社，2019.
[9] 郭羽含. Python 机器学习[M]. 北京：机械工业出版社，2021.
[10] 董付国. Python 程序设计基础与应用[M]. 北京：机械工业出版社，2019.
[11] 黄红梅. Python 数据分析与应用[M]. 北京：人民邮电出版社，2018.
[12] 杉本将.图解机器学习[M]. 许永伟，译. 北京：人民邮电出版社，2020.
[13] Jeffery Heaton. 人工智能算法（卷 1：基础算法）[M]. 李尔超，译. 北京：人民邮电出版社，2006.
[14] 谢文睿，秦州. 机器学习公式详解[M]. 北京：人民邮电出版社，2021.
[15] 艾辉. 机器学习测试入门到实践[M]. 北京：人民邮电出版社，2020.
[16] Sergios Theodoridis. 模式识别(原书第 4 版)[M]. 李晶皎，译. 北京：电子工业出版社，2016.
[17] Stuart J. Russell. 人工智能：一种现代的方法(第 3 版)[M]. 殷建平，译. 北京：清华大学出版社，2013.
[18] Toby Segaran.集体智慧编程 [M]. 莫映，译. 北京：电子工业出版社，2015.
[19] 张明，郭娣. 一种优化标签的矩阵分解推荐算法[J]. 计算机工程与应用，2015，51(23):119-124.
[20] 李昆仑，戎静月，苏华仃. 一种改进的协同过滤推荐算法[J]. 河北大学学报（自然科学版），2020，040(001):77-86.
[21] 杨云，段宗涛. 机器学习算法与应用[M]. 北京：清华大学出版社，2020.
[22] 赵志勇. Python 机器学习算法[M]. 北京：电子工业出版社，2017.
[23] 何宇健. Python 与机器学习实践[M]. 北京：电子工业出版社，2017.
[24] 魏伟一，张国治. Python 数据挖掘与机器学习[M]. 北京：清华大学出版社，2021.
[25] 雷明. 机器学习原理、算法与应用[M]. 北京：清华大学出版社，2021.
[26] 陈开江. 推荐系统[M]. 北京：电子工业出版社，2020.
[27] 赵卫东. 机器学习案例实战[M]. 北京：人民邮电出版社，2021.
[28] 鲁伟. 机器学习公式推导与代码实现[M]. 北京：人民邮电出版社，2022.
[29] Francesco Rici. Recommender Systems Handbook[M]. Springer Charm Heidelberg，New York，Dordrecht，London，2015.
[30] Yu W，Li S. Recommender systems based on multiple social networks correlation [J]. Future Generation Computer Systems，2018，87：312-327.
[31] Aggarwal C. Recommender Systems[M]. Springer Charm Heidelberg，New York，Dordrecht，London，2016.
[32] Ma H. An experimental study on implicit social recommendation [C]. Proceedings of International ACM SIGIR Conference on Research & Development in Information Retrieval (SIGIR'13)，ACM，Dublin，Ireland，2013：1-12.
[33] Jamali M，Ester M. A matrix factorization technique with trust propagation for recommendation in social networks [C]. Proceedings of the 4th ACM Conference on Recommender Systems (RecSys'10)，ACM，2010，45：26-30.
[34] Cheng J，Dong L，Lapata M. Long short-term memory-networks for machine reading [J]. ArXiv Preprint ArXiv：1601.06733，2016.